동국여지지

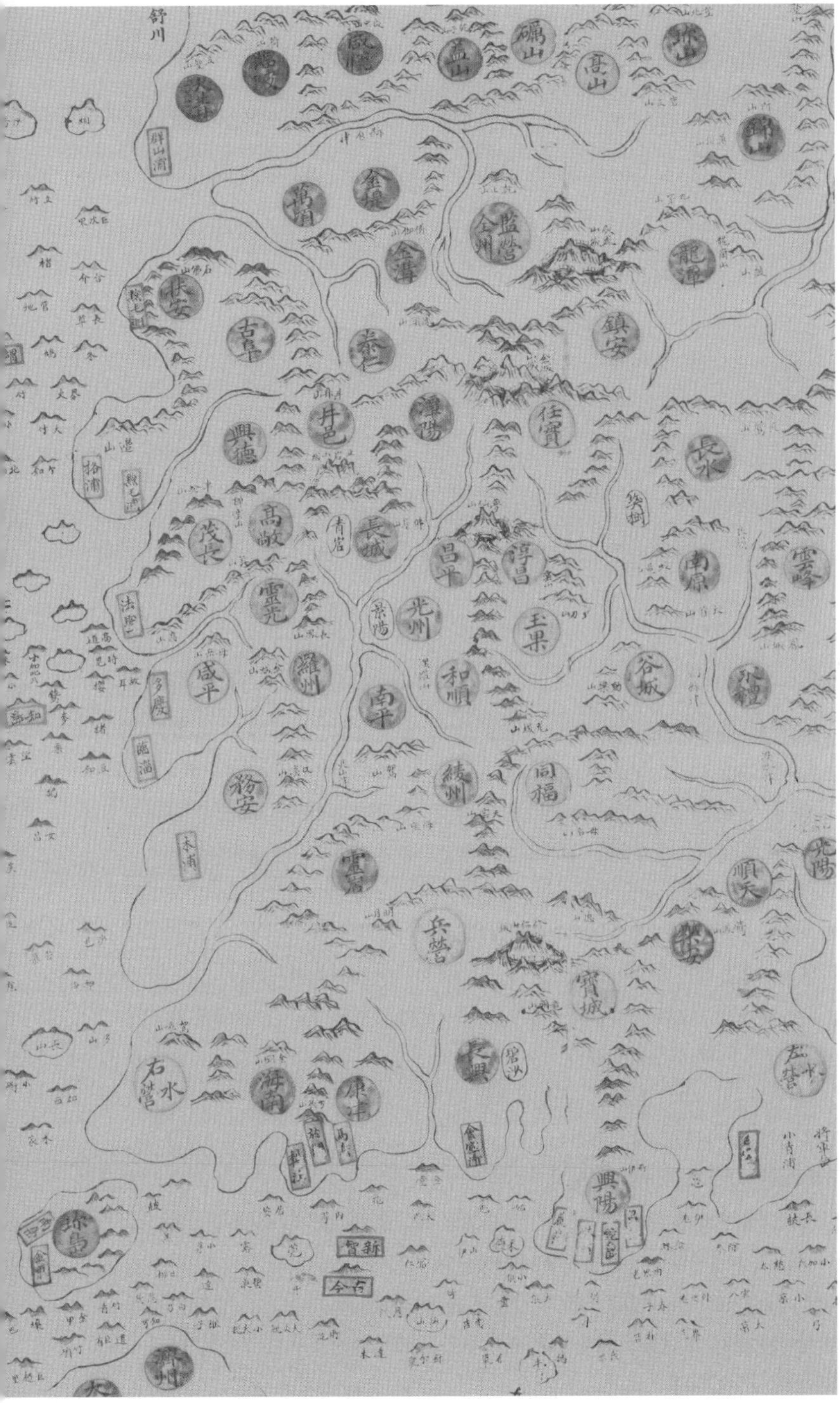

동국여지지 5

전라도 上

유형원 지음
오세옥 옮김

한국고전번역원

일러두기

1. 이 책의 번역 대본은 서울대학교 규장각한국학연구원 소장 《동국여지지(東國輿地志)》(古4790-51)를 저본으로 한 한국고전번역원 《교감표점 한국고전총간 지리류 5-7 동국여지지 Ⅰ~Ⅲ》이다.
2. 역주는 내용이 간단하면 간주(間註)로, 길면 각주(脚註)로 처리하였다.
3. 한자는 필요한 경우 이해를 돕기 위하여 넣었으며, 운문(韻文)은 원문을 병기하였다.
4. 원문의 오류를 수정하였거나 오류가 의심되는 경우, 교감자료와 중요한 자구(字句)에서 차이가 있는 경우에는 그 내용을 각주로 밝혔다.
5. '한글 맞춤법'의 용법과 다르거나 새로 만든 문장부호는 다음과 같다.

「 」 : ' ' 안의 재인용을 나타낼 때 사용한다.

『 』 : 「 」 안의 재인용을 나타낼 때 사용한다.

…… : 원문의 '云云'을 처리할 때, 각주에서 긴 인용문을 처리할 때, 각주의 표제어가 네 어절 이상일 경우 생략되는 말을 처리할 때 사용한다.

- - : 본문에서 2차 소자(小字) 및 원문 결락의 처음과 끝에 사용한다.

□ : 원문의 글자가 빠진 빈 난을 표기하거나 '결락과 판독 불가 글자에 대한 지침'에 따라 번역할 때 사용한다.

차례

일러두기 — 4

제5권 전라도全羅道 上 — 7

- 전주부全州府 — 11
- 익산군益山郡 — 44
- 김제군金堤郡 — 55
- 고부군古阜郡 — 68
- 금산군錦山郡 — 79
- 진산군珍山郡 — 93
- 여산군礪山郡 — 98
- 만경현萬頃縣 — 106
- 임피현臨陂縣 — 112
- 금구현金溝縣 — 119
- 정읍현井邑縣 — 125
- 흥덕현興德縣 — 130
- 부안현扶安縣 — 135
- 옥구현沃溝縣 — 159
- 용안현龍安縣 — 165
- 함열현咸悅縣 — 171

- 고산현高山縣 — 178
- 태인현泰仁縣 — 187
- 나주목羅州牧 — 198
- 광주목光州牧 — 233
- 장성도호부長城都護府 — 261
- 영암군靈巖郡 — 273
- 영광군靈光郡 — 287
- 함평현咸平縣 — 300
- 고창현高敞縣 — 306
- 무장현茂長縣 — 312
- 남평현南平縣 — 324
- 무안현務安縣 — 330
- 장흥도호부長興都護府 — 339
- 진도군珍島郡 — 355
- 강진현康津縣 — 367
- 해남현海南縣 — 384
- 제주목濟州牧 — 396
- 장성현長城縣 — 458
- 진원현珍原縣 — 467

제5권

전라도 上

全羅道

옛 마한(馬韓) 지역이다. 천문의 미수(尾宿)와 기수(箕宿) 분야이다. 삼국 시대에 백제의 소유가 되었는데, 의자왕 때에 이르러 당 고종(唐高宗)이 소정방(蘇定方)을 보내 신라와 함께 공격하여 멸망시키고, 백제 지역에 5도독부를 설치하였다. 당나라 군사가 이윽고 돌아가자 당 고종 현경(顯慶) 5년(660)에 백제를 멸망시키고 그 지역에 웅진(熊津), 마한, 동명(東明), 금련(金連), 덕안(德安) 등 5도독부를 나누어 설치하고 병합하여 대방주(帶方州)로 삼아 군사를 머물러 두고 진압하였다. 인덕(麟德) 2년(665)에 당나라 군사가 돌아가자 주부(州府)가 그대로 폐지되었다. 살피건대 지금의 호서와 호남이 모두 백제 지역으로 5도독부가 그 지역을 나누어 총괄하였는데, 웅진도독부는 지금의 공주를 치소로 삼았고 그 나머지 4부의 치소는 상고할 수 없다. 지금의 호남은 그 당시에 어떤 부의 지역이었는지 모르겠다. 현경 5년부터 인덕 이후까지 그사이는 6, 7년에 불과하다. 신라가 그 지역을 병합하였다. 경덕왕 때 전주(全州)와 무주(武州)를 설치하여 군현을 나누어 다스렸다. 신라 말기에 견훤이 점거하였는데, 고려 태조가 그 지역을 토벌하여 평정하였다. 성종 때 강남(江南)과 해양(海陽) 2도를 설치하여 전주, 영주(瀛州), 순주(淳州), 마주(馬州) 등의 주현을 강남도(江南道)로 삼고, 나주(羅州), 광주(光州), 정주(靜州), 승주(昇州), 패주(貝州), 담주(潭州), 낭주(朗州) 등의 주현을 해양도(海陽道)로 삼았다. 현종 때 합하여 전라도로 삼았다. 본조에서 그대로 따랐다. 인조 때 고쳐 전남도라고 칭하였다가 곧이어 다시 전라도로 삼았다. 부(府) 1개, 목(牧) 3개, 도호부 5개, 군(郡) 14개, 현(縣) 35개이다.

관원

관찰사(觀察使) 1인이다.

병마절도사(兵馬節度使) 2인이다. 1인은 관찰사가 겸한다.

수군절도사(水軍節度使) 3인이다. 1인은 좌도, 1인은 우도를 맡고, 1인은 관찰사가 겸한다.

병마우후(兵馬虞候) 1인이다.

수군우후(水軍虞候) 2인이다. 1인은 좌도, 1인은 우도에 둔다.

도사(都事) 1인이다.

심약(審藥) 3인이다. 1인은 관찰사도, 1인은 병마절도사도, 1인은 제주(濟州)에 둔다.

검률(檢律) 2인이다. 1인은 관찰사도, 1인은 제주에 둔다.

전주부全州府

동쪽으로 진안현(鎭安縣) 경계까지 47리이다. 서쪽으로 김제군(金堤郡) 경계까지 30리, 임피현(臨陂縣) 경계까지 74리, 금구현(金溝縣) 경계까지 19리이다. 남쪽으로 같은 현 경계까지 38리, 임실현(任實縣) 경계까지 42리이다. 북쪽으로 익산군(益山郡) 경계까지 37리, 여산군(礪山郡) 경계까지 61리, 고산현(高山縣) 경계까지 40리이다. 서울과의 거리는 516리이다.

한전 旱田

수전 水田

건치연혁 建置沿革

본래 백제 완산(完山)이다. 일명 비사벌(比斯伐)이라 하고, 일명 비자화(比自火)라고 한다. 신라 진흥왕 때 완산주를 설치하였다가 오래지 않아 주를 폐하였는데, 신문왕 때 다시 완산주로 삼았다. 경덕왕 16년(757)에 전주를 설치하였고, 효공왕 때 견훤이 이곳에 도읍을 정하고 후백제라고 칭하였다. 고려 태조 19년(936)에 신검(神劍)을 토벌하여 평정하고 고쳐 안남도호부(安南都護府)로 삼았다가 얼마 되지 않아 다시 전주로 삼았다. 성종 때 주에 순의군(順義軍)을 설치하였고, 성종 12년(993)에 승화절도안무사(承化節度安撫使)라고 칭하고, 14년(995)에 12개 주 절도사를 정하면서 전주에 순의군 절도(順義軍節度)를 두었다.[1] 현종 9년(1018)에 군을 파하고 승격하여 안남대도호부(安南大都護府)로 삼았다가 곧이어 전주목(全州牧)을 설치하였다. 공민왕 때 완산부(完山府)로 삼았다. 공민왕 4년(1355)에 원나라 사신 야사불화(野思不花)를 감금한 일로 강등하여 부곡(部曲)으로 삼았다가 이듬해 다시 완산부로 삼았다. 본조 초기에 어향(御鄕)이라는 이유로 승격하여 완산유수부(完山留守府)로 삼았다. 공정왕(태종) 3년(1403)에 고쳐 전주부로 삼았다. 세조 때 진(鎭)을 설치하였다. 관장하는 면은 41개이다.

진관

군(郡) 6개 익산(益山), 김제(金堤), 고부(古阜), 금산(錦山), 진산(珍山), 여산(礪山)

현(縣) 11개 정읍(井邑), 흥덕(興德), 부안(扶安), 만경(萬頃), 옥구(沃溝), 임피(臨陂), 금구(金溝), 용안(龍安), 함열(咸悅), 고산(高山), 태인(泰仁)

1 14년에……두었다 : 성종 14년에 목을 군으로 고치고 전국에 12개 주 절도사를 두었는데, 이 가운데 전주는 순의군이라 칭하고 강남도에 소속시켰다.《高麗史 卷57 地理志2 全羅道 全州牧》

관원

부윤(府尹), 판관(判官), 교수(敎授) 각 1인이다.

군명 郡名

완산(完山), 안남(安南) 별호는 견성(甄城)이다.

형승 形勝

왼쪽으로는 중령(重嶺)과 경계를 짓고, 오른쪽으로는 호해(湖海)에 연하여 있으며, 남쪽으로는 모악산(母嶽山)을 바라보고, 북쪽으로는 금마(金馬)[2]와 접하고 있다. 지지(地志)

산천이 영험하고 빼어나다. 본조 윤곤(尹坤)의 〈진남루기(鎭南樓記)〉에 "우리나라의 풍패(豐沛)이고,[3] 산천이 영험하고 빼어나다." 하였다.

지형이 요지에 있다. 지형이 요지에 있고, 전야가 비옥하고 풍요하며, 사람과 물산이 번다하고 풍부하여 사방에서 행상들이 모여든다.

호남의 도회지이다. 노령(蘆嶺) 위쪽으로는 진적으로 여러 고을의 으뜸이다. 동남쪽으로 험한 산세에 의지하고 있고, 서쪽으로 큰 바다에 통해 있다. 변산(邊山)과 함라산(咸羅山) 등 여러 산이 멀리 서로 얼기설기 둘러

2 금마(金馬) : 금마군(金馬郡), 즉 익산(益山)을 말한다.

3 우리나라의 풍패(豐沛)이고 : 풍패는 중국 패현(沛縣)의 풍읍으로, 한 고조(漢高祖)의 고향이다. 전주가 태조 이성계의 본관이므로 우리나라의 풍패에 해당한다는 말이다.

있으며 그 가운데로 비옥한 들이 백 리에 걸쳐 펼쳐져 있으니, 실로 호남의 대표적인 도회지이다.

풍속 風俗

풍속이 민첩하고 영리에 밝은 것을 좋아한다. 주기(州記)에 "땅은 비옥한 곳과 척박한 곳이 섞여 있고, 풍속은 민첩하고 영리에 밝은 것을 좋아한다." 하였다.

백성들은 어리석거나 질박하지 않다. 고려 이규보(李奎報)의 기문[4]에 "사람과 물산이 번다하고 집들이 서로 즐비하여 옛 나라의 기풍이 있다. 그러므로 그 백성들이 어리석거나 질박하지 않고, 모두 의관을 갖춘 선비들과 같아서 행동거지가 볼만하다.[5]" 하였다.

풍속이 화려함을 숭상한다. 본조 이경동(李瓊仝)의 〈진남루기〉에 "풍속이 화려함을 숭상하고, 검소함을 좋아하지 않는다." 하였다.

남쪽 지역의 인재가 밀집해 있는 곳이다. 본조 서거정(徐居正)의 〈향교기(鄕校記)〉[6]

농민과 상인이 함께 거주한다. 본조 장유(張維)의 서(序)[7]에 "그곳 선비들

4 이규보(李奎報)의 기문 : 〈남행월일기(南行月日記)〉이다. 《東國李相國集 卷23》

5 모두……볼만하다 : 《동국이상국집》 권23 〈남행월일기〉에는 "아전들은 모두 의관을 갖춘 선비들과 같아서 행동거지의 신중함이 볼만하였다.〔吏皆若衣冠士人, 進止詳審可觀.〕"라고 되어 있다.

6 서거정(徐居正)의 향교기(鄕校記) : 〈전주향교 중신기(全州鄕校重新記)〉이다. 《四佳集 四佳文集 卷2》

7 장유(張維)의 서(序) : 〈전주 부윤 이창기를 전송하며 지은 서〔送全州府尹李昌期序〕〉이다. 《谿谷集 卷6》

로 말하면 도포를 입고서 시서(詩書)를 외우고, 집들이 즐비하게 늘어서 있지만 선함과 악함이 서로 뒤섞여 있다. 그 백성들로 말하면 농민과 상인이 함께 거주하고 있어서 갈이(羯羠)처럼 부류가 다를뿐더러[8] 성질이 새매처럼 사나워 걸핏하면 송사를 일으킨다. 그리고 큰 호족(豪族)들이나 중간 계급의 교활한 자들은 관리들의 장단점을 쥐고서 빈약한 백성들을 부려먹으며 한 고을을 농단하고 있다." 하였다.

산천 山川

건지산(乾止山) 부 북쪽 6리에 있다. 진산(鎭山)이다. 고려 이규보의 기문[9]에 "전주에 건지산[10]이란 산이 있어 가장 울창하니, 그 고을에서는 제일 큰 진산이다." 하였다.

완산(完山) 작은 산으로 부 남쪽 3리에 있다. 부의 이름을 이 산에서 얻었다. 일명 남복산(南福山)이라고 한다. 고을이 생긴 처음부터 나무하고 꼴 베는 것을 금하였다.

모악산(母嶽山) 부 서남쪽 20리에 있다. 금구현(金溝縣)에도 보인다.

고덕산(高德山) 부 동남쪽 10리에 있다. 일명 고달(高達)이라고 한다.

8 갈이(羯羠)처럼 부류가 다를뿐더러 : 갈이는 여러 혈통이 섞인 종족을 뜻하는 말로 북방의 유목 민족이 변방에 들어와 한족과 혼거하는 것을 비유한 데서 나온 말이다.《史記 貨殖列傳》 여기서는 거주민의 생업이 달라 여러 부류의 사람들이 혼재한다는 뜻으로 쓰였다.

9 이규보의 기문 : 〈남행월일기〉이다.《東國李相國集 卷23》

10 건지산 :《동국이상국집》 권23 〈남행월일기〉에는 '중자산(中子山)'으로 되어 있다. 근거가 불충분하여 그대로 번역하였다.

황방산(黃方山) 부 서쪽 18리에 있다. 바로 모악산의 북쪽 줄기이다.

청량산(淸涼山) 부 동북쪽 40리에 있다. 산에 3층의 폭포가 있으니 용추(龍湫)라 하고, 가뭄이 들면 이곳에서 비를 빈다. 일명 원암산(圓巖山)이라고 한다.

서방산(西方山) 부 동북쪽 25리에 있다. 일명 종남산(終南山)이라고 한다.

가련산(可連山) 부 서쪽 10리에 있다. 건지산의 산세가 여기에 이르러 끊어진다. 세속에서 전하기를 이어져야 할 곳에서 끊어져서 그렇게 이름하였다고 한다.

사자산(獅子山) 부 동쪽 30리에 있다. 웅령(熊嶺)에서 남쪽으로 이어져 이 산이 된다.

정각산(正覺山) 부 남쪽 30리에 있다. 산의 남쪽은 바로 임실현(任實縣) 지역이다. 동북쪽은 사자산에 잇닿아 있으며, 또 이 산 남쪽에서 서쪽으로 비스듬히 뻗어 나가서 일어나 모악산이 된다.

서고산(西高山) 부 남쪽 15리에 있다.

태실산(胎室山) 부 남쪽 20리에 있다. 바로 고덕산 남쪽 줄기이다. 소원봉(小圓峯)에 우리 예종의 어태가 안치되어 있다.

옥성산(沃城山) 혹 연주산(連珠山)이라고도 이름한다. 옥야폐현(沃野廢縣) 뒤에 있으며, 부와의 거리는 서북쪽으로 70리이다. 고산(孤山)이 우뚝 서 있는데, 아득히 사방의 들판 가운데 서 있다. 그 위에 바위가 있어 수십 인이 앉을 만하고, 우락암(于樂巖)이라고 한다.

기린봉(麒麟峯) 부 동쪽 6리에 있다. 봉우리 위에 작은 못이 있다.

만경봉(萬景峯) 혹 만경대(萬景臺)라고도 이름한다. 고덕산 북쪽 기슭에 있다. 돌 봉우리가 기이하게 우뚝 솟아 있는데 모양이 층층 구름 같다. 그 위에 수십 인이 앉을 만하고, 사면에는 수목이 울창하며 석벽이 그림같이 아름답다. 서쪽으로 군산도(群山島)를 바라보고, 북쪽으로는 기준성(箕準城)과 통하며, 동남쪽으로는 태산(太山)을 지고 있는데, 기상이 천태만상이다. ○ 고려 정몽주(鄭夢周)의 시[11]에,

천 길 높은 산꼭대기 비낀 돌길을 　千仞岡頭石逕橫
올라오니 회포를 가눌 길 없어라 　登臨使我不勝情
청산이 희미하게 보이니 부여국이요 　青山隱約扶餘國
황엽이 어지러이 날리니 백제성이라 　黃葉繽紛百濟城
구월 높은 바람은 나그네를 슬프게 하고 　九月高風愁客子
일생의 호기는 서생을 그르치는구나 　百年豪氣誤書生
하늘가에 해는 지고 뜬구름이 모이니 　天涯日暮浮雲合
고개 들어도 옥경을 바라볼 길 없네그려 　矯首無由望玉京

하였다.

웅령(熊嶺) 부 동쪽 47리, 진안현(鎭安縣) 경계에 있다. 길이 매우 높고 험하다. ○ 본조 장유(張維)의 시[12]에,

푸른 언덕이 서쪽을 둘러 있고 　蒼崖擁其西
깎아지른 절벽이 동쪽에 임하였네 　峭壁臨其東
가운데는 구절양장 비탈길 　中有九折坂
새들이나 지나갈 길 공중에 서려 있네 　鳥道盤層空
올라가고 올라가도 다함이 없고 　高高上無盡
돌아가고 돌아가도 끝이 없는데 　回回行不窮

11 정몽주(鄭夢周)의 시 : 〈전주의 망경대에 올라〔登全州望景臺〕〉이다.《圃隱集 卷2》

12 장유(張維)의 시 : 〈웅령(熊嶺)〉이다.《谿谷集 卷25》

내가 관찰사 임명을 받고	余乘使者傳
옷깃을 떨치며 하늘 바람 타고 오네	振衣來天風

하였다.

여현(礪峴) 부 남쪽 42리에 있다.

봉황암(鳳凰巖) 부 서쪽 5리에 있다. 그 아래에 못이 있다.

황학암(黃鶴巖) 부 남쪽 5리에 있다. 돌산이 우뚝 서 있고 큰 내가 돌아 감으면서 흐른다. 일명 황학대(黃鶴臺)라고 한다. 세속에서 전하기를 황학이 노닐던 곳이라 한다.

추천(楸川) 일명 남천(南川)이라고 한다. 부 남쪽 3리에 있다. 원류는 여현에서 나와 부 동남쪽에 이르러 성을 감싸고 북쪽으로 흘러 가련산을 지나 소천(溯川)과 합류하고, 삼례역(參禮驛) 남쪽에 이르러 또 석천(石川), 안천(雁川)과 합해지고 서쪽으로 흘러 사수(泗水)가 된다.

안천(雁川) 부 북쪽 25리에 있다. 바로 고산현(高山縣) 안천의 하류이다. 주 경계에 들어와 남쪽으로 흘러 삼례역 남쪽에 이르러 추천과 합류한다.

소천(溯川) 일명 삼천(三川)이라고 한다. 부 서쪽 13리에 있다. 원류는 모악산에서 나와 북쪽으로 흘러 추천과 합류한다.

석천(石川) 혹 석계(石溪)라고 칭한다. 부 북쪽 15리에 있다. 원류는 웅령에서 나와 서쪽으로 흘러 추천과 합류한다.

사수(泗水) 부 서북쪽 40리에 있다. 추천, 안천, 소천, 석천이 합류하므로 이름을 사수라 하였다.[13] 바다의 조수가 여기까지 이른다. 서쪽으로 흘러 옥

13 추천……하였다 : 사수는 중국의 옛 물 이름으로, 수원은 지금 산동성 사수현(泗水縣) 동쪽인데, 네 곳의 수원에서 함께 나오므로 그렇게 이름한 것이라 한다.

야폐현과 이성폐현(利城廢縣)을 지나 옥구현(沃溝縣) 남쪽에 이르러 바다에 들어간다.

덕진지(德眞池) 부 북쪽 10리에 있다. 부의 지세가 서북방이 비어 있어 기맥(氣脈)이 그쪽으로 새어 나간다. 그러므로 서쪽으로는 가련산부터 동쪽으로 건지산까지 큰 둑을 쌓아 물을 담아 두고 이름을 덕진(德眞)이라 하였다. 둘레가 9070자이다. ○ 본조 월산군(月山君 이정(李婷))의 시[14]에 "깊은 못을 한번 바라보니 푸른 하늘이 비쳐 있네, 그 옛날 이 못을 파느라 몇 사람이 수고했을까.〔一望深淵暎翠空 古來開鑿幾人功〕"라고 한 것이 바로 이곳이다.

굴연(掘淵) 부 동쪽 4리에 있다. 돌기둥이 6개 있는데, 서로 전하기를 옛 녹담정(綠潭亭)의 기둥이라고 한다.

판토지(板吐池) 부 북쪽 30리에 있다.

공덕지(孔德池) 이성폐현 남쪽에 있다. 부와의 거리는 서쪽으로 60리이다. 일명 이성제(利城堤)라고 하며, 둑 길이는 200보이고, 둘레는 8리이다.

신지(新池) 공덕지 남쪽 5리에 있다. 둑 길이는 100보이고, 둘레는 3리이다.

석제(石堤) 부성(府城) 남쪽에 있다. 앞에 추천이 흐르는데, 큰비가 올 때마다 물이 세차게 부딪치므로 연산군 때 돌을 쌓아 제방하였다. 언덕의 길이는 1000보이다.

14 월산군(月山君)의 시 : 〈전주의 덕진지〔全州德眞池〕〉이다. 《風月亭集 補遺》

토산 土産

종이〔紙〕, 석류(石榴), 감〔柹〕, 배〔梨〕, 복숭아〔桃〕, 크고 맛도 좋다. 6월에 익는다. 수박〔西瓜〕, 생강〔薑〕, 강황(薑黃), 꿀〔蜂蜜〕, 황랍(黃蠟), 옻〔漆〕, 송이버섯〔松蕈〕, 산약(山藥), 자기(磁器), 도기(陶器), 게〔蟹〕, 웅어〔葦魚〕, 붕어〔鯽魚〕

성곽 城郭

부성(府城) 돌로 쌓았다. 둘레가 10리이다. 문을 4개 세웠으니, 동쪽 문을 □□이라 하고, 남쪽 문을 □□이라 하고, 서쪽 문을 □□이라 하고, 북쪽 문을 □□이라 한다. 안에 우물이 223개 있다.

공서 公署

관찰사영(觀察使營) 부성 남쪽에 있다.

삼례도 찰방사(參禮道察訪司) 부 북쪽 35리에 있다. 삼례(參禮), 반석(半石), 오원(烏原), 갈심(葛蕈), 소안(蘇安), 재곡(材谷), 양재(良才), 앵곡(鶯谷), 거산(居山), 천원(川原), 영원(瀛源), 부흥(扶興), 내재(內才) 등 13개 역(驛)을 관할한다. ○ 찰방 1인이 있다.

학교 學校

향교(鄕校) 예전에는 부성 안에 있었는데, 세종 23년(1441)에 경기전(慶基

殿)과 너무 가깝다는 이유로 성 서쪽 6리 거리에 옮겼다. 지금 또 옮겨서 성 동쪽 2리에 있다.

문원서원(文元書院) 부 서쪽 6리에 있으니, 바로 향교의 옛터이다. 이언적(李彦迪)이 일찍이 부윤을 지냈는데, 후인이 그 덕을 사모하여 이곳에 서원을 세우고 사당을 세워 제사 지냈으며, 송인수(宋麟壽)를 종향(從享)하였다.

궁실 宮室

경기전(慶基殿) 부성 남문 안에 있다. 우리 태종 10년(1410)에 태조 강헌대왕(太祖康獻大王)의 수용(晬容)을 봉안하였다. ○ 참봉 2인을 두었다.

실록각(實錄閣) 경기전 동쪽 담장 안에 있다. 성종조에 세워 본조 실록을 보관하였다. 지금은 무주(茂朱)의 적상산성(赤裳山城)으로 옮겼다.

풍패관(豐沛館) 바로 객관이다. ○ 본조 장유(張維)의 시[15]에,

거대한 규모의 번화한 도시	槃槃一都會
형승 또한 남방의 으뜸이어라	形勝冠南方
삼국 시대 말기에는 성족의 형세 이루었고	割據當三季
신령스러운 분에 의해 길상의 문 열렸나니[16]	神靈啓百祥
당나라 왕가의 농서군이요	唐家隴西郡

15 장유(張維)의 시 : 〈완산부(完山府)〉이다. 《谿谷集 卷28》

16 삼국……열렸나니 : 견훤이 후백제를 세우고 전주에 도읍한 일과 전주 이씨인 이성계가 조선을 건국한 것을 말한다.

한나라로 말하면 풍패의 고장[17] 漢代沛豐鄉
누각이 높이 구름 기운에 통하니 樓閣通雲氣
찬연한 오색 광채 길이 우러르네 長瞻五色光

하였다.

향사당(鄕射堂) 객관 동쪽에 있다.

연무당(鍊武堂) 일명 내사정(內射亭)이라고 한다. 부성 남문 안에 있다.

현도관(玄都觀) 객관의 서남쪽 한편에 있다. 지금은 도사(都事)의 관소(館所)가 되었다.

진남루(鎭南樓) 공관의 후원에 있다. 본조 태종 때 관찰사 겸 부윤인 윤향(尹向)이 세웠다. ○ 본조 허조(許稠)의 시에,

맑은 경치에 끌려 새 누각에 기대서서 爲緣淸景倚新樓
바라보니 아아 벌써 잎이 지는 가을이네 縱目初驚一葉秋
수많은 민가의 밥 짓는 연기가 푸르게 자욱하고 萬戶炊煙靑靄靄
사방 산의 아름다운 기운은 파랗게 떠오르네 四山佳氣碧浮浮
병부 나눈 유수는 이천 섬 벼슬로서 分符留守二千石
부월 짚고[18] 오십 고을의 민풍을 살핀다네 杖鉞觀風五十州
다행하여라 지금 태평성대를 만났으니 自幸此時當盛際

17 당나라……고장 : 농서군(隴西郡)은 당 고조(唐高祖) 이연(李淵)의 고향이고, 풍패(豐沛)는 한 고조(漢高祖) 유방(劉邦)의 고향인 패현(沛縣)의 풍읍을 말한다. 전주가 조선 건국의 근원이 된 지역임을 비유한 것이다.

18 부월 짚고 : 부월(斧鉞)은 작은 도끼와 큰 도끼를 말하는데, 장수가 출정할 때 임금이 장수에게 이것을 내려 주어 병권의 위임을 표시하므로 보통 관찰사나 지방 장관의 직임을 띤 것을 말한다. 허조는 태종 1년(1401)에 완산 판관(完山判官)에 제수되었다. 《太宗實錄 1年 1月 26日》

닭 울음 개 짖는 소리가 벽지까지 들리네　　鷄鳴狗吠達窮陬

하였다.

매월정(梅月亭) 객관 동북쪽 모퉁이에 있다. 본조 성종 때 부윤 이봉(李封)이 세웠다.

제남정(濟南亭) 성 남쪽 하천 변에 있다.

공북정(拱北亭) 부 서북쪽 5리에 있다. ○ 본조 서거정(徐居正)의 기문[19]에 "부의 북쪽 5리에 정자가 있으니 공북정이라 한다. 조정에서 덕음(德音)을 펴거나 사명(使命)이 있으면 부윤이 관리들을 인솔하여 의관을 갖추고 이곳에 나와서 공경히 예우하며 맞이한다. 만약 동지, 정월 초하루, 국왕의 탄신일 및 나라의 큰 경사와 상서로운 일을 만나면 부 및 주에서 각각 전문(箋文)을 준비하여 이곳에서 대궐을 향해 예를 행하고 전송한다." 하였다. ○ 본조 노사신(盧思愼)의 시에,

완산국의 번영을 세상이 함께 흠모하니　　完國繁華世共欽
성안에 문물 가득하고 귀인들 하 많구나　　滿城文物藹纓簪
덕음이 멀리 퍼져 교외에서 다투어 맞이하고　　德音遠播爭郊迓
임금을 받드는 마음이 항상 북궐에 걸려 있어라　　北闕常懸奉日心

하였다.

쾌심정(快心亭) 제남정에서 4리 거리에 있다. 시내를 따라 올라가 산이 끊어지고 물이 돌아가는 벼랑에 돌을 쌓아 터를 만들고 그 위에 정자를 세웠으며, 이어서 각도(閣道)를 만들어 각도를 통해 올라간다. 뒤에 이름을 한

19 서거정(徐居正)의 기문 : 〈전주 공북정 중신기(全州拱北亭重新記)〉이다. 《四佳集 四佳文集 卷2》

벽당(寒碧堂)으로 고쳤다. ○ 본조 신용개(申用漑)의 시[20]에,

푸른 병풍처럼 둘러선 푸른 산 가파른 기슭 모퉁이에	蒼山斷麓翠屛隈
누가 화려한 정자를 물가에 지었는가	誰創華亭面水開
잔잔한 물결에 바람 없어 거울처럼 비치고	細浪無風光可鑑
우뚝 솟은 봉우리로 해가 지니 붉게 흙더미 이루었네	亂峯斜日紫成堆
찬 하늘이 처량하니 가을이 장차 저무는데	寒空憭慄秋將老
멀리서 온 나그네가 올라 머리를 홀로 돌리네	遠客登臨首獨回
다시 젓대 소리가 나를 흥기시키니	更有笛聲能起我
맑은 시 쓰느라 의루의 재주[21] 빌릴 필요가 없네	淸詩不借倚樓才

하였다.

청연당(淸讌堂) 객관 서쪽에 있다. 부윤 강징(姜澂)이 세웠다.

만화루(萬化樓) 향교에 있다. ○ 본조 김종직(金宗直)의 시[22]에,

학교는 공자의 궐리당[23]과 비슷하고	庠序依俙闕里堂
유생들은 모두 초나라 인재 진량이로다[24]	藏脩盡是楚材良

20 신용개(申用漑)의 시 : 〈쾌심정 시에 차운하다〔次快心亭韻〕〉이다. 《二樂亭集 卷4》

21 의루(倚樓)의 재주 : 시를 잘 짓는 재주를 말한다. 당나라 시인 조하(趙嘏)의 〈조추(早秋)〉에 "몇 점 남은 별빛 아래 기러기는 변방을 질러가고, 한 가락 피리 소리 속에 사람은 누대에 기대 있네.〔殘星幾點雁橫塞, 長笛一聲人倚樓.〕"라는 구절이 있는데, 두목(杜牧)이 이 표현을 좋아한 나머지 그를 조의루(趙倚樓)라고 불렀다는 고사에서 나온 말이다. 《唐摭言 知己》

22 김종직(金宗直)의 시 : 〈전주 향교의 만화루에서 차운하다〔全州鄕校萬化樓次韻〕〉이다. 《佔畢齋集 卷22》

23 궐리당(闕里堂) : 지금의 산동성 곡부현(曲阜縣)에 세운 집으로 공자가 처음으로 교학을 시행한 곳이다.

24 유생들은……진량이로다 : 진량(陳良)은 전국 시대 문명이 미개한 초나라 태생이었으나 주공(周公)과 중니(仲尼)의 도를 좋아하여 북으로 중국에 가서 유학하였는데, 중국의 선비들이 그보다 나은 이가 없을 정도로 대유(大儒)가 되었다. 《孟子 滕文公上》 전주의 유생들이 학

연어는 호연하게 하늘과 땅을 나누었고[25] 鳶魚浩浩分天地
현가 소리는 양양하게 담 밖으로 퍼지누나 絃誦洋洋殷堵墻
물이 꽃다운 못에 출렁이니 가슴속은 맑아지고 水灩芳池襟抱淨
바람이 문행나무[26]를 흔드니 담소가 시원하여라 風搖文杏笑談涼
일 년 동안 내 유생들을 고무할 꾀 없었으니 一年鼓舞吾無術
누 앞의 자유와 자하 같은 배항들[27]에게 부끄럽구나 慙負樓前游夏行

하였다.

황화대(黃華臺) 부 서쪽 4리에 있다. 돌이 물에 잠긴 채 대를 이루어 부 사람들이 봄가을로 올라가 계사(禊事)를 하고 술 마시면서 놀았다.[28]

우역 郵驛

삼례역(參禮驛) 부 북쪽 35리에 있다. 찰방사(察訪司) 본역이다. ○ 고려 현종이 거란 군사를 피하여 삼례역에 이르렀는데, 절도사 조용겸(趙容謙)이

문이 뛰어남을 비유한 말이다.

25 연어(鳶魚)는……나누었고 : 《중용(中庸)》 제12장에 "《시경》에 이르기를 '솔개는 날아서 하늘에 이르고 물고기는 못에서 뛴다.' 하였으니, 이는 도의 묘용이 천지에 밝게 드러난 것을 말한다.〔詩云鳶飛戾天, 魚躍于淵. 言其上下察也.〕"라고 한 데서 온 말이다.

26 문행나무 : 은행나무를 말한다. 공자가 행단에서 제자를 가르쳤으므로 강학하는 곳을 지칭하는 말로 쓰였다. 여기서는 향교를 가리킨다.

27 자유와……배항들 : 나이 어린 생도를 이른다. 자유(子游)와 자하(子夏)는 공자의 제자 가운데 특히 문학이 뛰어났던 인물로 자유는 공자보다 45세 아래였고, 자하는 공자보다 44세 아래였다.

28 계사(禊事)를……놀았다 : 계사는 액운을 떨어 버리기 위하여 물가에서 지내는 계제사(禊祭祀)를 말한다. 옛날의 풍속에, 삼짇날에 동류수(東流水) 위에 모여서 불상(不祥)한 것을 씻어 내며 술 마시고 노는 풍속이 있었다.

야인(野人)의 복장으로 어가를 영접하였다. 박섬(朴暹)이 상주하기를 "전주는 옛날의 백제인데, 성조(聖祖)께서도 싫어하시던 곳이니 상께서는 그곳에 행차하지 마십시오." 하니, 왕이 그 말을 따랐다.

반석역(半石驛) 부 남쪽 3리에 있다.

앵곡역(鶯谷驛) 예전에는 장곡(長谷)이라고 칭하였다. 부 서쪽 30리에 있다.

금광원(金光院) 부 북쪽 50리에 있다.

숙점원(宿店院) 부 서쪽 35리에 있다.

안덕원(安德院) 부 동쪽 10리에 있다.

사대원(四大院) 부 남쪽 5리에 있다.

허고원(虛高院) 부 북쪽 30리에 있다.

장신원(長信院) 부 남쪽 21리에 있다.

상관원(上館院) 부 남쪽 40리에 있다.

추천원(楸川院) 부 서쪽 11리에 있다.

신원(新院) 부 동쪽 31리에 있다.

월당원(月塘院) 부 동쪽 4리에 있다. 부윤 김정준(金廷雋)이 세우고 재호(齋號)인 월당을 따서 명명하였다.

피계원(皮界院) 부 남쪽 11리에 있다.

보산원(補山院) 부 북쪽 30리에 있다.

대초원(大初院) 부 서쪽 25리에 있다.

광제원(廣濟院) 부 북쪽 30리에 있다.

탄현원(炭峴院) 부 서쪽 16리에 있다.

모로원(毛老院) 부 북쪽 17리에 있다.

남복원(南福院) 부 남쪽 8리에 있다.

부지원(不知院) 부 남쪽 35리에 있다. 세속에서 못지원(乶知院)이라고 칭한다.

내현원(柰峴院) 부 북쪽 40리에 있다.

관량 關梁

추천교(楸川橋) 부 서쪽 18리에 있다. 추천(楸川)에 놓여 있고, 다리 길이가 50보이다.

석탄교(石灘橋) 부 서북쪽 60리에 있다. 큰 나무로 다리를 만들었고, 사수(泗水)에 놓여 있다. 다리 아래로 배가 통하여 왕래하고, 그 남쪽은 김제군(金堤郡) 지경이다.

신창진(新倉津) 부 서쪽 75리, 임피현(臨陂縣) 지경에 있다. 바로 사수나루〔泗水津渡〕이다.

사묘 祠廟

사직단(社稷壇) 부 서쪽 3리에 있다.

문묘(文廟) 향교에 있다.

성황사(城隍祠) 기린봉(麒麟峯)에 있다. 사당에 예전에는 소상(塑像)이 있었는데, 본조 중종 때 관찰사 이언호(李彦浩)가 소상을 없애고 위판(位板)으로 대신하였다.

향현사(鄕賢祠) 부 -원문 3, 4자 결락-에 있다. 최양(崔瀁), 최덕지(崔德之), 이정기(李梃麒)를 향사하였다.

여단(厲壇) 부 북쪽 5리에 있다.

능묘 陵墓

사찰 寺刹

귀신사(歸信寺) 모악산에 있다. 절이 지극히 거대하다. 고려 말에 왜구 300여 기병이 전주성을 함락하고 물러나 귀신사에 주둔하고 있었는데, 병마사 유실(柳實)이 공격하여 물리쳤으니, 바로 이곳이다.

보광사(普光寺) 예전에 고덕산에 있었다. 백제 때 창건한 절이다. 고려 때 주 사람 고용봉(高龍鳳)이 환관으로서 원나라에 들어가 총애를 받았는데, 재물과 비단을 희사해서 중수하여 거찰로 만들었다. 이곡(李穀)의 기문[29]이 있다. 본조 중세에 절이 없어졌는데 지금 승도들이 모악산에 옮겨 짓고 그대로 보광사라 명명하였다.

남고사(南高寺) 만경봉 남쪽에 있다.

서고사(西高寺) 서고산에 있다.

경복사(景福寺) 지금은 없어졌다. 고덕산에 있다. 절의 비래당(飛來堂)에 보덕대사(普德大士) 화상(畫像)이 있는데, 민간에 전해지기를 대사는 고구려 승려로서 고구려 말에 나라가 장차 망할 것을 알고 그 지역을 피하여 이 산에 왔다고 한다.

29 이곡(李穀)의 기문 : 〈대화엄보광사 중건 기문(重興大華嚴普光寺記)〉이다. 《稼亭集 卷3》

사대사(四大寺) 지금은 없어졌다.

흑석사(黑石寺) 이상 두 절은 모두 고덕산에 있다.

원암사(圓巖寺) 청량산에 있다. 절 뒤에 바위가 있는데, 높고 큰 바위가 우뚝 서 있고 모양이 원형이므로 그렇게 이름하였다.

봉서사(鳳棲寺) 서방산에 있다.

대원사(大圓寺) 모악산에 있다. ○ 고려 박춘령(朴椿齡)의 시에,

문서 다루는 삼 년 생활에 몸에는 백 가지 병이라	簿領三年百病身
공무를 마치고는 때로 정 깊은 옛 벗을 찾아가네	退公時訪舊情親
높고 낮은 수목 빽빽하여 길이 없나 싶고	高低樹密疑無路
차례로 꽃은 피어 또 다른 봄이로구나	次第花開別有春
골짜기의 맑고 흐림은 위아래로 다르고	洞壑陰晴俯仰異
연기 노을 붉고 푸름은 조석으로 새롭네	煙霞紫翠暮朝新
원공이 시내 건너오지 않아도	遠公不用過溪水
절로 산인이 있어 사람들 맞고 보내누나[30]	自有山人迎送人

하였다.

하파사(河波寺), **장파사**(長波寺) 모두 모악산에 있다.

30 원공(遠公)이……보내누나 : 원공은 진(晉)나라의 고승 혜원(慧遠)을 말한다. 여산(廬山) 동림사(東林寺)에서 정토 수행에 전념하던 중에 도사 육수정(陸修靜)과 도잠(陶潛)이 그를 방문한 적이 있다. 혜원은 손님을 전송하면서 동림사 앞의 호계(虎溪)라는 시내를 넘지 않았는데, 육수정과 도잠을 전송하면서는 이야기에 빠져 자신도 모르게 호계를 건넜다는 고사가 있다.《梁高僧傳 卷6》《山堂肆考 卷24 虎號》 지금 혜원은 없더라도 산사가 있어 찾아온 사람을 맞고 보낼 사람이 있다는 뜻이다.

송광사(松廣寺) 종남산에 있다. 인조 때 주의 승려가 창건하였는데, 절이 매우 크다.

북진사(北辰寺) 주 북쪽 50리, 문수산(文殊山)에 있다. 바로 여산군(礪山郡) 경계이다.

정수사(淨水寺) 사자산에 있다. 예전에는 중암사(中菴寺)라고 칭하였는데, 그 시냇물이 맑고 깨끗하므로 지금 이름으로 고쳤다. 거처하는 승려들은 종이 만드는 일을 생업으로 삼고 있다.

고적 古蹟

견훤성(甄萱城) 부 북쪽 5리에 있다. 견훤이 전주에 도읍할 때 쌓았다. 지금은 허물어지고 기지만 남아 있다. 세속에서 옛 토성이라고 칭한다.

고덕산성(高德山城) 돌로 쌓았다. 둘레가 8920자이다. 가운데에 우물 7개와 시내 하나가 있다.

옥야폐현(沃野廢縣) 부 서북쪽 70리에 있다. 본래 백제 소력지현(所力只縣)인데, 신라 경덕왕 때 이름을 옥야(沃野)로 고치고 금마군(金馬郡)의 영현(領縣)으로 삼았다. 고려 초에 전주에 편입시켰고, 명종 때 다시 옥야현을 설치하였다가 뒤에 다시 편입시켰다. 본조에서 그대로 따랐다.

우주폐현(紆州廢縣) 우(紆) 자는 한편 '오(汚)'로도 쓴다. 주 북쪽 50리에 있다. 본래 백제 우소저현(于沼渚縣)인데, 신라에서 우주(紆州)로 고치고 금마군의 영현으로 삼았다. 고려 초에 전주에 편입시켰다. 본조에서 그대로 따랐다.

이성폐현(伊城廢縣) 주 서쪽 25리에 있다. 본래 백제 두이현(豆伊縣)으로 일명 왕무(往武)라고 한다. 신라에서 두성(杜城)으로 고치고 전주에 병합하였다. 고려에서 이성(伊城)으로 고치고 그대로 편입시켰다.

이성폐현(利城廢縣) 주 서쪽 75리에 있다. 본래 백제 내리아현(乃利阿縣)인데, 신라에서 이성(利城)으로 고치고 김제군의 영현으로 삼았다. 고려 초에 편입시켰다.

경명향(景明鄕) 일명 영명(榮明)이라고 한다. 부 북쪽 120리에 있다. 부 경계를 넘어 고산현(高山縣) 북촌(北村)에 들어간다.

효자리(孝子里) 부 남쪽 3리에 있다. ○ 이규보(李奎報)의 시[31]에,

비석 세워 효자를 표창하니	立石標孝子
성씨는 애당초 새기지 않았구나	不曾鐫姓氏
어느 때 사람인지 알 수 없으며	不知何代人
또 어떠한 효행인지 모르겠도다	孝行復何似

하였다.

명환 名宦

신라

용원(龍元) 신문왕 때 전주 총관(全州摠管)이 되었다.

김웅원(金雄元) 경덕왕 3년(744)에 전주 도독(全州都督)이 되었다.

31 이규보(李奎報)의 시 : 〈전주의 효자리에 세운 비석에 제하다(題全州孝子里立石)〉이다. 《東國李相國集 卷9》 총 8구인데, 인용된 시는 앞 4구에 해당한다.

고려

오연총(吳延寵) 숙종조에 지전주목(知全州牧 전주 목사)이 되었다. 정사를 행함에 관대하고 공평하며 가혹하게 하지 않았으므로 아전과 백성이 편안하게 여겼고, 정사의 공적이 최고로 보고되었다. 부름을 받아 추밀원 좌승선 지어사대사(樞密院左承宣知御史臺事)에 제수되었다.

정항(鄭沆) 숙종조에 우정언이 되었는데, 시사를 의논할 적에 고지식하게 직언하여 권신들의 뜻을 거슬러서 외직으로 나가 전주 통판(全州通判)이 되었다가 얼마 되지 않아 소환되어 사간이 되었다.

박춘령(朴椿齡) 완산 수령으로서 일찍이 고을 자제들을 모아 가르쳤는데, 연구(聯句)로써[32] 아동들을 선발하여 최척경(崔陟卿), 최균(崔均), 최송년(崔松年)을 얻었다. 체직되어 돌아갈 때 그들을 함께 데리고 가서 학문에 정진하도록 권면하였는데, 훗날 3인은 모두 이름난 선비가 되었다. 그들을 세상에서 '완산의 삼최〔完山三崔〕'라고 일컬었다.

조영인(趙永仁) 의종조에 과거에 급제하고, 전주 서기(全州書記)에 조용되었는데 정사를 잘했다는 명성이 있었다.

박원계(朴元桂) 사록 겸 장서기(司錄兼掌書記)가 되었다. 경내에 호환(虎患)이 발생하였는데, 목사와 판관이 잡으려다 잡지 못하자 이윽고 박원계에게 맡겼다. 박원계는 기병(騎兵)과 사수(射手)를 나누어 배치하고는 길목을 지키다가 화살 한 대로 쏘아 맞혀 마침내 숨통이 끊어지게 하였다.

32 연구(聯句)로써 : 대본에는 없는데, 《신증동국여지승람》 권33 〈전라도 전주부〉 인물에 근거하여 '以聯句'를 보충하여 번역하였다.

곽예(郭預) 고종조에 전주 사록(全州司錄)에 조용되었다.

김지대(金之岱) 고종조에 전주 사록에 보임되었는데, 고아와 과부를 구휼하고 호강(豪强)한 자들을 제압하였으며 간사함을 귀신같이 적발해 내니, 아전과 백성들이 경외하였다. 뒤에 전라도 안찰사로 나가 최항(崔沆)이 보낸 승려 통지(通知)를 죽였다. 최항이 아버지를 이어 정권을 잡고서 비록 전의 일로 유감을 품고 있었으나 김지대가 청렴 근면하고 과오가 적으므로 해치지 못하였다.

한공의(韓公義) 충혜왕 때 전주 목사로 나아가 은혜로운 정사를 행하였다.

이우(李瑀) 재간(材幹)이 있어서 전주 목사가 되어 백성들에게 은덕을 끼치는 정사를 행하였다.

정운경(鄭云敬) 공민왕조에 전주 목사가 되었다. 장가들어 민가에서 사는 승려가 있었는데, 하루는 외출하였다가 어떤 사람에게 살해되었다. 그 아내가 관아에 호소하였으나 증거가 없어 오래도록 처결하지 못하고 있었다. 정운경이 즉시 그 아내에게 사통한 자가 있느냐고 물으니, 아내가 말하기를 "없습니다. 다만 이웃의 한 사내가 항상 희롱하기를 '늙은 중놈이 죽으면 일이 잘될 것이다.' 하였습니다."라고 하였다. 이에 그 사내를 밖에다 잡아 두고 먼저 그 어미를 국문하기를 "아무 달 아무 날에 네 아들이 집에 있었느냐?" 하니, 그 어미가 말하기를 "그날 밖에서 들어와 말하기를 '친구와 술을 마셨더니 취해서 곤하다.' 하였습니다."라고 하였다. 즉시 그 사내에게 그날 함께 술을 마신 자가 누구냐고 신문하니 곧 자복하였다.

김도(金濤) 공민왕조에 사록(司錄)이 되었다.

본조

허조(許稠) 공정왕조(恭定王朝 태종)에 전주 판관이 되었는데, 청렴하고 절제하며 스스로 지조를 지켰고 강건하고 분명하게 일을 잘 처결하였다. 일찍이 스스로 맹세하기를 "법 아닌 것으로 일을 처리하면 하늘이 벌을 내린다.〔非法斷事 皇天降罰〕" 하고 이 여덟 글자를 작은 현판에 써서 청사(廳事)에 걸어 놓았다.

권담(權湛) 장헌왕조(莊憲王朝 세종)에 부윤이 되었는데, 청렴하고 신중하게 공무를 봉행하며 농사와 잠상을 권면하여 덕정(德政)이 백성들에게 미쳤다.

이언(李堰) 전주 부윤이 되었다. 성품이 청렴하고 강직하였으며 정사가 물과 같이 청정하였다. 혜장왕조(惠莊王朝 세조)에 교서를 내려 포상하고 가선대부(嘉善大夫)로 올렸다. 떠난 뒤에 고을 사람들이 생사당(生祠堂)을 세워 제사 지냈다.

이봉(李封) 전주 부윤이 되었는데, 잘 다스린다는 명성이 있었다.

이유인(李有仁) 전주 부윤이 되었는데, 치적이 있었다. 학교를 증수(增修)하였으므로 생도들이 은덕을 입었다고 여겨 기일(忌日)에 제사를 설행하였다.

윤효손(尹孝孫) 성종조에 전주 부윤이 되었는데, 모든 제사를 반드시 직접 하였고 노인을 봉양하고 홀로 된 이들을 구휼하는 데 마음을 힘써 다하였으며, 요역과 세금을 줄이고 균등하게 하였으니, 유망(流亡)한 자들도 모두 모여들고 아전과 백성이 믿고 따랐다. 특별히 어찰을 내려 포상의 뜻을 밝히고 이어 열읍에 반포하여 고시하였으며, 비단을 하사하고 품계를 더하였다.

김훤(金暄) 전주 부윤이 되었는데, 근면하고 신중하게 정사를 행하였으므로 포상하고 가선대부로 올려 주었다.

최자숙(崔自淑) 전주 판관이 되었는데, 아전과 백성들이 경외하고 사랑하였다.

김종직(金宗直) 강정왕조(康靖王朝 성종)에 전라 관찰사가 되었다. 정직하고 단중(端重)하며, 직무에 임해서는 간략함을 지키고 번거로움을 막았으며, 매사에 성색(聲色)을 드러내지 않았으니, 이에 한 도가 엄숙해졌다. 조정에 들어가 한성 윤에 제배되었다.

김정국(金正國) 중종조에 전라 관찰사가 되었다. 정사를 행함에 교화를 돈독히 하였으며, 백성을 편안히 하고 폐단을 제거할 수십 조목을 올렸는데, 일이 많이 시행되었다.

이언적(李彦迪) 공희왕조(恭僖王朝 중종)에 전주 부윤이 되었다. 자신을 바로 하여 남에게 솔선수범하였으며, 정사를 행함에는 교화를 돈독히 하고 백성들의 부역을 균등히 하는 것을 우선으로 삼았다. 회계 장부를 작성하여 기일에 맞추어 상관에 보고하는 것도 명확하고 신중하게 하지 않음이 없었으니, 1년 안에 한 지역이 크게 다스려졌다. 품계를 올리고 소환하여 병조 참판에 제수하였으며, 백성들은 덕을 칭송하는 글을 돌에 새겼다. 고을 풍속이 절일(節日)에는 으레 우희(優戱)[33]를 벌였는데, 관찰사 김정국도 오히려 더러 돌아보며 웃는 일이 없지 않았으나, 이언적은 함께 앉아서도 보지 못한 듯이 하였다.

송인수(宋麟壽) 공희왕조에 전라 관찰사가 되었다. 판결이 신속하여 지체

33 우희(優戱) : 광대놀이를 말한다. 이언적의 《회재집(晦齋集)》 연보 및 행장 등에는 '나희(儺戱)'로 되어 있다. 나희는 산대놀이로 가면극의 일종이다.

된 것이 없었고, 풍속을 바로잡고 학교를 흥기시키고 인재를 키우는 것을 급선무로 삼았으며, 선비를 좋아하고 선을 즐거워하는 것이 지성(至誠)에서 나왔으므로 한 도(道)가 흡족하게 교화되었다.

이윤경(李潤慶) 공헌왕(恭憲王 명종) 9년(1554)에 전주 부윤이 되었다. 이듬해 왜적이 남쪽 변방을 침략하고 연이어 장흥(長興) 등의 주군(州郡)을 함락하니, 관찰사가 이윤경에게 첩문을 보내 영암(靈巖)의 수성장(守城將)으로 삼았다. 왜적이 성 아래에 바짝 다가오자 사람들이 달아날 것만 생각하였는데, 이윤경은 민중을 격려하고 출격해서 패배시켰다. 병사 가운데 창에 찔린 자가 있으면 눈물을 흘리며 보살피고 치료해 주니, 사람들이 더욱 감동하고 분격하여 고단한 성을 보전할 수 있었다. 상이 포장(褒獎)하는 유지를 내려 품계를 올려 주고 본도 관찰사에 제수하였다.

권율(權慄) 소경왕(昭敬王 선조) 임진년(1592, 선조25)에 왜구가 대거 이르니, 권율이 광주 목사(光州牧使)로서 남원(南原)과 이치(梨峙)에서 왜구를 막아 누차 격파하였다. 당시 상이 의주(義州)에 있을 때 멀리서 본도 관찰사에 제수하여 교서가 진영에 이르자 권율이 서쪽을 향해 절하며 곡하니, 일군이 모두 감동하였다. 전주에 이르러 근왕(勤王)할 군사를 일으켜 고양(高陽)의 행주(幸州)에 가서 왜병을 크게 격파하였다. 왜적이 강화하고 남쪽으로 물러나자 권율도 군사를 이끌고 본도로 돌아왔는데, 이미 도원수에 진배되어 있었다. 권율은 중후하고 기량이 있었으며 아랫사람을 성심으로 거느렸으므로 사력을 다할 사람을 얻을 수 있었다.

이정란(李廷鸞) 소경왕 임진년에 왜구가 금산(錦山)에 주둔하였는데, 전주가 두려움에 크게 요동하고 부윤도 막 죽은 터였다. 당시 이정란은 전 도사로서 관직을 그만두고 집에 돌아와 있다가, 의병을 모집하여 장차 행재소가 있는 서쪽으로 달려가고자 하였다. 이에 관찰사가 역마로 조정에 보고하니, 조정에서는 그대로 머무르며 고을 일을 대신 행하게 하여 보장(保障)의 역할을 맡겼다. 이정란은 먼저 집안 식솔들을 성안에 들여보내니 사람들이 감히 동요하지 못하였으며, 기계를 수선하고 정비하고 밤낮으로 순시하며 독려하였다. 적이 성에 가까이 이르자 이정란이 영을 내리기를 "각자 자기 부대를 지키고, 화살 하나도 헛되이 쓰지 말라. 이를 어기는 자는 베겠다." 하니, 성안이 숙연해졌다. 왜적은 대비가 있음을 알고는 빙 둘러 살펴보고 떠나갔다. 이 일이 보고되자 승진하여 군기시 정에 제수되었다. 정유년(1597, 선조30)에 왜구가 재차 침공해 오자 중국 장수가 성을 버리고 달아나니, 조정에서 이정란을 전주부윤 겸 삼도소모사(全州府尹兼三道召募使)로 삼았다. 고을에 이르렀을 때는 적이 퇴각한 지 겨우 며칠이 지난 뒤였는데 죽은 이들을 조문하고 남은 이들을 위무하니 백성들이 그에 힘입어 살아났다.

한준겸(韓浚謙) 선조조에 전라 관찰사가 되었다. 아랫사람 다스리기를 관대하게 하였으며 출척을 오직 공평하게 하였다. 사람들이 그동안 감사로서 선정을 베푼 이들을 일컬을 때는 반드시 한준겸을 가장 먼저 추대하였다.

장만(張晩) 선조조에 전라관찰사 겸 전주부윤이 되었다. 관대하고 너그럽게 정사를 잘하여 위엄과 은혜가 아울러 드러났으며, 일마다 잘 거행되어 백성들이 소요하지 않았다.

유우 流寓

왕백(王伯) 고려 충숙왕 때 규정(糾正)으로서 전주(銓注)에 참여하였으며 곧이어 좌사보(左司補)가 되었다. 충혜왕 복위 2년(1341)에 사면을 청하여 돌아와 전주에서 여생을 보내다가 충정왕 2년(1350)에 졸하였다. 개성부(開城府)에도 보인다.

인물 人物

고려

유방헌(柳邦憲) 과거에 급제하여 성종과 목종을 섬겼고, 여러 번 승진하여 한림학사(翰林學士)가 되었다. 관직이 문하시랑평장사(門下侍郎平章事)에 이르렀고, 시호는 정간(貞簡)이다. 성품이 어질고 너그러워 창졸간이라도 거칠고 성내는 말씨나 기색이 없었으며, 가산을 일삼지 않았다.

최균(崔均) 어려서부터 재주와 학문이 출중하였다. 인종조에 과거에 급제하고, 여러 번 승진하여 소부 주부(少府主簿)가 되었다. 당시 재상 최윤의(崔允議)가 교지를 받들어 문사(文士)를 뽑아 예의를 상정(詳定)할 때 최균이 그 선발에 수석으로 뽑혔다. 뒤에 최윤의가 임종할 때 오직 최균을 천거하였으므로 왕이 각문 지후(閣門祗候)에 제수하였다. 명종조에 예부시랑(禮部侍郎)으로서 병마부사(兵馬副使)의 직임을 맡아 서경(西京)의 조위총(趙位寵)을 공격하다가 잡혀서 죽임을 당하였다. 예부 상서(禮部尙書)에 증직되었다.

최척경(崔陟卿) 아전으로서 과거에 급제하여 의종 초에 경산 판관(京山判官)에 제수되었고, 임기를 마치고 서울로 돌아와서는 10여 년간 권문세가에 드나들지 않았다. 뒤에 두 차례 탐라 영(耽羅令)이 되었는데 모두 은혜로운 정사를 행하였다. 여러 번 옮겨 감찰어사(監察御史)가 되고, 좌정언 지제고(左正言知制誥)에 제수되었다. 관직이 예부시랑 비서감(禮部侍郞 祕書監)에 이르렀으며, 청렴하다는 명성과 굳은 절개는 늙어서도 쇠하지 않았다.

이준양(李俊陽) 청백함으로 이름이 났다. 의종조에 관직이 문하평장사(門下平章事)에 이르렀다.

최보순(崔甫淳) 최균의 아들이다. 기량과 학식이 크고 깊었으며, 어려서 아버지를 여의고 학문에 힘썼다. 과거에 급제하여 황주 장서기(黃州掌書記)에 조용되었고, 정사는 청백함을 숭상하였다. 고종조에 여러 관직을 거쳐 수 태사 문하시랑평장사(守太師門下侍郞平章事)가 되었다. 시호는 문정(文定)이다. 아들 최윤개(崔允愷)는 추밀원사(樞密院事)를 지냈다.

유광식(柳光植) 풍모가 헌칠하였으며 침중하고 말이 적었다. 서울과 지방에서 여러 관직을 역임하였는데, 모두 청렴하고 검소하여 명성과 치적이 드러났다. 고종조에 중서문하평장사(中書門下平章事)로 치사하고는 소요하며 유유자적하였으니, 세상에서는 수(壽)와 부(富)를 둘 다 완전히 누렸다고 일컬었다. 시호는 대숙(戴肅)이다.

유소(柳韶) 유광식의 아들이다. 성품이 강직하고 꼿꼿하여 남과 타협하여 용납하는 것이 적었고, 가산을 일삼지 않았다. 관직은 평장사에 이르렀다.

최성지(崔誠之) 최보순의 4대손이다. 아버지 최비일(崔毗一)은 찬성사(贊成事)를 지냈다. 최성지는 약관(弱冠)도 되기 전에 과거에 급제하였다. 충선왕 때 관직이 첨의찬성사(僉議贊成事)에 이르고 광양군(光陽君)에 봉해졌다. 글씨 획은 반듯하였고, 점잖은 풍의 시문은 좋아할 만하였으며, 음양

추보법(陰陽推步法)[34]에 특히 조예가 깊었다.

최문도(崔文度) 최성지의 아들로 장관(將官) 출신인데 독서를 좋아하고 정주(程朱)의 학문을 좋아하였으며, 어버이를 효성으로 섬겼다. 관직은 첨의참리(僉議參理)에 이르렀고, 시호는 양경(良敬)이다.

최득평(崔得枰) 성품이 청렴하고 고요하였으며 스스로 지조를 지켜서 사람들이 모두 공경하고 두려워하였다. 관직은 선부 전서(選部典書 이부 전서)에 이르러 치사하였다. 충렬왕, 충선왕, 충숙왕 세 왕조를 두루 섬겼는데, 충선왕이 특히 중용하였다.

최재(崔宰) 최득평의 아들이다. 충숙왕조에 과거에 급제하였다. 왕이 아버지의 풍도가 있다고 하여 감찰 지평(監察持平)에 제수하였는데, 충혜왕이 즉위한 뒤 그 직임을 박탈하였다. 왕이 원나라로 잡혀가게 되자 왕이 설치한 모든 것이 모조리 다시 바뀌었는데, 도감을 세우고 최재를 판관으로 삼았다. 최재가 탄식하며 말하기를 "왕의 실덕은 바로 좌우에서 왕의 뜻에 영합하여 유도한 것일 뿐이다. 앞에서 맞이하고 뒤에서 부추겼으니, 내가 실로 부끄럽게 여긴다." 하고, 병을 칭탁하고 나아가지 않았다. 뒤에 누차 내외 관직을 맡았는데 모든 정사에서 유능함을 드러내었다. 공민왕조에 감찰 대부(監察大夫)가 되고 완산군(完山君)에 봉해졌다. 시호는 문정(文貞)이다.

최용갑(崔龍甲) 갑과 제1인에 발탁되고, 관직이 해주 목사(海州牧使)에 이르렀다. 문명(文名)이 있었다.

34 음양추보법(陰陽推步法) : 일월(日月)과 오성(五星)의 도수(度數)를 추산하여 책력을 만드는 것을 말한다.

이문정(李文挺) 충숙왕 때 과거에 급제하였다. 여러 관직을 거쳐 정당문학(政堂文學)에 이르렀다.

최칠석(崔七夕) 장수(將帥)의 재주가 있었다. 신창(辛昌 창왕) 때 원수(元帥)가 되어 각 도 원수인 박위(朴葳), 박자안(朴子安) 등과 함께 대마도(對馬島)를 정벌하여 승리를 거두고 돌아왔다.

최양(崔瀁) 태조의 옛 친구로 본조에서 벼슬하지 않았다고 한다.[35]

본조

이백유(李伯由) 이문정의 손자이다. 태조를 섬겨 예조 판서 개국 공신이 되었고 완성부원군(完城府院君)에 봉해졌다. 아들 이조(李稠)는 공조 참판을 지냈다.

박진(朴晉) 효성이 돈독한 성품이었고, 관직은 지군사(知郡事)에 이르렀다. 아버지가 병이 들자 관직을 버리고 돌아와 모시며 항상 곁을 떠나지 않았다. 당시 박진의 나이가 60세였는데 밤에도 띠를 풀지 않고 약은 반드시 먼저 맛보았으니, 아버지가 그 효성에 감동하고 시를 지어 자손들에게 훈시하였다. 아버지가 죽자 여막에서 3년 동안 시묘하면서 장사와 제사에 성성을 다하니, 마을 사람들이 모두 감화를 받았나. 태조조에 정려(旌閭)하였다.

유의손(柳義孫) 과거에 급제하고, 세종조에 오랫동안 집현전(集賢殿)에 재

35 태조의……한다 : 최양(崔瀁)은 정몽주(鄭夢周)의 생질이자 제자이다. 정몽주가 죽자 그날로 벼슬을 버리고 전주(全州)로 가서 살았다. 조선 개국 후 태조 이성계가 친구로 대우하여 여러 차례에 걸쳐 관직을 내렸으나 받지 않았다고 한다.《剛齋集 卷6 書全州崔氏先世誌狀後》

임하였다. 관직이 이조 참판에 이르렀고 문학으로 세상에 이름이 났다.

최덕지(崔德之) 아버지 최담(崔霮)은 참의를 지냈다. 최덕지는 젊어서도 학식이 높았다. 태종조에 과거에 급제하여 사국(史局), 대각(臺閣)의 직임을 역임하고 누차 주군(州郡)의 원이 되었는데, 모두 다스린 성과가 드러났다. 일찍이 남원 부사로서 영암(靈巖)으로 물러나 기거하며 당에 존양(存養)이라는 편액을 걸었다. 문종 초에 소명을 받아 직제학에 제수되었는데, 이듬해 노쇠함을 고하여 남쪽으로 돌아갔다. 이때 조정의 동료 경사(卿士)들이 모두 시를 지어 전송하였으니, 그 일이 미담이 되었다. 나이 72세에 졸하였다. 노산군 때 나라에 일이 많았으므로 세상에서 그가 명철하고 기미에 밝은 것을 탄복하였다.

이사철(李思哲) 과거에 급제하였다. 세조조에 정난 공신에 참여하고 견성부원군(甄城府院君)에 봉해졌다. 관직은 의정부 좌의정에 이르렀다.

이경동(李瓊仝) 이문정의 4대손이다. 책을 두루 많이 읽고 기억을 잘하였다. 세조조에 과거에 급제하고 여러 관직을 거쳐 병조 참판에 이르렀다. 문장으로 세상에 이름이 나서 성현(成俔), 최숙정(崔淑精)과 서로 명성을 나란히 하였다.

유헌(柳軒) 과거에 급제하였다. 중종조에 내외 관직을 역임하고 관직이 사간원 대사간에 이르렀다. 기국(器局)이 있었으며, 관직에 임해서는 청렴결백하였다.

유숭조(柳崇祖) 과거에 급제하고, 관직이 동지중추부사에 이르렀다. 오래도록 성균관 대사성을 겸하였고 경학에 정통하였으며 사람을 가르치는 일에 부지런하였다.

이정란(李廷鸞) 선조는 전의(全義) 사람으로, 본부에는 3대째 거주하고 있다. 아버지 이승효(李承孝)는 홍문관 수찬을 지냈다. 이정란은 강개하며 지절(志節)이 있었다. 선조조에 과거에 급제하고, 공주 목사(公州牧使)와 전주 부윤을 역임하면서 청렴함을 스스로 지켰다. 임진왜란 때 본부가 보전하게 된 데에는 그의 공력이 많았으니, 명환(名宦) 아래에 자세한 내용이 있다. 아우 이정기(李廷麒)는 은거하며 행실에 힘써 고상하고 원대한 뜻과 학식이 있었으며 우죽(友竹)이라고 자호하였다.

이기발(李起浡) 선조는 한산(韓山) 사람이다. 고려 재상 이색(李穡)의 후손이다.

열녀 列女

임씨(林氏) 낙안군사(樂安郡事) 최극부(崔克孚)의 처이다. 고려 말에 왜구가 갑자기 그 마을에 쳐들어왔는데, 임씨가 피난하여 달아나자 왜구가 쫓아와서 욕보이려 하였다. 굳게 저항하자 왜구가 한 팔을 잘랐는데도 따르지 않았고, 또다시 다른 팔을 잘라도 끝내 따르지 않다가 마침내 죽임을 당하였다. 그 마을에 정표(旌表)하였다.

이씨(李氏) 부 사람 최이원(崔以源)의 처인데, 나이 19세에 남편이 죽었다. 부모가 억지로 그 뜻을 꺾고자 하니 이씨는 밤에 도망하여 시부모 집으로 돌아갔다. 이에 부모도 후회하고 그만두었고, 종신토록 수절하였다. 본조 세종조에 정려하였다.

익산군益山郡

동쪽으로 여산군(礪山郡) 경계까지 10리이다. 북쪽으로 같은 군 경계까지 19리이다. 남쪽으로 전주부(全州府) 경계까지 17리이다. 서쪽으로 함열현(咸悅縣) 경계까지 22리이다. 서울과의 거리는 468리이다.

한전 旱田

수전 水田

건치연혁 建置沿革

본래 마한국이다. 기자(箕子) 41대손인 조선왕 기준(箕準)이 위만의 난을 피하여 평양(平壤)에서 바닷길로 배를 타고 남쪽으로 내려가 한(韓) 땅에 이르러 국호를 마한이라 하고, 50여 나라를 통치하여 200년을 전승하였다. 백제의 시조 온조왕 27년(9)에 이르러 병합하여 취하고 이후로 금마저(金馬渚)라고 불렀다. 신라 신문왕이 금마군(金馬郡)으로 고쳤다. 고려 초에 전주에 편입시켰는데, 충혜왕 때 다시 떼어 내 익주(益州)로 삼았다. 원나라 순제(順帝)의 황후인 기황후의 외향이므로 읍호를 승격한 것이다.

본조 태종 13년(1413)에 고쳐 익산군으로 삼았다. 관장하는 면은 12개이다.

관원

군수(郡守), 훈도(訓導) 각 1인이다.

군명 郡名

금마(金馬), 익주(益州)

형승 形勝

용산(龍山)[36]이 북쪽을 누르고, 비옥한 들이 서쪽에 이어져 있다.

풍속 風俗

농사와 누에치기에 힘쓴다.

풍속이 자못 검소함을 숭상한다. 지지(地志)에 "풍속이 자못 검소함을 숭상한다." 하였다. 또 박초(朴礎)의 시에 이르기를 "백성들이 후박하니 마한의 풍속일세.〔生民厖朴馬韓風〕" 하였다.

무사(巫祀)를 믿는다. 남방의 풍속은 대체로 무격(巫覡)을 믿어 병에 걸리

36 용산(龍山) : 군 북쪽 8리에 있는 용화산(龍華山)을 가리킨다.

면 오직 귀신에게 빌며 제사 지낸다.

산천 山川

건자산(乾子山) 군 북쪽 1리에 있다. 진산(鎭山)이다.

도순산(都順山) 세속에서 시다산(施茶山)이라 칭한다. 군 동쪽 5리에 있다.

당산(唐山) 군 서쪽 10리에 있다. 산에 밤나무가 있는데 1년에 세 번 밤이 열린다. 그러나 다른 곳에 옮겨 심으면 그렇지 않다.

용화산(龍華山) 군 북쪽 8리에 있다. 일명 미륵산(彌勒山)이라고 한다.

장군봉(將軍峯) 용화산 남쪽에 있다. 바위 위에 오목하게 패인 곳이 있는데 기름 수 곡(斛)을 담을 만하니, 세속에서 등잔암(燈盞巖)이라고 한다.

춘포(春浦) 군 남쪽 15리에 있다. 원류는 용화산에서 나와 전주에 들어간다.

황등제호(黃登堤湖) 군 서쪽 22리, 함열현과의 경계에 있다. 일명 귀교제(龜橋堤)라고 한다. 둑 길이는 900보(步)이고, 둘레는 25리이다. 김제군(金堤郡) 벽골제(碧骨堤), 고부군(古阜郡) 눌제(訥堤)와 함께 삼호(三湖)라고 칭해진다. 예전에는 관개 지역이 매우 넓고 사람과 물산이 풍성하였는데, 지금은 둑이 터져 호수의 물이 말라서 간간이 민전(民田)이 되었다.

상시연(上矢淵) 군 서쪽 17리에 있다.

마룡지(馬龍池) 군 서남쪽 3리, 오금사(五金寺) 남쪽 100여 보에 있다. 세상에서 전하기를 서동대왕(薯童大王)의 어머니가 집을 짓고 살던 곳이라고 한다.

왕궁정(王宮井) 군 남쪽 5리에 있다. 세상에서 전하기를 옛 궁궐의 유지로 우물은 바로 당시에 판 것이라고 한다.

토산 土産

종이〔紙〕, 생강〔薑〕, 밤〔栗〕, 대나무〔竹〕, 붕어〔鯽魚〕, 게〔蟹〕

학교 學校

향교(鄕校) 군 동쪽 5리에 있다.

궁실 宮室

객관(客館)

향사당(鄕射堂) 객관 남쪽에 있다.

청심루(淸心樓) 객관 동쪽에 있다.

우역 郵驛

흑석원(黑石院) 흑석부곡(黑石部曲)에 있다. 군과의 거리는 남쪽으로 15리이다.

관량 關梁

□□교(□□橋) 군 남쪽 1리에 있다.

사묘 祠廟

사직단(社稷壇) 군 서쪽 1리에 있다.

문묘(文廟) 향교에 있다.

성황사(城隍祠), 여단(厲壇) 모두 군 북쪽 1리에 있다.

능묘 陵墓

쌍릉(雙陵) 군 서쪽 10리, 오금사 서쪽 수백 보에 있다. 《고려사(高麗史)》에 "후조선(後朝鮮) 무강왕(武康王 기준(箕準)) 및 비의 능이다. 세속에서 말통대왕릉(末通大王陵)이라고 부르는데, 일설에는 백제 무왕(武王)의 어렸을 때 이름이 서동(薯童)이라고 한다." 하였다. 말통은 곧 방언으로 서동이 변한 것이다.

소세양(蘇世讓) 묘 군 동쪽 8리, 탄곡(炭谷)에 있다.

사찰 寺刹

상원사(上院寺) 용화산에 있다.

사자암(獅子菴) 용화산 위에 있다. 두 바위가 벽처럼 솟아 있는데 내려다보면 땅이 보이지 않는다. 돌길이 갈고리처럼 연결되어 있어 더위잡고 올라간다. 옛 명승인 지명(知命)이 거주한 곳이다.

영혈사(靈穴寺) 용화산에 있다.

고적 古蹟

기준성(箕準城) 용화산 위에 있다. 전해 오기를 기준이 축성한 것이므로 그렇게 이름을 지었다고 한다. 돌로 쌓았다. 둘레가 3900자이다. 안에 시내가 있고, 샘과 우물이 있다. ○ 본조 남효온(南孝溫)의 시[37]에,

천 년 전 은왕의 후손이 세운 나라　千載殷王胄
이제는 기준성만 쓸쓸히 남았구나　蕭條箕準城
당시의 일이야 바삐 내달렸겠지만　奔忙當日事
지금의 정경은 밥 짓는 연기뿐이라　煙火此時情

하였다.

궁터〔宮基〕 군 남쪽 5리에 있다. 세상에서 전하기를 마한 때의 궁터라고 한다. 궁궐 담과 섬돌의 유지가 아직 남아 있고, 5층 석탑이 있으니 이름을 왕금탑(王金塔)이라고 한다.

보덕성(報德城) 군 서쪽 1리에 있다. 유지만 겨우 남아 있다. 고구려가 당나라에 멸망하였을 때 대형(大兄) 검모잠(劍牟岑)이 부흥을 도모하고자 잔류한 백성들을 거두어 모아 패강(浿江)에 이르러 당나라 관리를 죽이고 신라로 향했다. 가는 도중에 서해의 사야도(史冶島)에 이르러 옛 종실 안승(安勝)을 만나 한성(漢城)에 봉영하여 두고 임금으로 세웠다. 소형(小兄) 다식(多式) 등을 신라에 보내어 고하기를 "우리 선왕인 장왕(臧王)[38]께서 도리를 지키지 못하여 멸망하였습니다만, 이제 신들이 나라의 귀족인 안승을 맞아 임금으로 삼았으니, 부디 신라의 울타리가 되기를 바랍니다."

37 남효온(南孝溫)의 시 : 〈기준성(箕準城)〉이다. 《秋江集 卷2》

38 장왕(臧王) : 고구려 마지막 왕인 보장왕(寶臧王)을 말한다. 본 이름은 고장(高臧)이다.

하였다. 신라의 문무왕은 안승을 금마저(金馬渚)에 거주하게 하고, 보덕왕으로 봉했으며 형의 딸을 처로 삼게 하였다. 그 뒤 신문왕은 안승을 불러 소판(蘇判)으로 삼았다. 그의 족자(族子) 대문(大文)이 금마저에 머물러 있었는데 모반했다가 죽임을 당하고, 나머지 무리가 관리들을 죽이고 보덕성을 거점으로 삼아 또 반역하였으나, 임금은 장사(將士)를 보내어 토벌하여 평정하고 그 사람들을 남쪽의 주군에 옮기게 한 다음 그 지역을 금마군(金馬郡)으로 삼았다.

금마산(金馬山) 견훤이 이르기를 "예전에 마한이 먼저 일어나 대대로 발흥하였고, 진한과 변한이 뒤이어 일어났다. 이에 백제가 금마산에[39] 개국한 지 600여 년이 된다." 하였다. ○ 살피건대 온조가 마한을 병합하고 뒤에 그 지역을 금마저라 하였지 금마산이라고 칭하지 않았다. 또 금마군은 백제의 서울이 된 적이 없으니, 견훤의 말은 어디에 근거한 것인지 모르겠다.

석장동(石檣洞) 군 서쪽 10리에 있다. 산기슭에 옛 절의 유지가 있고, 돌 돛대가 우뚝 세워져 있으니 높이가 2장(丈)이다. 세속에서는 그 마을 이름을 석장동이라고 한다. 전대의 주현에 혹 구리나 돌로 돛대의 모양을 만들어 지기(地氣)를 누른 곳이 곳곳에 있는데, 이것도 그중의 하나이다.

미륵사(彌勒寺) 용화산에 있다. 민간에 전해지기를 "무강왕이 창건하였는데, 신라 진평왕이 이 절을 창건한다는 말을 듣고 공장(工匠)을 보내 도왔다.[40] 세 개의 미륵상(彌勒像)이 있고, 또 석탑이 있는데 매우 크고 높이가

39 금마산에 : 대본에는 없는데, 《삼국사기(三國史記)》 권50 〈견훤열전〉에 근거하여 '金馬山'을 보충하여 번역하였다.

40 무강왕이……도왔다 : 무강왕(武康王)은 마한국을 세운 기준(箕準)인데, 신라 진평왕이 도왔다는 것으로 보면 동시대인 백제 무왕의 오기로 의심되나, 근거가 불충분하여 그대로 번

몇 길이나 되어 남방의 석탑 중에 가장 크다." 하였다. 지금 절은 없어지고 유지만 남아 있다.

오금사(五金寺) 보덕성 남쪽에 있다. 세속에서 전하기를 서동(薯童)이 어머니를 지극한 효성으로 섬겼는데, 미천할 때 어머니를 위해 마〔薯蕷〕를 캐다가 오금(五金)[41]을 얻었으므로 뒤에 왕이 되어서는 그 땅에 절을 짓고 오금사라 이름하였다고 한다. 지금은 없어지고 유지만 남아 있다.

명환 名宦

본조

진의귀(陳義貴) 익산 군수(益山郡守)가 되었는데, 정사를 잘한다는 명성이 있었다.

노귀상(盧龜祥) 익산 군수가 되었는데, 분명하고 단호하게 정사를 행하여 고을에 지체된 송사가 없었다.

최덕지(崔德之) 익산 군수가 되었는데, 자신이 먹고 입는 것은 검소하고 간략하게 해도 일 처리에 있어서는 반드시 세심하고 신중하게 했다.

곽안방(郭安邦) 세조조에 익산 군수가 되었는데, 청렴결백하였으며 은혜로운 정사를 행하였다.

송기충(宋期忠) 익산 군수가 되었는데, 정사는 엄중하고 분명함을 중시하

역하였다.

41 오금(五金) : 금(金), 은(銀), 동(銅), 철(鐵), 연(鉛)을 말한다.

였으며, 백성의 요역을 균등하게 하면서 귀인이나 권세가를 개의치 않았다. 당시 소세양(蘇世讓)이 찬성으로서 물러나 군(郡) 내에 있었는데, 가동(家僮) 가운데 정역(定役)에 차정된 자가 많았지만 소세양은 유감으로 여기지 않았다. 떠나게 되자 백성들이 그 덕을 사모하여 오래도록 잊지 않았다.

유우 流寓

권근(權近) 고려 말에 관직에 나아가 밀직사사(密直司使)가 되었는데, 윤이(尹彝)와 이초(李初)의 옥사에 연루되어 익주(益州)에 유배되었다. 익주에 있으면서 《입학도설(入學圖說)》을 저술하였다. 오래 있다가 윤허를 받고 충주로 돌아갔다.

인물 人物

고려

이주(李湊) 고종 때 과거에 급제하고, 관직이 상서좌복야 한림학사 승지(尙書左僕射翰林學士承旨)에 이르렀다. 성품이 온화하고 선량하며, 문장을 잘 짓고 글씨와 편지에 능하였다. 평생토록 가산을 돌보지 않아서 집안에 약간의 곡식도 저축된 것이 없었다.

이행검(李行儉) 이주의 아들이다. 충렬왕 때 과거에 합격하여 전법랑(典法郞) 등을 역임하였다. 정화원주(貞和院主)가 평민을 노예로 삼았으므로 그 평민이 고소를 하니, 동료가 권세가의 압력을 받고 법을 굽히려 하였지만 이행검이 한사코 불가함을 주장하였다. 마침 병에 걸려 휴가 중이었는데 동료들은 기회로 삼아 일을 처결해 버렸다. 어떤 사람이 꿈에 날카로운 칼이 하늘에서 내려와 형부(刑部)의 관리들을 죽이는 것을 보았는데, 얼마 되지 않아서 형부의 관리들이 모두 갑자기 병사하였고 유독 이행검만이 무탈하였다. 관직이 국자 전주(國子典酒)에 이르렀다.

이공수(李公遂) 이행검의 손자이다. 감찰규정(監察糾正)으로서 과거에 수석으로 뽑혔다. 공민왕 때 익산부원군에 봉해졌다. 원나라가 임금을 폐위하고 덕흥군을 세웠는데, 이공수가 사명을 받들고 원나라에 들어갈 때 서경에 이르러 태조의 원묘(原廟)에 배알하고 맹세하여 말하기를 "우리 임금이 복위하지 못하면 신은 죽어도 다시 돌아오지 않겠습니다." 하였다. 중국 서울에 이르자 황제가 이공수에게 덕흥군을 모시고 우리나라로 돌아가게 하였다.[42] 이에 이공수가 말하기를 "늙은 신하가 비록 목을 베어 그 피를 덕흥군의 수레에 뿌리지는 못할망정 어찌 차마 따라가겠습니까." 하고는 따라가지 않았다. 이 때문에 충의가 천하에 알려졌고, 황제는 태상예의사(太常禮儀使)에 제배하였다. 왕이 복위하게 되자 이공수는 우리나라로 돌아와 영도첨의(領都僉議)에 제배되었다. 졸한 뒤에 문충(文忠)의 시호를 받고 공민왕의 묘정에 배향되었다.

42 이공수에게……하였다 : 대본에는 '令德興東歸'로 되어 있는데, 《고려사》 권112 〈이공수열전(李公遂列傳)〉에 근거하여 '令' 뒤에 '公遂奉'을 보충하여 번역하였다.

본조

소세양(蘇世讓) 책을 널리 많이 읽고 기억을 잘하였으며 문사(文詞)에 뛰어났다. ○ 중종 초에 과거에 급제하고 여러 관직을 거쳐 의정부 좌찬성에 이르렀다. 소세양은 집안에서는 우애로웠고 이르는 곳마다 정사를 잘한다는 명성이 있었으며, 정사룡(鄭士龍), 신광한(申光漢)과 더불어 서로 이어 대제학이 되었다. 사명을 받들고 중국 서울에 갔는데, 예부 상서 하언(夏言)이 그가 시에 능하다는 소문을 듣고 만나 보기를 청하여 칭찬하며 감탄하였다. 《양곡집(陽谷集)》이 있다.

열녀 列女

구씨(仇氏) 군 사람 조민(曺敏)의 아내이다. 나이 15세에 조씨 집에 시집와서 일찍 과부가 되었으나 재가하지 않기로 맹세하며 스스로 머리카락을 잘랐다. 남편의 모습을 그려 놓고 의복을 진설하고는 밤낮으로 슬프게 곡하였으며 정성을 극진히 하여 제전(祭奠)을 올렸다. 나물국도 먹지 않고 종신토록 소복(素服)을 입었다. 본조 성종조에 정려하였다.

김제군金堤郡

동쪽으로 금구현(金溝縣) 경계까지 14리, 전주부(全州府) 경계까지 32리이다. 남쪽으로 태인현(泰仁縣) 경계까지 22리이다. 서쪽으로 부안현(扶安縣) 경계까지 26리, 만경현(萬頃縣) 경계까지 13리이다. 북쪽으로 같은 현 경계까지 18리이다. 서울과의 거리는 541리이다.

한전 旱田

수전 水田

건치연혁 建置沿革

본래 백제 벽골군(碧骨郡)이다. 신라 경덕왕 때 고쳐 김제군으로 삼았다. 고려 초에 전주에 병합하였다가 인종 때 다시 김제현을 설치하였다. 본조 태종 3년(1403)에 다시 승격하여 김제군으로 삼았다. 관장하는 면은 19개이다.

관원

군수(郡守), 훈도(訓導) 각 1인이다.

군명 郡名

벽골(碧骨)

형승 形勝

토지가 평평하다. 지지(地志)에 "김제는 들판으로 이루어진 고을이니, 높은 산이나 큰 구릉으로 막힌 곳이 없으며 토지가 평평하다." 하였다.

북쪽으로는 사수(泗水)에 닿고, 남쪽으로는 큰 호수에 잠겨 있으며, 왼쪽으로는 전주와 경계를 짓고, 오른쪽으로는 바다로 통한다.

호수와 바다 사이에 넓은 육지가 자리 잡은 곳이다.

풍속 風俗

농사일에 부지런하다.

백성들의 성품은 산만하여 강직하고 굳센 기운이 없다. 백성들의 성품은 산만하여 강직하고 굳센 기운이 없으니, 가르치고 길러서 진작하지 않는다면 학문이나 기예를 일으키기 어렵다.

무격(巫覡)을 숭상하고 음사(淫祀)를 좋아한다. 남방의 백성들은 대체로 무격을 숭상하고 음사를 좋아하는데, 김제의 풍속 또한 그렇다.

산천 山川

승가산(僧伽山) 군 동북쪽 10리에 있다. 평평한 언덕에서 조금 솟아난 곳이다.

명량산(鳴良山) 군 서쪽 20리, 명량향(鳴良鄕)에 있다. 들판 가운데의 고산(孤山)으로, 세속에서 전하기를 고려 최영이 제주를 정벌하고 돌아올 때 여기에 단을 설치하고 하늘에 제사 지냈다고 한다.

대평(大坪) 세속에서 김제 만경평(萬頃坪)이라고 칭한다. 동쪽으로 전주에 이르고, 남쪽으로 태인에 이르고, 서쪽으로 부안에 이르고, 북쪽으로 함열(咸悅)에 이른다.

장수(漳水) 군 서쪽 25리에 있다. 일명 식장포(息漳浦)라고 하고, 혹은 동진(東津)이라고 칭한다. 물이 부안현과의 경계를 나눈다. 부안현에 자세히 보인다.

사수(泗水) 군 동북쪽 30리에 있다. 바로 전주부의 사수 하류이다. 세속에서 회연(回淵)이라고 칭하고, 그 아래는 율포(栗浦)라고 칭하며, 또 그 아래는 신창진(新倉津)이라고 칭한다. 전주부에도 보인다.

벽골제호(碧骨堤湖) 일명 김제호(金堤湖)라고 한다. 군 남쪽 15리에 있다. 둑 길이는 2600보이고, 호수 둘레는 80리이다. 모악산(母嶽山)과 상두산(象頭山)의 물이 모두 여기에 모인다. 삼국 시대에 처음 만들었고, 신라 원성왕 때 증축하였으며, 고려 현종과 인종 때 재차 중수하였다. 우리나라의 큰 둑으로 이것과 고부군(古阜郡)의 눌제(訥堤), 익산군(益山郡)의 황등제(黃登堤)를 통틀어 삼호(三湖)라 부른다. 남방을 호남, 호서라고 칭하는 것은 이곳 때문일 것이다. 뒤에 폐기되었다가 본조 태종 15년(1415)에 박희중(朴熙中)과 관찰사 박습(朴習)을 보내 중수하게 하였으니, 관개 지역이 극히 넓어져 백성들이 가뭄 걱정이 없었다. 지금은 둑이 터져 호수 물이 고갈되었는데, 그 가운데 말라 버린 곳에는 사람들이 논을 만들었고 그 밖의 황무지는 갈대밭이 되었다. ○ 중수비(重修碑)에 "군의 남쪽 15리쯤에 큰 둑이 있는데, 이름을 벽골(碧骨)이라 한다. 이는 옛사람이 김제의 옛 이름을 들어 그대로 이름을 붙인 것인데, 군도 이 둑을 쌓고 나서 지금의 이름으로 고쳤다. 둑의 길이는 6만 843자이고, 둑 안의 둘레는 7만 7406보이다. 5개의 도랑을 파서 논에 물을 대는데, 논은 무릇 9840결(結) 95복(卜)으로 옛 문적에 기재되어 있다. 그 첫째 도랑을 수여거(水餘渠)라고 하는데, 한 줄기 물이 흘러 만경현 남쪽까지 이른다. 둘째 도랑을 장생거(長生渠)라고 하는데, 두 줄기 물이 흘러 만경현의 서쪽 윤부(潤富)의 근원까지 이른다. 셋째 도랑을 중심거(中心渠)라고 하는데, 한 줄기 물이 흘러 고부(古阜)의 북쪽, 부령(扶寧)의 동쪽까지 이른다. 넷째 도랑을 경장거(經藏渠)라고 하고, 다섯째 도랑을 유통거(流通渠)라고 하는데, 둘 다 한 줄기 물이 흘러 인의현(仁義縣) 서쪽에 들어간다. 다섯 도랑이 물을 대는 땅은 모두 비옥하였으니, 이 둑은 신라와 백제 때부터 백성들이 그 이익을 얻었다. 고려 현종 때에 이르러 옛 제도로 수리하여 보완하였고, 인종 21년 계해년(1143)에 다시 증수하여 복구하였는데 끝내 폐기되었으니, 식자들이 한스럽게 여겼다. 하늘이 우리 왕조를 열어 성군이 태어나서 전심전력으로 다스려 태평성대를 이룩하였다. 이에 대신들에게 명령하여 사방을 순시하고서 제방(堤防)을 완비하고 관개를 소통하도록 하였다.

을미년(1415, 태종15) 봄에 판상주(判尙州)[43] 이발(李發) 공을 도안무사

43 판상주(判尙州) : 대본에는 '尙州'로 되어 있는데, 《신증동국여지승람》 권33 〈전라도 김제군〉 고적(古跡)에 근거하여 앞에 '判'을 보충하여 번역하였다.

(都安撫使)에 임명하였다. 이공(李公)이 처음 벽골에 이르러 장차 보수하고자 하였으나, 공사가 번거롭고 바빠서 추진하지 못하였다. 그러다 함양의 도관찰출척사(都觀察黜陟使) 박습(朴習) 공이 경력(經歷) 권전(權專) 군, 경차관(敬差官) 박희중(朴熙中) 군과 함께 이 둑에 와서 공사의 어렵고 쉬운 점을 자세히 고찰하고는 사업의 본말을 갖추어 상주하여 마침내 윤허를 받았다. 각 고을의 민정(民丁) 총 1만 명과 일을 주관할 300인을 징발하고, 옥구진 병마사(沃溝鎭兵馬使) 김훈(金訓) 군과 지김제군사(知金堤郡事) 김방(金倣) 군으로 하여금 감독하게 하였는데, 이해 9월 갑인일에 공역을 시작하여 10월 정축일에 완공하였다. 둑 북쪽에 있는 태극포(太極浦)는 조수가 몹시 격동하고, 남쪽에 있는 양지교(楊枝橋)는 깊은 웅덩이에 물이 고여 있어서 둑을 쌓는 데에 공력이 들어 예전부터 어려운 공사로 여겼다. 이제 먼저 태극포의 조수가 격동치는 곳에 둑을 쌓은 다음에 아름드리나무를 양지교의 물이 고여 있는 깊은 웅덩이에 세워서 기둥을 만들고 나무다리를 걸쳐 얹은 다음 다섯 겹으로 목책을 만들어 거기에 흙을 메웠다. 또 제방이 허물어진 곳마다 모두 흙을 올려 메워서 편평하게 하며, 제방 안팎으로는 버들을 5줄로 심어서 그 기반을 단단하게 하였다. 둑의 아래 너비는 70자, 위 너비는 30자, 높이는 17자이니, 수문을 바라보면 마치 구릉 같았다. 또 장생(長生), 중심(中心), 경장(經藏) 세 수문은 그대로 옛 돌기둥을 보수하였고, 수여(水餘)와 유통(流通) 두 수문은 돌을 쪼개어 주춧돌로 삼고 느티나무 기둥을 세웠다. 또 양쪽의 돌기둥 사이에 움푹 들어간 곳에는 느티나무 판을 가로질러 놓고 고리로 연결된 쇠사슬을 안팎으로 달아서 나무 판을 들어올려 물을 소통하도록 하였다. 수문의 너비는 모두 13자이고, 돌기둥의 높이는 15자

이며, 땅속으로 들어간 것이 5자이다. 아랫면의 돌 틈은 쇠를 녹여 땜질을 해서 단단하게 하고, 내처 안쪽의 물막이 언덕도 보수하였다. 수여와 유통 두 수문은 모두 물결이 거세게 치는 곳이 아니지만, 물이 만약 이곳에서 범람하면 새어 흐르는 물을 막을 수 없다. 그러므로 물막이 언덕이 있는 각 수문의 양쪽에 돌을 깎아 주춧돌을 만들고 그 위에 느티나무 판을 설치하여 다리를 만들어 왕래하도록 하였다. 이것이 벽골제의 대략이니, 때는 영락 13년(1415, 태종15)이다." 하였다. ○《삼국사(三國史)》에 "신라 흘해왕 21년(330)에 처음 벽골지(碧骨池)를 열었으니, 언덕 길이가 1800보이다." 하였고, 《고려사(高麗史)》〈지리지(地理志)〉에도 그 설을 그대로 썼다. 그러나 흘해왕은 신라가 아직 삼국을 통일하기 이전의 왕이다. 흘해왕 이후 13대를 지나 태종 무열왕(太宗武烈王)에 이르러서야 비로소 백제를 병합하였는데, 그렇다면 흘해왕 때에 벽골군은 확실히 백제의 내지였으니, 흘해왕이 신라의 임금으로서 백제 내지에 둑을 쌓았다는 것은 매우 의심스러운 일이다. 한편 거기에서 말한 "언덕 길이가 1800보"라는 것은 옛 비석에 기록된 "길이 6만 843자, 둘레 7만 7406보"라는 것과 더불어 지금 둑의 길이와 비교할 때 장단이 모두 합치하지 않으니, 모두 착오가 있는 듯하다.

태극포(太極浦) 군 서쪽 17리에 있다. 벽골제라고도 칭한다. 하천의 원류가 셋이니, 하나는 금구현(金溝縣) 모악산 남쪽에서 나오고, 하나는 모악산 북쪽에서 나오고, 하나는 태인현 상두산 북쪽에서 나와 벽골제 안에 모여들어 호수가 된다. 그 하류가 또 이 포가 되며, 서쪽으로 장수에 들어간다.

대제지(大堤池) 일명 명월지(明月池)라고 한다. 군 서쪽 1리에 있다. 둑 길이는 250보이고, 못 둘레는 8리이다. 호수에 근접한 읍저(邑底)의 백성들이 관개(灌漑)의 혜택을 입는다.

나소지(羅所池) 일명 내소제지(乃所梯池)라고 한다. 군 동북쪽 5리에 있다. 둑 길이는 170보이고, 둘레는 4리이다.

신제지(薪堤池) 군 동북쪽 9리에 있다. 둑 길이는 170보이고, 둘레는 3리이다.

삽제지(澁堤池) 군 동쪽 20리에 있다. 둑 길이는 200보이고, 둘레는 5리이다.

병제지(竝堤池) 군 동쪽 10리에 있다. 두 개의 둑을 나란히 쌓았고, 둑 안에는 모두 샘이 저절로 솟아난다. 그 서쪽에도 작은 못이 있다.

토산 土産

모시〔苧〕, **연실**(蓮實), **가시연**〔芡〕, **순채**〔蓴〕, **감초**(甘草), **맥문동**(麥門冬), **천문동**(天門冬), **마늘**〔蒜〕, **갓**〔笠〕, 사람들이 사립(絲笠) 만드는 일을 생업으로 삼는다. **붕어**〔鯽魚〕, **게**〔蟹〕

학교 學校

향교(鄕校) 군 북쪽 2리에 있다.

궁실 宮室

객관(客館)

향사당(鄕射堂) 객관 서쪽에 있다.

문명루(文明樓) 바로 군 남문 누각이다.

자민루(字民樓) 군 서쪽 1리에 있다.

연정(蓮亭) 객관 앞에 있다. 못을 파서 연을 심었는데, 못 안에 섬이 있고 섬에 초정(草亭)이 있다.

우역 郵驛

내재역(內才驛) 군 서남쪽 15리에 있다.

동원(東院) 군 동쪽 2리에 있다.

관량 關梁

□□교(□□橋) 군 남쪽 18리에 있다.

동진교(東津橋) 군 서쪽 25리에 있다. 대목(大木)으로 다리를 만들어 장수(漳水)에 놓았고, 다리 아래에서 배가 위아래로 통행한다. 그 서쪽은 바로 부안현과의 경계로 부안 동쪽에 있으므로 동진(東津)이라고 칭한다. 부안현에도 보인다.

석탄교(石灘橋) 군 북쪽 30리에 있다. 나무로 다리를 만들어 사수(泗水)에 놓았고, 다리 아래로 배가 통행한다. 전주부에도 보인다.

사묘 祠廟

사직단(社稷壇) 군 서쪽 3리에 있다.

문묘(文廟) 향교에 있다.

성황사(城隍祠) 군 동쪽 2리에 있다.

여단(厲壇) 군 북쪽 3리에 있다.

능묘 陵墓

안지(安止) 묘 평고폐현(平皐廢縣) 동쪽에 있다.

이계맹(李繼孟) 묘 군 남쪽 10리에 있다.

사찰 寺刹

흥복사(興福寺) 승가산에 있다.

고적 古蹟

평고폐현(平皐廢縣) 군 동쪽 25리에 있다. 본래 백제 수동산현(首冬山縣)인데, 신라에서 평고(平皐)로 고치고 그대로 병합하였다. 고려 초에 전주에 편입시켰다가 뒤에 도로 군에 편입시켰다.

용두동(龍頭洞) 군 남쪽 2리에 있다. 조간(趙簡)이 살던 곳이다. 세속에서 전하기를 "조간은 태어나면서 양쪽 어깨에 비늘이 있었으니 벽골제에 사는 용의 정기이다. 그가 군의 소리(小吏 아전)가 되어 한번은 느티나무에 올라갔는데, 읍재(邑宰)가 낮잠을 자다가 꿈속에서 나무 위에 두 마리 용이 얼기설기 서려 있는 것을 보았다. 꿈을 깬 뒤 사람을 시켜 알아보게 하고는 바로 공부를 시작하게 하였더니, 과거 시험에 1등으로 급제하였다.

이로 인하여 그가 살던 곳을 용두동이라고 이름하였다."라고 한다.

명환 名宦

본조

최덕지(崔德之) 세종조에 김제 군수(金堤郡守)가 되었는데, 청렴하고 성실하여 치적이 있었다.

최유종(崔有悰) 김제 군수가 되었는데, 정사를 잘한다는 명성이 있었다.

김미(金楣) 김제 군수가 되었다. 법을 지키고 공무를 봉행하니, 성종이 책을 하사하여 그 정사를 칭찬하였다.

이관(李瓘) 정사를 행함이 꼼꼼하고 분명하여 부임하는 곳마다 모두 백성에게 은덕을 끼쳤다. 선조 초에 김제 군수가 되었는데, 형벌은 관대하고 부역은 가볍게 하였으며 폐단을 없애고 백성들을 위무하였다. 임기를 다 채우기 전에 승진되어 다른 관부로 옮겨 가니, 백성들이 비석을 세워 그 정사를 새겼다.

유우 流寓

박의중(朴宜中) 선조는 밀양(密陽) 사람인데, 군 땅으로 옮겨 거주하였다. 고려 공민왕조에 과거에 수석으로 급제하였고, 신우(辛禑) 때 여러 관직을 거쳐 밀직제학(密直提學)이 되어 사명을 받들고 명나라에 들어가 철령 이북을 돌려줄 것을 청하였다. 명나라에 들어갈 때 물건을 하나도 가져가지 않았는데,[44] 요동호송진무(遼東護送鎭撫) 서현(徐顯)이 베를 청구하자, 박의중이 행장을 기울여 보이고는 입고 있던 모시옷을 벗어서 그에게 주었다. 서현이 그 청백함에 탄복하고 예부에 알리니, 천자가 인견하고 예를 더하여 대우하면서 예부에 명하여 특별히 잔치를 베풀되 자리를 전원(前元)[45] 평장사(平章事)의 윗자리에 앉도록 하고 마침내 그의 요청을 허락하였다. 본조에 들어와서는 검교참찬 의정부사(檢校參贊議政府事)에 제배되었다. 박의중은 타고난 성품이 명민하며 청렴하고 강개하였으며, 문장은 정밀하고 깊으며 법도 있고 고상하였다.

인물 人物

고려

조간(趙簡) 어릴 때 뛰어난 재주가 있어 시구를 지은 것이 사람들을 놀라게 하였다. 충렬왕조에 과거 시험에서 갑과 1등으로 급제하였고, 이듬해에 왕이 친히 문신들을 시험할 때 또 1등을 차지하여 황패(黃牌)를 하사받고, 여러 번 승진하여 보궐(補闕)이 되었다. 부친상을 당하여 여막에서 3년 동안

44 명나라에……않았는데 : 《고려사》에 "공민왕 때부터 사신으로 가는 자는 금은과 토산물을 많이 싸 가지고 가서 돌아올 때 채색 비단과 가벼운 보화를 사 가지고 왔다. 비록 유식한 자라도 권세 있는 자의 부탁을 못 이겨 개인의 짐이 조공으로 바치는 물건의 10분의 9를 차지하였다.……그런데 박의중은 한 가지 물건도 안 가지고 갔다." 하였다.《高麗史 卷112 朴宜中列傳》

45 전원(前元) : 원나라를 말한다. 명나라에서 전 왕조인 원나라를 지칭한 말이다.

시묘하니, 왕이 가상히 여겨 기거 경력(起居經歷)에 제수하였다. 관직이 밀직부사 찬성사(密直副使贊成事)에 이르렀고, 시호는 문량(文良)이다.

본조

안지(安止) 선조는 강진(康津) 사람인데, 뒤에 이주하여 본군 사람이 되었다. 안지는 글을 잘 지었고 초서와 예서를 잘 썼다. 과거에 급제하여 여러 관직을 역임하고 영중추원사에 이르렀다. 물러나 마을 농막에 거주하며 고은(皐隱)이라 자호하였다. 시호는 문정(文靖)이다.

이계맹(李繼孟) 선조는 전의(全義) 사람인데, 뒤에 이주하여 본군 사람이 되었다. 이계맹은 젊어서부터 원대한 기량이 있었는데, 김종직(金宗直)이 호남 관찰사로 왔을 때[46] 한 번 보고 국사(國士)로 대우하였다. 성종조에 과거에 급제하고, 공희왕(恭禧王 중종) 때 여러 번 관찰사를 역임하였는데,[47] 모두 명성과 공적이 있어서 승진하여 의정부 좌찬성에 이르렀다. 성품이 자유분방하므로 처음에는 기묘 사류(己卯士類)들에게 폄하되어 병을 칭탁하고 고향으로 돌아왔다. 사화가 일어나자, 남곤(南袞) 등이 필시 원망을 품었으리라 여기고 불러내어 다시 찬성으로 삼았다. 이계맹은 선류(善類)가 해를 당하고 군소배들이 득세하는 것을 탄식하여 직론(直論)을 굽히지 않고 간당들의 미움을 받아 걱정하고 분개하다가 졸하였다. 시호는 문평(文平)이다. 이계맹은 생각이 화통하여 사람들이 하는 말을 모두

46 김종직(金宗直)이……때 : 김종직은 1487년(성종18) 5월에 전라도관찰사 겸 순찰사가 되었다. 《佔畢齋集 年譜》

47 여러……역임하였는데 : 중종 2년(1507)에 전라도 관찰사에 제수되고, 중종 7년에 평안도 관찰사에 제수되었다. 《中宗實錄 2年 9月 19日, 7年 2月 7日》

잘 받아들였으니, 정광필(鄭光弼)은 일찍이 그가 재상의 재주가 있다고 칭찬하였다.

나응삼(羅應參) 아버지 나안세(羅安世)는 승문원 교리가 되었으며 효행이 있었다. 나응삼은 어려서부터 효성이 지극하여 따뜻하고 시원하게 해 드렸다.[48] 아버지가 병들었을 때 해를 넘기도록 허리띠를 풀지 않았고 변을 맛보아 병의 호전 여부를 증험하였다. 돌아가시자 여막에서 3년 동안 시묘하였으며, 어머니가 돌아가셨을 때도 똑같이 하였다. 경학을 돈독히 익혔는데, 부모가 돌아가시자 더 이상 과거에 응시하지 않았다. 아우들을 잘 가르쳐 집안이 화락하고 엄숙하였으며, 조카를 친자식과 다름없이 사랑하였다. 향리에서 그 행의(行義)를 관부에 올리자 명종이 그 마을에 정표를 세우고 관직에 제수하라고 명하였는데 나아가지 않았다. 아들 나표(羅表) 또한 돈독한 효성이 있어 정려하였다.

열녀 列女

박씨(朴氏) 군 사람 윤사임(尹師任)의 아내이다. 남편이 죽자 상기를 마치고도 여전히 고기를 먹지 않았으며 처음과 같이 애통해하고 종신토록 소복을 입으니, 향리에서 감탄하였다. 본조 중종 때 정려하였다.

48 따뜻하고……드렸다 : 부모님을 정성껏 봉양하는 것을 말한다. 《예기(禮記)》〈곡례 상(曲禮上)〉에 "겨울에는 따뜻하게 해 드리고 여름에는 시원하게 해 드려야 한다.〔冬溫而夏凊.〕"라는 말이 나온다.

고부군古阜郡

동쪽으로 태인현(泰仁縣) 경계까지 37리이다. 남쪽으로 흥덕현(興德縣) 경계까지 18리이다. 서쪽으로 해안까지 39리이다. 북쪽으로 부안현(扶安縣) 경계까지 17리이다. 서울과의 거리는 596리이다.

한전 旱田

수전 水田

건치연혁 建置沿革

본래 백제 고사부리군(古沙夫里郡)이다. 신라 경덕왕 때 고쳐 고부군으로 삼았다. 고려 태조 때 영주(瀛州)로 삼았고, 광종 초에 안남도호부(安南都護府)로 고쳤다. 현종 때 다시 고부군으로 삼았고, 충렬왕 때 영광군(靈光郡)에 병합하였다가 곧이어 다시 군으로 삼았다. 본조에서 그대로 따랐다. 관장하는 면은 19개이다.

관원

군수(郡守), 훈도(訓導) 각 1인이다.

군명 郡名

영주(瀛州), 안남(安南)

형승 形勝

동쪽으로 여러 고개에 막히고, 서쪽으로 큰 바다에 닿아 있다. 동쪽으로 내장(內藏)과 입암(笠巖) 등 여러 고개에 막히고, 서쪽으로 큰 바다에 닿아 있으며, 도순산(都順山)에 기대어 변산(邊山)을 바라본다.

풍속 風俗

농업에 힘쓴다.

무격(巫覡)을 숭상한다.

선비들이 학업을 일으킬 줄 안다. 백성들은 농경에 힘쓰고 선비들은 학업을 일으킬 줄 알아서 문무(文武)의 인재들이 왕왕 배출된다.

산천 山川

두승산(斗升山) 군 동쪽 5리에 있다. 일명 도순산이라고 한다. 산세가 우뚝 솟아 고을에서 우러러보는 산이다. 그 북쪽 줄기를 천태현(天台峴)이라고 한다.

정토산(淨土山) 군 동쪽 30리, 태인현과의 경계에 있다.

바다〔海〕 부안향(富安鄕)에 있다. 바로 제안포(濟安浦) 어구로, 서쪽으로 큰 바다에 통한다.

모천(茅川) 일명 직천(稷川)이라고 한다. 원류는 정읍현(井邑縣) 내장산(內藏山)에서 나와 북쪽으로 흘러 군 동쪽 25리에 이르러 태인현의 물과 합해진 다음, 서쪽으로 꺾여 부안현 동남쪽 16리에 이른다. 거기서 또 눌천(訥川)과 합해져서 장수(漳水)가 되어 바다에 들어간다.

눌천(訥川) 원류는 흥덕현 반등산(半登山)에서 나와 군 서쪽에 이르러 모여 눌제호(訥堤湖)가 된다. 또 북쪽으로 흘러 군 북쪽 10리를 지나는데, 조수가 드나드는 곳으로 이름을 대포(大浦)라고 한다. 부안현 동남쪽에 이르러 모천과 합해져서 장수가 된다.

눌제호(訥堤湖) 군 서쪽 8리에 있다. 일명 율호(律湖)라고 한다. 둑의 길이는 1200보이고, 호수 둘레는 40리이니, 그 크기가 김제의 벽골제(碧骨堤)에 버금간다. 세상에서 전하기를 고려 때 김방경(金方慶)이 옛 둑을 따라 수축하였는데 그 당시는 관개하는 곳이 지극히 넓어서 가뭄에도 재해를 입지 않았다고 한다. 지금은 둑이 터지고 호수의 물이 말라 간간이 민전이 되었다.

가차지(嘉次池) 군 북쪽 10리에 있다. 둑의 길이는 170보이고, 못 둘레는 4리이다.

검모지(黔毛池) 군 동쪽 15리에 있다. 둑의 길이는 150보이고, 못 둘레는 2리이다.

북제지(北堤池) 혹 석우지(石隅池)라고도 칭한다. 군 북쪽 5리에 있다. 둑의 길이는 160보이고, 못 둘레는 3리이다.

당덕지(塘德池) 군 서쪽 2리에 있다. 둑의 길이는 140보이고, 못 둘레는 2리이다.

죽도(竹島) 군 서쪽 바다 가운데 55리에 있다. 흥덕현에도 보인다.

토산 土産

청토(青土), 군 남쪽에서 난다. 차〔茶〕, 대나무〔竹〕, 석류(石榴), 마늘〔蒜〕, 제호유(鵜鶘油), 붕어〔鯽魚〕, 조기〔石首魚〕, 오징어〔烏賊魚〕, 웅어〔葦魚〕

성곽 城郭

군성(郡城) 돌로 쌓았다. 둘레가 2369자이다. 동남쪽으로 문이 있으며, 안에 우물이 3개 있다.

학교 學校

향교(鄕校) 예전에 군 동쪽 1리에 있었는데, 지금은 옮겨서 군 동남쪽 성 밖에 있다.

궁실 宮室

영주관(瀛洲館) 바로 객관(客館)이다.

향사당(鄕射堂) 객관 서쪽 민락정(民樂亭) 아래에 있다. 지금 군수 관아가 되었다.

연무청(演武廳) 성 동쪽 밖에 있다.

민락정(民樂亭) 객관 서쪽 산봉우리 위에 있다. 옛 이름은 북루(北樓)이다. 높고 앞이 트여 멀리까지 바라다보이며, 군 경내 및 부안 지역이 모두 눈 밑에 있다. ○ 고려 이곡(李穀)의 시[49]에,

예전부터 꿈속에 생각했던 남쪽 유람 길	夢想南遊自昔年
올라 보니 온갖 걱정이 연기처럼 사라지네	登臨萬慮散如煙
바람에 날리는 버들개지처럼 얼마나 떠돌아다녔던가	幾番過客隨風絮
바다로 치달리는 강물처럼 허무한 백 년 인생인 것을	百歲浮生赴海川
도솔산 빛은 맑아서 끌어당길 만하고	兜率山光淸可挹
봉래산 구름 기운은 멀리 서로 연하였네	蓬萊雲氣遠相連
시구를 남기려고 읊다 보니 다시금 괴로워져	欲留詩句吟還苦
나귀 등에 탄 맹호연엔 비교할 것도 없네[50]	莫比騎驢孟浩然

49 이곡(李穀)의 시 : 〈고부군 북루의 시에 차운하다(次古阜郡北樓詩韻)〉이다. 《稼亭集 卷20》

50 나귀……없네 : 파교시사(灞橋詩思)의 고사에서 나온 말로, 시를 짓느라 고심하는 모습을 비유한 것이다. 당나라 맹호연(孟浩然)은 좋은 시를 지으려고 고심하다가 나귀 등에 타고서 눈발이 휘날리는 파교(灞橋) 위를 지나갈 때에야 그럴듯한 시상이 떠올랐다고 한다. 《唐詩紀事》

하였다. 도솔산(兜率山)은 진산군(珍山郡)에 있다. ○ 본조 김종직(金宗直)의 시[51]에,

노랫소리 석양의 정자에 퍼지니 歌吹華亭晩
나의 가는 길은 참으로 자유롭구나 吾行儘自由
어찌 한식이라 눈물을 흘리리오 寧垂寒食淚
취향후[52]나 되어 볼까 하노라 擬作醉鄕侯
먼 불빛은 소금 굽는 집임을 알겠고 遠火知鹽戶
겹겹의 구름은 신기루를 연상케 하네 層雲想蜃樓
청신한 기쁨 오늘만 한 날이 없으니 淸歡無此日
응당 봄놀이의 으뜸이라 하겠네 當冠一春遊

하였다. ○ 정자는 지금 없어졌다.

금학루(琴鶴樓) 객관 동쪽에 있다. 숭정(崇禎) 말기에 고쳐 짓고 이름을 자민당(字民堂)이라 하였다.

우역 郵驛

영원역(瀛原驛) 군 북쪽 10리에 있다.

51 김종직(金宗直)의 시 : 〈한식일에 고부의 민락정에서 이 직강과 즐겁게 마시면서 벽상의 운에 차하다〔寒食日古阜民樂亭與李直講歡飮次壁上韻〕〉이다. 《佔畢齋集 卷22》

52 취향후(醉鄕侯) : 술을 몹시 좋아하는 사람을 일컫는 말이다. 당인(唐人)의 시에 "만일 유령을 술의 황제로 삼는다면, 또한 나를 취향후로 봉해야 하리.〔若使劉伶爲酒帝, 亦須封我醉鄕侯.〕" 하였다. 《東坡全集 卷7 喬將行烹鵝鹿出刀劍以飮客以詩戲之 王十朋集注》

송덕원(宋德院) 군 동쪽 20리에 있다.

공유원(恭惟院) 군 동쪽 40리에 있다.

가전원(加田院) 군 동쪽 30리에 있다.

율원(栗院) 군성(郡城) 아래에 있다.

생근원(生斤院) 군 남쪽 18리에 있다.

관량 關梁

노교(蘆橋) 눌천교(訥川橋) 아래에 있다. 조수(潮水)가 드나든다.

사묘 祠廟

사직단(社稷壇) 군 서쪽에 있다.

문묘(文廟) 향교에 있다.

성황사(城隍祠) 군성 북쪽 모퉁이에 있다.

정충사(旌忠祠) 군 동남쪽 15리에 있다. 숭정 연간에 세워 송상현(宋象賢), 신호(申浩), 김준(金浚)을 향사하였다. 효종조에 사액(賜額)하였다.

여단(厲壇) 군 북쪽에 있다.

능묘 陵墓

김준(金浚) 묘 군 남쪽 10리, 두승산 남쪽 기슭에 있다.

사찰 寺刹

만일사(萬日寺), **망월암**(望月菴) 모두 두승산에 있다.

고적 古蹟

두승산 고성(斗升山古城) 돌로 쌓았다. 둘레가 1만 820자이다. 큰 골짜기에 걸쳐 있는데, 영주(瀛州) 때[53] 쌓은 옛 성인 듯하다.

부안향(富安鄕) 군 서남쪽 46리에 있다. 군 경계를 넘어 흥덕현 사진포(沙津浦)에 들어간다. 세속에서 부안곶(富安串)이라고 칭한다.

명환 名宦

고려

오천유(吳闡猷) 고종 때 지고부군사(知古阜郡事)가 되었는데, 다스림은 너그럽고 온화함을 중시하여 사람들이 매우 편안하게 여겼다.

본조

함우치(咸禹治) 고부 군수(古阜郡守)가 되었는데, 청렴하고 대범하여 정사

53 영주(瀛州) 때 : 본책 본군 건치연혁에 의하면 영주는 고려 태조 때 붙인 고부군의 명칭이므로 태조 이후 광종 이전의 시기를 말한다.

를 잘한다는 명성이 있었다.

최한원(崔漢源) 고부 군수가 되었는데, 은혜로운 정사를 행하였다.

유몽정(柳夢井) 선조 때 고부 군수가 되었다. 관직에 임하여 청렴하고 대범하였으며, 부역(賦役)을 균평하게 하였고, 백성들을 사랑하고 학교를 일으켰으므로 백성들이 그 정사를 추모하여 비를 세우고 오래도록 칭송하였다.

인물 人物

본조

이희맹(李希孟) 젊어서 빈한하였는데, 산속에 들어가 독서하며 10년 동안 집에 돌아가지 않더니 과거에 장원 급제하였다. 중종조에 여러 번 주군을 맡아 다스리고 7도의 관찰사를 역임하였는데, 모두 정사를 잘한다는 명성이 드러났다.

송상현(宋象賢) 선조는 본래 여산(礪山) 사람이다. 5대조 송익손(宋益孫)은 세조 때 공신으로서 여산군(礪山君)에 봉해졌고 군 동쪽 우덕곡(優德谷)에 안장되었으며, 자손들이 대부분 군 지역에 거주하였다. 송상현은 어려서부터 자질이 탁월하여 기국(器局)이 있었다. 선조조에 과거에 급제하고 누차 대성(臺省)을 역임하였다. 외직으로 나가 동래 부사(東萊府使)가 되었는데, 임진왜란 때 적병이 성에 들이닥치자 송상현은 지킬 수 없음을 깨닫고는 의관을 정제하고 북쪽을 향해 절하였다. 이어 붓을 들어 부채에 쓰기를 "외로운 성에는 달무리 졌는데, 여러 진영에서는 베개를 높이 하고 있습니다.[54] 부자간 은의(恩義)는 가볍고, 군신간 의리는 중합니다." 하고 이를 가노에게 주어 집에 돌아가 아버지에게 알리게 하고는 걸상에 앉아 적에게 화살을 쏘며 움직이지 않았다. 왜적이 가까이 오자 송상현은 꾸짖으며 굴하지 않다가 마침내 해를 당하였다. 왜적은 그 시신을 관에 넣어 묻어 주고 표목을 세워 표시하였는데, 매양 우리나라 사람들에게 말하기를 "조선의 충신은 송공(宋公) 한 사람뿐이다." 하였다. 이조 판서에 추증되었다. 아우인 송상인(宋象仁)은 관직이 전라 관찰사에 이르렀으며, 청렴결백하다고 알려졌다.

신호(申浩) 담력과 용기가 있었고 활을 쏘면 명중하였다. 선조조에 무과에 급제하고 여러 관직을 거쳐 낙안 군수(樂安郡守)가 되었다. 왜구의 난[55] 때 남원산성 방어사(南原山城防禦使)가 되었다. 당시 명나라 총병 양원(楊元)이 남원 부성을 지키고 있었는데, 병부로 불러 함께 성을 지켰다. 왜병이 대거 이르자 양원이 달아나고자 하니, 신호가 말하기를 "총병은 대국 조정의 신하로서 법도에 구애되지 않는가? 우리들은 국법에 정해진 형법이 있거니와 수성장은 의리상 떠날 수 없다." 하였는데, 양원은 따르지 않고 성을 나가 달아났다. 성이 무너지자 장수들이 대부분 군복을 바꿔 입으니, 신호가 웃으면서 말하기를 "남아라도 어찌 구차히 살길을 찾는 일이 없겠는가." 하고는 적에게 화살을 쏘다가 화살이 다하자 절도사 이복남(李福男)과 함께 죽었다. 형조 판서에 추증되었다.

54 외로운……있습니다 : 외로운 성이 달무리 진 달처럼 적에게 포위되어 있는데, 주위의 여러 진영에서는 편안히 누워 있고 구원하러 오지 않는 당시 상황을 말한 것이다.
55 왜구의 난 : 정유재란을 말한다.《西溪集 卷16 樂安郡守申公遺事》

김준(金浚) 활쏘기와 말타기를 잘하여 무과에 합격하였다. 권세가에게 아첨하지 않았고, 친상(親喪)을 치를 때는 한여름에도 최질(衰絰)을 벗지 않았다. 인조 때 안주 목사(安州牧使)가 되었는데, 오랑캐 군사가 대거 이르자 최준이 절도사 남이흥(南以興)과 군사를 모아 성을 지켰다. 김준의 딸이 갓 출가하였으므로 어떤 이가 말하기를 "따님은 속히 내보내어 군사를 피하게 해야 합니다." 하니, 김준이 말하기를 "내가 고을 원이 되어 딸을 내보내 피신시킨다면 군인들이 누가 목숨을 바치려고 하겠는가." 하고 따르지 않았다. 성이 함락되자 성 밖까지 나와 싸우다가 전사하였다. 우찬성에 추증되었다.

열녀 列女

이씨(李氏) 낭장(郎將) 이득인(李得仁)의 처이다. 고려 신우(辛禑) 때 왜구가 쳐들어와 주군을 노략질하였는데, 이씨가 잡혀서 왜적이 욕을 보이려고 하자, 이씨는 적을 꾸짖으며 완강히 저항하다가 해를 당하였다.

이성호(李成浩)의 처 이름은 금이(今伊)이다. 이성호가 군 아전이 되었는데, 애정이 없다는 이유로 내쫓았다. 금이는 여동생 집에 얹혀살게 되었는데, 매부(妹夫)가 개가시키려고 하자 죽기로 맹세하고 따르지 않고 도망하여 시댁으로 돌아왔다. 시아버지가 그 의리에 감동하여 아들로 하여금 다시 맞아들이게 하니, 시부모 봉양에 마음을 다하였다. 남편이 죽자 상례와 제례에 정성을 다하였고 상기가 끝나도 여전히 상복을 벗지 않았다. 본조 성종 때 정려하였다.

금산군錦山郡

동쪽으로 충청도 옥천군(沃川郡) 경계까지 21리, 무주현(茂朱縣) 경계까지 48리이다. 남쪽으로 용담현(龍潭縣) 경계까지 36리이다. 서쪽으로 진산군(珍山郡) 경계까지 19리이다. 북쪽으로 같은 군 경계까지 17리이다. 서울과의 거리는 483리이다.

한전 旱田

수전 水田

건치연혁 建置沿革

본래 백제 진내군(進乃郡) 일명 진잉을군(進仍乙郡)이라고 한다. 이다. 신라 경덕왕 때 진례군(進禮郡)으로 고쳤다. 고려에서 강등하여 현으로 삼았다가 충렬왕 때 승격하여 금주(錦州)로 삼았다. 현 사람 김신(金侁)이 원나라에서 벼슬하여 요양행성 참정(遼陽行省參政)이 되었으므로 나라에 공이 있다 하여 승격한 것이다. 본조 공정왕(恭定王 태종) 13년(1413)에 고쳐 금산군으로 삼았다. 관장하는 면은 13개이다.

관원

군수(郡守), 훈도(訓導) 각 1인이다.

군명 郡名

진례(進禮), 금주(錦州)

형승 形勝

산은 높고 깊숙하다. 고려 이규보(李奎報)의 기문[56]에 "산이 지극히 높고 들어갈수록 점점 깊숙하여 마치 다른 나라의 다른 지경을 밟는 듯하다." 하였다.

서대산(西臺山)이 북쪽을 진수(鎭守)하고, 진락산(進樂山)이 남쪽을 가린다. 고려 남수문(南秀文)의 〈영벽루기(映碧樓記)〉

동쪽으로 덕유산(德裕山)에 이르고, 서쪽으로 계룡산(鷄龍山)에 잇닿아 있다. 지지(地志)

사방은 막히고, 깊고 험하다. 고려 이곡(李穀)의 시[57]에 "사방은 막히고 길은 깊고 험하다." 하였다.

산천이 가장 험하고 궁벽하다. 본조 권근(權近)의 기문

호남과 영남 사이의 한 아늑한 지역이다. 본조 이안눌(李安訥)의 〈안성시

56 이규보(李奎報)의 기문 : 〈남행월일기(南行月日記)〉이다.《東國李相國集 卷23》

57 이곡(李穀)의 시 : 〈금주의 객사에 제하다〔題錦州客舍〕〉이다.《稼亭集 卷20》

서(安城詩序)〉[58]

풍속 風俗

그 풍속이 순박하고 농경에 힘쓴다. 지지

사송(詞訟)은 간소하고 백성들이 소박하다. 권근의 〈향교기(鄕校記)〉

산천 山川

소산(所山) 군 북쪽 2리에 있다. 진산(鎭山)이다.

진락산(進樂山) 군 남쪽 7리에 있다. 동쪽 산봉우리 아래에 석굴이 있는데, 4, 5보쯤 들어가면 물소리가 요란하고 깊이를 가늠할 수 없다. 세속에서 전하기를 용이 사는 곳이어서 날이 가물 때 비를 빌면 효험이 있다고 한다.

덕유산(德裕山) 안성소(安城所)에 있는데, 경상도 안음현과의 경계이다. 매우 높고 웅대하게 수백 리에 걸쳐 자리 잡고 있다. 장수현에도 보인다.

서대산(西臺山) 군 북쪽 35리, 충청도 옥천군과의 경계에 있다. 높고 둥글게 우뚝 솟아 마치 대(臺)와 같다. 옥천군 및 진산군에도 보인다.

주줄산(珠崒山) 군 남쪽 40리에 있다. 광대하며 웅장하고 높다. 일명 추줄산(惢崒山)이라고 하며, 주이산(珠耳山)이라고도 한다. 용담현 및 고산현(高山縣)에도 보인다.

58 이안눌(李安訥)의 안성시 서(安城詩序) : 〈안성창에 제하다〔題安城倉〕〉이다. 《東岳集 卷10 錦溪錄》

성재(城岾) 군 서남쪽 30리에 있다.

신음산(神陰山) 군 동쪽 37리에 있다.

월영산(月影山) 군 동쪽 20리에 있다. 언령산(彦靈山)이라고도 칭한다.

구천동(九川洞) 횡천소(橫川所)에 있다. 군과의 거리는 150여 리이다. 바로 덕유산 서쪽 골짜기로 골짜기가 매우 깊고 산등성이가 중첩되어 있으며 9개의 내가 여기에서 만나므로 그렇게 이름하였다. 혹 구천동(九千洞)이라고도 하니, 일천 시내와 일만 골짜기의 뜻을 취한 것이다. 그 위에는 백련사(白蓮社)가 있다.

취병협(翠屛峽) 군 동쪽 20리에 있다. 월영산과 신음산이 동서로 마주하고 금수(錦水)가 그 사이에서 나와, 양 언덕의 푸른 절벽이 바싹 좁아진 곳으로 강물이 흘러 굽이져 돌아 나온다. 강 언덕을 따라 돌길이 나 있는데 세속에서 금산천(錦山遷)이라고 칭한다.

금수(錦水) 그 원류는 다섯이다. 하나는 장수현에서 나오고, 하나는 덕유산에서 나오고, 하나는 진안 마이산(馬耳山)에서 나오고, 하나는 용담(龍潭) 주줄산에서 나오고, 하나는 무주 대덕산(大德山)에서 나와 군의 동남쪽 40리에서 모이니 이름을 소이진(召爾津)이라 하고, 군 동쪽 13리를 지나 북쪽으로 흘러 옥천군과 양산현(陽山縣) 지경에 들어간다. ○ 본조 이안눌의 시[59]에,

산봉 모이고 골 둘러싸여 석문 아득하고	峯攢峽擁石門賒
푸른 물굽이 돌아 백사장을 잠그네	碧水縈迴浸白沙

59 이안눌의 시 : 〈3월 17일 석양정 탄은과 말을 나란히 하고 떠나……〔三月十七日與石陽正灘隱聯轡而行……〕〉이다. 《東岳集 卷10 錦溪錄》

배가 외딴 여울 지날 때 개 짖는 소리 들리고　舟過別灘聞犬吠
살구꽃 흐드러지게 피어 있는 곳이 인가일세　杏花多處是人家

하였다.

안성천(安城川) 군 남쪽 100리에 있다. 덕유산에서 나와 안성소를 지나고, 서쪽으로 40여 리를 흘러 용담현 지경에 이르러 장수현 물과 합해져 금수가 된다.

남도(南島) 군 동남쪽 40리, 금수 언덕에 있다. 산기슭이 낮게 이어져 물속으로 달려 들어가는데, 물이 굽이져 흘러 그 안쪽 높은 연산(連山)을 빙 두르고 있으니, 산수가 기이하고 절묘하다. 또한 밭두둑과 인가도 있다. 혹 전도(前島)라고 칭하며, 무주현과 물을 사이에 두고 경계가 나뉜다. ○ 이안눌의 시[60]에,

네 고을의 내가 갈래 져서 흐르고　四邑川分派
양쪽 벼랑의 돌이 문을 에워싸고 있네　雙崖石擁門
도는 여울은 몇 백 굽이인가　回灘幾百曲
외딴 포구에 두세 마을이 있네　別浦兩三村
저물녘 협곡에 푸른 안개 윤기 나고　峽晚青嵐潤
맑게 갠 모래사장엔 백조가 시끄럽네　沙晴白鳥喧
복사꽃은 봄물에 가득 떠서　桃花春水盛
곧장 무릉도원으로 찾아가네　直訪武陵源

하였다.

60 이안눌의 시 : 〈석양정의 서간을 받고 함께 남도를 노닐 것을 약속하다〔簡石陽正約共遊南島〕〉이다. 《東岳集 卷10 錦溪錄》

토산 土產

철(鐵), 횡천(橫川)에서 난다. **송이버섯**〔松蕈〕, **석이버섯**〔石蕈〕, **잣**〔海松子〕, **꿀**〔蜂蜜〕, **황랍**(黃蠟), **복령**(茯苓), **작약**(芍藥), **당귀**(當歸), **감**〔柹〕, **옻**〔漆〕, **먹**〔墨〕, **석회**(石灰), **쏘가리**〔錦鱗魚〕

성곽 城郭

군성(郡城) 흙으로 쌓았다. 둘레가 1045자이다. 고려 말에 지은 것이고, 지금은 모두 허물어졌다.

공서 公署

제원도 찰방사(濟原道察訪司) 군 동쪽 10리에 있다. 제원(濟原), 소천(所川), 달계(達溪), 단령(丹嶺), 옥포(玉包) 등 5개 역을 다스린다. ○ 찰방 1인이 있다. 예전에는 승(丞)이라 하였고, 지금은 참하 찰방(參下察訪)을 둔다.

학교 學校

향교(鄕校) 군 서쪽 5리에 있다.

성곡서원(星谷書院) 진락산 동북쪽 만덕사(萬德寺) 동구(洞口)에 있다. 광해군 때 고을 사람이 사당을 세우고 김신(金侁), 윤택(尹澤), 길재(吉再), 김정(金淨), 고경명(高敬命), 조헌(趙憲)을 향사하였다.

쌍회당(雙檜堂) 진락산 아래에 있으니, 바로 옛 만덕사이다. 윤택이 젊었을 때 이곳에서 책을 읽은 적이 있다. 뜰 앞에 예전에 회나무 두 그루가 있었으니, 전해 오기를 윤택이 손수 심은 것이라고 한다. 뒤에 고을 사람이 장차 절을 서원으로 만들어서 윤택을 향사하고자 하였으므로 이름을 쌍회당이라고 하였다.

궁실 宮室

객관(客館)

향사당(鄕射堂) 군수 관아 동쪽에 있다.

연무당(鍊武堂) 객관 남쪽에 있다.

영벽루(映碧樓) 객관 동쪽에 있다. 남수문(南秀文)이 기문을 지었다.

양성루(養成樓) 향교에 있다.

양청대(養淸臺) 향교에 있다. 이사동(李士侗)이 짓고, 지군사(知郡事) 권기(權技)가 기문을 지었다.

우역 郵驛

제원역(濟原驛) 군 동쪽 10리에 있다. 찰방사 본역이다.

남제원(南濟院) 군 남쪽 30리, 용담현과의 경계에 있다.

기평원(岐平院) 무주현 경계인 30리 거리에 있다.

북정원(北亭院) 군 북쪽 5리에 있다.

금남원(錦南院) 군 남쪽 60리, 무주현 및 용담현과의 경계에 있다.

동원(東院) 군 동쪽 5리에 있다.

금곡원(金谷院) 군 서쪽 13리, 진산군과의 경계에 있다.

사묘 祠廟

사직단(社稷壇) 군 서쪽 4리에 있다.

문묘(文廟) 향교에 있다.

성황사(城隍祠) 군 서남쪽 5리에 있다.

여단(厲壇) 군 북쪽 3리에 있다.

의단(義壇) 군 북쪽 10리, 의총(義塚) 동쪽에 있다. 고을의 인사(人士)가 조헌(趙憲)의 충의를 사모하여 단을 쌓아 조헌을 향사하였고, 같은 시기에 고경명(高敬命)도 의병으로서 군 땅에서 죽었으므로 함께 향사하였다. 또 조헌의 아들 조완기(趙完基)와 고경명의 아들 고인후(高因厚), 이광륜(李光輪), 유팽로(柳彭老)를 종사(從祀)하였고, 그 아래 단에는 그들 휘하인 의사(義士) 700인을 향사하였다. 또 단 아래에 재사(齋舍)를 세웠는데, 제사 때에 혹 바람 불고 비 오면 거기에 나아가 제사를 지내는 한편 생도들이 강학하는 장소로 삼았다. ○ 본조 송시열(宋時烈)의 당기(堂記)[61]에 대략 말하기를,

"나라가 임진년(1592, 선조25)의 변란을 당했을 때 조 선생 부자가 의사 700인과 함께 금산군 북쪽에서 전사하였는데, 지금 그곳에 의총이 있다. 선생이 일찍이 선각자의 가르침을 따라 정학(正學 유학)을 강송(講

61 송시열(宋時烈)의 당기(堂記) : 〈금산군 의단 당재기(錦山郡義壇堂齋記)〉이다. 《宋子大全 卷140》

誦)하였으니, 의리(義理)의 설에 대해서는 참으로 이미 분명하게 알았다. 나라에 왜란이 발발하자, 선생이 홀로 목욕재계하고 상소하기를 '하늘에 두 개의 해가 없어 대명(大明)이 하나로 통일하였는데, 저 오랑캐가 참람되이 침범하였으니 부디 그 사신을 베어 천조(天朝)에 주달하소서.' 하였다. 왜구가 침범하자 또 의병을 일으켜 적을 토벌하고 죽음 보기를 돌아가는 듯이 하였으니, 참으로 배운 바를 저버리지 않았다 할 만하다. 선생이 당일의 전투에서 비록 현격한 중과부적으로 온 군사가 함몰당하였지만, 미약한 일개 몸으로 천하의 강상(綱常)을 떠맡았으니, 이 어찌 일시에 승리를 거두어 적을 방어한 공적과 그 경중을 비교할 수 있겠으며, 또한 어찌 하루아침에 강개하여 스스로 목숨을 끊은 자에 비하겠는가. 훗날 이 단에 올라 폐백을 올리고 이 강당에 올라 경서를 배우는 자들은 한갓 선생의 의리를 사모할 뿐만 아니라 필시 그 마음도 얻을 것이요, 한갓 그 마음을 얻을 뿐만 아니라 필시 그 학문도 얻을 것이니, 그 학문을 얻고자 하면 성현을 버려두고 어디서 얻겠는가." 하였다.

능묘 陵墓

윤택(尹澤) 묘 군 -원문 5, 6자 결락-에 있다.

의총(義塚) 군 북쪽 10리에 있다. 만력 연간의 임진왜란 때 조헌이 의병을 일으켜 여기에서 적을 토벌하다가 힘이 다해 죽었고, 아들 조완기 및 휘하 군사 700인이 모두 따라 죽었다. 군 사람들이 그 뼈를 거두어 모아 묻어 주고 칠백의총(七百義塚)이라 이름하였으며, 비를 세워 그 일을 기록하고 이름을 순의비(徇義碑)라고 하였다.

사찰 寺刹

보석사(寶石寺)

영암사(靈巖寺)

석천사(石泉寺) 수굴(水窟)이 있는데, 깊이를 헤아릴 수 없다. 가뭄이 들면 비를 빈다.

월봉암(月峯菴), 원효사(元曉寺) 모두 진락산에 있다.

신안사(身安寺) 신음산에 있다.

원통암(元通菴), 불화암(佛華菴) 모두 덕유산에 있다.

보통사(寶通寺) 군 서쪽 5리, 계진평(桂珍坪)에 있다.

백련사(白蓮社) 일명 여악사(廬嶽寺)라고 한다. 덕유산 구천동에 있다. 만력 연간에 승려 지변(智辨)이 창건하였다. ○ 본조 이안눌의 시[62]에,

산과 골짜기 돌고 돌아 동문이 그윽한데	山回谷轉洞門幽
첩첩 봉우리 가운데 옛 절 누각 숨어 있네	疊巘中藏古寺樓
신령한 지경이라 예전에는 여악이라 불리고	靈境舊傳廬嶽號
법사는 새로 원공[63] 같은 분이 머무는구나	法師新着遠公流

62 이안눌의 시 : 〈구천동 백련사에 묵으면서 휘공에게 보여 주다(宿九千洞白蓮社示徽公)〉이다.《東岳集 卷10 錦溪錄》

63 원공(遠公) : 동진(東晉)의 고승 혜원(慧遠)을 말한다. 여산(廬山) 동림사(東林寺)에서 승속(僧俗) 18인과 백련사(白蓮社)를 결성하여 함께 염불 수행하며 교유하였다고 한다.《蓮社高賢傳》

석천 한 골짜기엔 새벽에 퉁소 소리 울리고	石川一壑簫笙曉
일천 숲 단풍잎은 가을이라 비단처럼 화려하네	霜葉千林錦繡秋
산안개에 옷이 젖어 추워 잠 못 이루는데	嵐氣濕衣寒不睡
반 바퀴 나월이 작은 산봉 꼭대기에 걸려 있네	半輪蘿月小峯頭

하였다.

고적 古蹟

부리폐현(富利廢縣) 군 동남쪽 20리에 있다. 본래 백제 두시이현(豆尸伊縣)으로, 일명 부시이(富尸伊)라고 한다. 신라에서 이성현(伊城縣)으로 고치고 그대로 진례군(進禮郡)에 병합하였다. 고려에서 부리(富利)로 고치고, 명종 때 다시 부리현(富利縣)을 설치하였다가 뒤에 도로 편입시켰다.

대곡소(大谷所) 군 남쪽 60리에 있다.

안성소(安城所) 군 동남쪽 115리에 있다. ○ 본조 이안눌의 서(序)[64]에 "군의 안성소는 영남우도의 거창(居昌) 및 안음(安陰) 등의 현과 땅이 맞닿고 경계가 나뉘는데, 높은 산이 가파르게 솟아 있고 첩첩 산이 빙 둘러 에워싸고 있으며, 산골짜기가 매우 깊고 길이 으슥하고 험하나, 가운데에 평야가 있어 넓고 평탄하며 밭은 대부분 관개(灌漑)가 잘되어 홍수나 가뭄이 들어도 재해를 입는 일이 드물다. 백성들은 농사와 누에치기에 힘써서 얼어 죽거나 굶주리는 걱정이 없다. 토질은 비옥하고 부세는 가벼우며 경내가 조용하고 풍속이 순박하니, 실로 호남과 영남 사이의 아늑한 한 지역이

64 이안눌의 서(序) : 〈안성창에 제하다〔題安城倉〕〉이다. 《東岳集 卷10 錦溪錄》

다." 하였다.

횡천소(橫川所) 안성소 동북쪽 30리에 있다. 군과의 거리는 동남쪽으로 120리이다.

명환 名宦

본조

박안신(朴安臣) 금산 군수(錦山郡守)가 되었는데, 청명(淸明)하고 강직하여 선정을 매우 많이 행하였다.

조종생(趙從生) 금산 군수가 되었는데, 청렴하고 성실하게 정사를 행하여 백성들에게 은덕을 끼쳤다.

이계수(李桂邃) 군수로 6년간 재임하였는데, 청렴하고 대범함이 비할 데 없었다. 임기를 채우고 서울로 돌아갈 때 고을 사람이 시를 지어 전송하기를 "맑은 절조 지금에도 예전에도 드물었네, 백성들의 피땀 어린 돈 단 한 푼도 뽑아내지 않았네.〔淸節罕今尤罕古 不抽民血一毫錢〕" 하였다.

권기(權技) 금산 군수가 되었는데, 정사를 잘한다는 명성이 있었다.

유우 流寓

윤택(尹澤) 무송(茂松) 사람이다. 고려 공민왕 초에 발탁되어 밀직제학(密直提學)이 되었는데, 개연히 당세의 일을 자임하여 건의한 일이 많았다. 나이 76세에 면직을 청하여 금주(錦州) 고향에 돌아와서 산수와 어울려

자락하며 율정(栗亭)이라 자호하였다. 정자 터가 군 동쪽 5리에 있다.

길재(吉再) 고려 말 선산(善山) 사람이다. 아버지 길원진(吉元進)이 지금주사(知錦州事)로 재임할 때 길재도 따라와서 본주 사람 신면(申勉)의 딸을 아내로 맞았다. 예전 집은 군 동쪽 7리에 있으니 바로 악곡(樂谷)이다. 뒤에 문하주서(門下注書)가 되었는데, 정사가 어지러워짐을 보고 물러나 선산에 거주하였고, 나라가 망하자 다시는 관직에 나아가지 않았다.

인물 人物

고려

김신(金侁) 원나라 조정에서 벼슬하여 요양행성 참정(遼陽行省參政)을 역임하였다. 나라에 공을 세우고 귀국한 뒤에 충렬왕이 김신의 연고를 이유로 본현을 승격하여 주로 삼았다. 전에 김신의 어머니가 왜구에게 죽임을 당했을 때 김신이 백골을 취합하여 하늘에 고하며 통곡하기를 "만약 내 어머니의 뼈라면 즉시 변색할 것입니다." 하였는데, 말이 끝나기도 전에 흰색이 푸른색으로 변하고 하늘도 구름이 짙어지더니 큰비가 내렸다. 이에 사람들이 그 효성에 감동하였다. 김신이 졸하자 조정에서 특별히 영을 내려 사당을 짓게 하여 고을 사람들이 제사를 지냈는데 오랫동안 변함이 없었다.

김일휴(金日休) 관직이 대사성에 이르렀다.

윤귀생(尹龜生) 윤택의 아들이다. 순수히 정성을 다하고 돈독히 행하여 향리에서 그 효성을 칭송하였다. 관직에 나아가 판전농시사(判典農寺事)가 되었다. 물러나 금주에 거주하였는데, 시속(時俗)이 불교를 숭상하여 사대부 집안에 제사가 없고 기일에 승재(僧齋)만 지낼 뿐이었다. 윤귀생은 홀로 개연히 예를 좋아하여 사당을 세우고 선조에게 제사 지내기를 한결같이 《주자가례(朱子家禮)》를 따랐다. 부모에 대한 효성과 사모, 정성과 공경의 법도를 종신토록 한결같이 지키며 아버지 묘소 남쪽에는 재실을 짓고 선대의 기일을 돌에 새겨 자손들이 잊지 않도록 하였다고 한다. 공양왕 초에 그 마을에 정표하였다. 아들 윤소종(尹紹宗)은 고려 말에 여러 관직을 거쳐 대사성에 이르고 본조에 들어와 병조 전서(兵曹典書)가 되었으며, 윤회종(尹會宗)은 사재 부령(司宰副令)을 지냈다.

본조

윤회(尹淮) 윤소종의 아들이다. 일찍이 과거에 급제하고, 세종조에 여러 관직을 거쳐 좌찬성, 예문관 대제학에 이르렀다. 문학에 해박하고 사학(史學)에 특히 뛰어났다. 시호는 문도(文度)이다. 저술에 《청경집(淸卿集)》이 있다.

진산군珍山郡

동쪽으로 충청도 옥천군(沃川郡) 경계까지 41리, 금산군(錦山郡) 경계까지 36리이다. 남쪽으로 금산군 경계까지 16리이다. 서쪽으로 전주부(全州府) 경계까지 8리이다. 북쪽으로 충청도 공주(公州) 유성현(儒城縣) 경계까지 39리, 같은 도 진잠현(鎭岑縣) 경계까지 39리이다. 서울과의 거리는 449리이다.

한전 旱田

수전 水田

건치연혁 建置沿革

본래 백제 진동현(珍同縣)이다. 동(同) 자는 한편 '동(洞)'으로도 쓴다. 신라에서 황산군(黃山郡)의 영현으로 삼았다. 고려에서 진례현(進禮縣)에 예속시켰다가 공양왕 때 폐하고 고산현(高山縣)에서 겸관하게 하였다. 본조 태조 2년(1393)에 승격하여 진주(珍州)로 삼고, 어태(御胎)를 안치하였으므로 승격하였다. 태종 13년(1413)에 고쳐 진산군으로 삼았다. 관장하는 면은 3개이다.

관원

군수(郡守), 훈도(訓導) 각 1인이다.

군명 郡名

진동(珍同), 진주(珍州)

산천 山川

대둔산(大芚山) 군 서쪽 10리에 있다. 진산(鎭山)이다. 일명 도솔산(兜率山)이라고 한다. 높고 웅대하며, 위에는 바위 봉우리가 화살촉처럼 줄지어 서 있다. 고산현에도 보인다.

엄정산(嚴正山) 군 남쪽 10리에 있다.

서대산(西臺山) 군 동쪽 41리에 있다.

천비산(天庇山) 군 북쪽 30리에 있다.

만인산(萬仞山) 군 동쪽 20리에 있다. 성봉(星峯)[65]이 있어 기이하고 우뚝하며 모양이 연꽃처럼 생겼다. 우리 태조의 태(胎)를 묻었다.

달왕산(達往山) 군 동쪽 20리에 있다.

이현(梨峴) 군 서쪽 10리, 대둔산 남쪽에 있다.

65 성봉(星峯) : 풍수가에서 지세를 설명할 때 쓰는 용어로, 금목수화토(金木水火土)의 다섯 가지 체(體)를 지닌 독특한 모양의 산을 말한다.

병천(幷川) 원류는 군 동쪽 6리, 덕정리(德井里)에서 나와 북쪽으로 흘러 공주 금강(錦江)에 들어간다.

청징연(淸澄淵) 군 남쪽 10리에 있다. 수심을 헤아릴 수 없는데, 세상에서 전하기를 용이 있다 하여 날이 가물면 비를 빌었다. 지금은 모래로 메어 수심이 겨우 3자이다.

토산 土産

석자황(石紫黃), 군 동쪽 사음동(舍音洞)에서 난다. 석유황(石硫黃), 철(鐵), 군 서쪽 월외산(月外山)에서 난다. 구리〔銅〕, 군 동쪽 달왕산에서 난다. 자석(磁石), 암정리(巖井里)에서 나는데, 군 남쪽 10리 되는 곳에 있다. 석회(石灰), 인삼(人蔘), 꿀〔蜂蜜〕, 황랍(黃蠟), 송이버섯〔松蕈〕

학교 學校

향교(鄕校) 군 동쪽 2리에 있다.

궁실 宮室

객관(客館)

요월정(邀月亭) 객관 동쪽에 있다. 군수 정석(鄭晳)이 세웠다.

우역 郵驛

삼식원(三息院) 군 동쪽 3리에 있다.

요광원(要光院) 군 동쪽 30리에 있다.

신창원(新昌院) 군 북쪽 15리에 있다.

사묘 祠廟

사직단(社稷壇) 군 서쪽 2리에 있다.

문묘(文廟) 향교에 있다.

성황사(城隍祠) 군 북쪽 4리에 있다.

여단(厲壇) 군 북쪽에 있다.

사찰 寺刹

서대사(西臺寺) 서대산에 있다. 예전에는 상, 중, 하 세 서대사가 있었는데, 중서대사(中西臺寺)는 지금 없어졌다.

봉서사(鳳棲寺) 만인산에 있다. 지금은 없어졌다.

미륵사(彌勒寺) 천비산에 있다.

대둔사(大芚寺) 대둔산에 있다.

고적 古蹟

산성(山城) 옛터가 군 북쪽 3리에 있다. 둘레가 4리이다. 지금은 무너지고 없어졌다.

인물 人物

본조

김천석(金天錫) 효행이 있어서 정문(旌門)이 세워졌다. 관직이 관찰사에 이르렀다.

여산군礪山郡

동쪽으로 고산현(高山縣) 경계까지 13리이다. 남쪽으로 전주부(全州府) 경계까지 11리이다. 서쪽으로 익산군(益山郡) 경계까지 13리, 용안현(龍安縣) 경계까지 19리이다. 북쪽으로 충청도 은진현(恩津縣) 경계까지 15리이다. 서울과의 거리는 444리이다.

한전 旱田

수전 水田

건치연혁 建置沿革

본래 백제 지량초현(只良肖縣)이다. 신라 경덕왕 때 여량(礪良)으로 양(良) 자는 한편 '양(陽)'으로도 쓴다. 고치고 덕은군(德殷郡)의 영현으로 삼았다. 고려 현종 때 전주에 편입시켰다가, 공양왕 때 다시 여량현(礪良縣)을 설치하고 낭산(朗山)을 겸관하게 하였다. 본조 공정왕(恭靖王 정종) 2년(1400)에 그대로 낭산을 병합하고 고쳐 여산현(礪山縣)으로 삼았다. 장헌왕(莊憲王 세종) 18년(1436)에 승격하여 군으로 삼았다. 원경왕후(元敬王后)의 외향이므로 승격하였다. 관장하는 면은 10개이다.

관원

군수(郡守), 훈도(訓導) 각 1인이다.

군명 郡名

여량(礪良)

산천 山川

호산(壺山) 군 동쪽 8리에 있다. 진산(鎭山)이다. 그 동쪽은 바로 고산현 경계이다. 일명 문수산(文殊山)이라고 한다.

미륵산(彌勒山) 군 서쪽 10리에 있다.

군입산(軍入山) 군 남쪽 12리에 있다. 고려 태조가 후백제를 정벌할 때 이곳에 군사를 주둔시켰으므로 그렇게 이름하였다.

화산(花山) 군 서북쪽 20리에 있다. 강에 임하여 우뚝 솟았는데 경관이 매우 아름답다.

용암(龍巖) 군 서쪽 8리에 있다.

작원(鵲原) 세속에서 작지(鵲旨)라고 칭한다. 군 북쪽 12리, 충청도 은진현과의 경계에 있다. 해마다 7월 15일에 근접해 있는 양도(兩道 전라도와 충청도)의 거주민들이 모여 수박희(手博戲)로 승부를 겨룬다.

누항(漏項) 군 동쪽 7리에 있다. 시내가 고산현에서 나와 서쪽으로 흘러 호산(壺山)에 새어 들어가 스며 흐르다가 서쪽 산기슭에 이르러 하천이 된다. 굴의 원지름은 1장(丈) 남짓이다. 민간에 전해지기를 용추(龍湫 용소(龍沼))이므로 날이 가물면 비를 빈다고 한다.

금강(錦江) 군 서쪽 20리에 있다. 세속에서 나암포(羅巖浦)라고 부르니, 바로 공주(公州)의 금강 하류이다. 부여(扶餘)의 석성(石城)에서 은진현 강경나루〔江景渡〕를 지난 다음 군 지경을 거쳐 서쪽으로 흘러 용안현, 함열현(咸悅縣)의 경계에 들어간다.

장선지(長先池) 군 서쪽 15리에 있다. 둑 길이는 200보이고, 못 둘레는 5리이다. 백성들이 관개(灌漑)의 혜택을 입는다.

이지(梨池) 군 북쪽 12리에 있다.

말흘지(末訖池) 군 남쪽 15리, 함열현과의 경계에 있다. 둑 길이는 160보이고, 못 둘레는 2리이다. 예전에는 함열현에 속해 있었는데 뒤에 본군에 이속되었다.

토산 土産

백니석(白膩石), 군 동쪽 10리에서 난다. 돌 속이 견고하고 미끄러워서 비갈(碑碣)을 만들기에 알맞다. 석회(石灰), 게〔蟹〕, 웅어〔葦魚〕

학교 學校

향교(鄕校) 군 동쪽 3리에 있다.

황산서원(黃山書院) 군 서쪽 30리, 황산 아래에 있다. 인조 때 고을 사람이 서원을 세우고 사우(祠宇)를 지어 이이(李珥), 성혼(成渾), 김장생(金長生)을 향사하였다. 뒤에 송(宋)-원문 1, 2자 결락-가 중수하고 또 조광조(趙光祖)와 이황(李滉)을 더 향사하였다.

궁실 宮室

객관(客館)

향사당(鄕射堂) 객관 동쪽에 있다.

세심정(洗心亭) 객관 동북쪽 모퉁이에 있다.

황화정(皇華亭) 군 북쪽 11리에 있다. 신임과 구임 관찰사가 교대하는 장소였는데, 만력 정유년(1597, 선조30)에 전란의 병화(兵火)로 불에 탔다.

우역 郵驛

양재역(良才驛) 군 북쪽 6리에 있다.

보성원(寶成院) 군 북쪽 11리에 있다.

영녕원(永寧院) 군 남쪽 8리에 있다.

관량 關梁

원교(院橋), 주교(舟橋) 모두 군 남쪽 1리에 있다.

사묘 祠廟

사직단(社稷壇) 군 서쪽 3리에 있다.

문묘(文廟) 향교에 있다.

성황사(城隍祠) 호산에 있다.

여단(厲壇) 군 북쪽 4리에 있다.

능묘 陵墓

송유익(宋惟翊) 묘 군 동쪽 8리, 호산의 호곡(虎谷)에 있다. 송송례(宋松禮)의 증조부이다. 송유익은 집안이 대대로 여량현 현리(縣吏)를 지냈고, 진사에 올랐다. 아들 송숙문(宋淑文), 손자 송희식(宋希植)은 모두 높은 관직에 올랐으며, 묘가 모두 그 인근에 있다.

사찰 寺刹

도신사(道新寺) 군입산(軍入山)에 있다.

월봉사(月峯寺), 문수사(文殊寺) 모두 호산에 있다.

심곡사(深谷寺), 장안암(長安菴) 모두 미륵산에 있다.

고적 古蹟

낭산폐현(朗山廢縣) 군 서쪽 8리에 있다. 본래 백제 알야산현(閼也山縣)인데, 신라에서 야산(野山)으로 고치고 금마군(金馬郡)의 영현으로 삼았다.

고려 초에 낭산(朗山)으로 고치고, 뒤에 전주에 편입시켰다. 본조 초에 본군에 병합하였다. 지금 옛 토성(土城) 터가 남아 있는데, 둘레가 3900자이고 안에 샘이 2개 있다.

피제부곡(皮堤部曲) 군 북쪽 15리에 있다. 옛 성의 터가 남아 있다.

공촌부곡(公村部曲) 군 북쪽 10리에 있다.

나암창(羅巖倉) 군 서쪽 20리, 금강의 나암포(羅巖浦)에 있다.

명환 名宦

본조

선화(宣和) 태종 때 여산 현감(礪山縣監)이 되었는데, 은혜와 위엄이 아울러 행해지니, 아전과 백성들이 편안히 여겼다. 친상(親喪)을 당하여 관위(官位)를 떠났는데, 복상을 마치자 고을 사람들이 글을 올려 다시 부임하도록 하였다.

박결(朴絜) 세종조에 지여산군사(知礪山郡事)가 되었다.

인물 人物

고려

송송례(宋松禮) 여량현(礪良縣) 사람이다. 아버지 송희식(宋希植)은 삼재(三宰)를 지냈다. 송송례는 원종조에 직문하성(直門下省)이 되어 임연(林

衍)의 반란을 평정하고, 여러 관직을 거쳐 도첨의중찬(都僉議中贊)에 이르고 여량부원군(礪良府院君)에 봉해졌다. 치사하고 졸하였다. 정렬(貞烈)의 시호를 받았다. 아들 송분(宋玢)은 충렬왕 때 도첨의중찬이 되었다.

송서(宋瑞) 송분의 아들이다. 관직이 도첨의정승(都僉議政丞)에 이르고 여량부원군에 봉해졌다.

본조

송거신(宋居信) 송송례의 5대손이다. 조부 송호산(宋壺山)은 찬성을 지냈다. 송거신은 태종조에 좌명 공신(佐命功臣)에 참여하고 여산부원군(礪山府院君)에 봉해졌다. 시호는 충정(忠靖)이다. 아들 송기(宋頎)는 관직이 총제(摠制)에 이르렀다.

송문림(宋文琳) 송송례의 후손이다. 과거에 급제하고 여러 번 화요직(華要職)을 역임하였다. 성종조에 좌리 공신(佐理功臣)에 참여하고, 여성군(礪城君)에 봉해졌다.

송천희(宋千喜) 송송례의 7대손이다. 성종조에 과거에 급제하고, 관직이 이조 판서에 이르렀다. 성품이 강직하고 과감하였다. 일찍이 경상도 관찰사가 되었는데, 함양군(咸陽郡)에 있는 여자 무당이 스스로 일컫기를 "나는 불제자(佛弟子)로서 능히 사람의 병을 고친다." 하니, 원근의 주민들이 구름처럼 모여들어 쌀과 포목을 다투어 시주하였다. 송천희가 이 무녀를 장(杖)을 쳐서 죽이니, 온 지경이 숙연해졌다.

열녀 列女

본조

송씨(宋氏) 학생 정희중(鄭希重)의 처이다. 남편이 일찍 죽자 피눈물을 흘리며 상을 마쳤다. 부모가 젊은 나이에 과부가 된 딸을 가엾게 여겨 그 뜻을 뺏고자 하니, 송씨는 죽음으로써 스스로 맹세하기를 “시어머니가 김제(金堤)에 계시고 다른 자식이 없는데, 내가 만약 시집간다면 시어머니는 종내 누구에게 의탁하겠습니까?” 하였다. 부모가 허락하지 않자 송씨는 아이를 업고 도망쳐 시어머니의 집으로 돌아가서 여러 해 동안 돌아오지 않았다. 이에 부모도 그 지극한 효성에 감동하여 마침내 집 옆에 별실을 지어 살게 하였다. 송씨는 효성을 극진히 하여 시어머니를 모시면서 한평생을 마쳤다. 본조 세종 때 마을에 정문을 세우고 복호(復戶)하였다.

만경현萬頃縣

동쪽으로 김제군(金堤郡) 경계까지 9리이다. 남쪽으로 같은 군 경계까지 15리이다. 북쪽으로 전주부(全州府) 경계까지 11리이다. 서쪽으로 해안까지 28리이다. 서울과의 거리는 564리이다.

한전 旱田

수전 水田

건치연혁 建置沿革

본래 백제 두내산현(豆乃山縣)이다. 신라 경덕왕 때 만경(萬頃)으로 고치고 김제군의 영현으로 삼았다. 고려 초에 임피현(臨陂縣)에 편입시키고, 예종 초에 다시 만경현을 설치하였다. 본조에서 그대로 따랐다. 관장하는 면은 9개이다.

관원

현령(縣令), 훈도(訓導) 각 1인이다.

군명 郡名

두내산(豆乃山)

산천 山川

진봉산(進鳳山) 길곶리(吉串里)에 있다. 동진(東津)과 사포(泗浦) 두 물이 바다로 들어가는 어귀에 몇 봉우리의 산이 물에 임하여 있고, 낙명(落明)이라는 대(臺)가 있다.

대평(大坪) 김제군에 자세히 보인다.

길곶(吉串) 현 서쪽 28리에 있다. 땅이 좁아지면서 바다로 들어간 곳을 곶(串)이라고 한다. 예전에는 봉수(烽燧)가 있었다.

바다〔海〕 현 서쪽 30리에 있다.

사포수(泗浦水) 일명 신창진(新倉津)이라고 한다. 현 북쪽 15리에 있다.

수음포(愁音浦) 현 남쪽 15리에 있다.

군산도(群山島) 현 서쪽 바다 가운데에 있다. 둘레가 60리이다. 근방에 와보(蝸步), 궁지(宮地), 망지(望地), 횡건(橫建), 허내(許內), 가외(家外) 등의 섬이 있는데, 서로 연접하여 나란히 솟아 항구를 사이에 두고 서로 붙어 있으므로 그렇게 이름하였다. 섬에 움푹 들어간 곳이 있어 배를 보관해 둘 만하여 왕래하는 조선(漕船)들이 모두 이곳에서 순풍을 기다린다. 고려 때 송나라 사신으로서 우리나라에 오는 자들은 남쪽에서 바닷길로 개경까지 가는데, 배가 여기에 이르러서 잠시 쉬었다. 예전에 객관이 있었다. 《대명일통지(大明一統志)》에 "군산도는 12개 산봉우리가 성처럼 서로 이어져 있으니, 예전에 군산정(群山亭)이라는 객관이 있었고 또 오룡묘(五龍廟)

도 있었다." 하였다.

능제지(陵堤池) 현 동쪽 2리에 있다. 둑 길이는 300보이고, 둘레는 8리이다. 온 못이 모두 연으로 차서 일명 연지(蓮池)라고도 한다. ○ 본조 김종직(金宗直)의 시[66]에,

만경성 가 백 이랑의 연꽃 길	萬頃城邊百頃蓮
가던 손이 고삐 잡고 푸른 연기 속에 서 있네	征夫按轡立蒼煙
꼿꼿이 서서 비 받으니 참으로 일산이 되고	亭亭擎雨眞成蓋
깨끗하게 물결 위에 서니 정히 신선 같아라	濯濯凌波正欲仙

하였다.

가수지(佳殊池) 현 서남쪽 7리에 있다. 둑 길이는 450보이고, 둘레는 10리이다. 능제지와 함께 모두 큰 못으로 백성들이 관개의 혜택을 입는다.

도방지(道方池) 현 남쪽 10리에 있다. 둑 길이는 180보이고, 둘레는 3리이다.

토산土産

왕골자리〔莞席〕, **연실**(蓮實), **가시연**〔芡〕, **순채**〔蓴〕, **마름**〔菱〕, **청어**(青魚), **조기**〔石首魚〕, 모두 군산도에서 난다. **숭어**〔秀魚〕, **웅어**〔葦魚〕, **붕어**〔鯽魚〕, **게**〔蟹〕, **조개**〔蛤〕

66 김종직(金宗直)의 시 : 〈만경의 연못에서〔萬頃蓮澤〕〉이다. 《佔畢齋集 卷21》

성곽 城郭

현성(縣城) 돌로 쌓았다. 둘레는 2820자이다. 안에 샘이 6개 있다. 성 동쪽에 토성 옛터가 있다.

학교 學校

향교(鄕校) 현 서쪽 2리에 있다.

궁실 宮室

객관(客館)

거사루(去思樓) 객관 동쪽에 있다. 현령 안선(安璿)이 세웠다.

우역 郵驛

입석원(立石院) 현 남쪽 10리에 있다.

사묘 祠廟

사직단(社稷壇) 현 서쪽 2리에 있다.

문묘(文廟) 향교에 있다.

성황사(城隍祠) 현 북쪽 2리에 있다.

여단(厲壇) 현 북쪽에 있다.

사찰 寺刹

망해사(望海寺) 진봉산에 있다.

고적 古蹟

부윤폐현(富潤廢縣) 현 남쪽 13리에 있다. 본래 백제 무근촌현(武斤村縣)인데, 신라에서 무읍(武邑)으로 고치고 김제군의 영현으로 삼았다. 고려 초에 부윤(富潤)으로 고치고 이윽고 임피군(臨陂郡)에 편입시켰다가 뒤에 본현에 병합하였다. 본조에서 그대로 따랐다.

인물 人物

고려

두경승(杜景升) 자질이 후덕하고 꾸밈이 적으며 용력이 있었다. 처음에 견룡(牽龍)에 보임되었는데, 정중부(鄭仲夫)의 난리에 다른 사람의 재물을 겁탈하는 무인들이 많았으나 두경승은 홀로 전문(殿門)을 떠나지 않고 털끝만큼도 범함이 없었다. 명종조에 여러 번 승진하여 낭장(郎將), 장군(將軍)이 되고, 김보당(金甫當)과 조위총(趙位寵)을 격퇴하는 데 공을 세웠으며, 관직은 문하시중에 이르렀다. 옛 제도에 3품 이상은 관계가 오를 때마다 으레 사양하는 표문을 올리고 윤허하지 않는다는 비답이 내린 연후에 표문을 올려 사례하고 관직에 나아갔다. 두경승은 홀로 말하기를 "속마음은 사양하고 싶지 않으면서 남의 붓을 빌려 겉으로만 예문을 올리니, 나는 차마 하지 못하겠다." 하였다. 최충헌(崔忠獻)이 임금을 폐할 것을 도모하여 두경승을 자연도(紫燕島)로 귀양 보냈는데, 두경승은 섬에 있으면서 근심과 분노로 피를 토하고 죽었다.

임피현 臨陂縣

동쪽으로 전주부(全州府) 경계까지 15리이다. 남쪽으로 만경현(萬頃縣) 경계까지 20리이다. 서쪽으로 옥구현(沃溝縣) 경계까지 20리이다. 북쪽으로 함열현(咸悅縣) 경계까지 11리, 충청도 한산군(韓山郡) 경계까지 17리이다. 서울과의 거리는 489리이다.

한전 旱田

수전 水田

건치연혁 建置沿革

본래 백제 시산군(屎山郡) 일명 피산(陂山)이라고 하며, 일명 흔문(忻文)이라고 하며, 일명 소도(所島)라고 하며, 일명 실조출(失鳥出)이라고 한다. 이다. 신라 경덕왕 때 임피군으로 고쳤다. 고려에서 강등하여 임피현으로 삼았다. 본조에서 그대로 따랐다. 관장하는 면은 12개이다.

관원

현령(縣令), 훈도(訓導) 각 1인이다.

군명 郡名

피산(陂山) 별호는 취성(鷲城)이다.

형승 形勝

오른쪽으로는 큰 바다가 둘러 있고, 왼쪽으로는 비옥한 들판이 연이어 있으며, 북쪽으로는 금강(錦江)을 등지고 있고, 남쪽으로는 사수(泗水)에 임하여 있다.

비옥한 들판이 평탄하고 넓다. 동남쪽으로 비옥한 들판이 연이어 있는데, 시야가 닿는 데까지 평탄하고 드넓다.

풍속 風俗

농경에 힘쓰며 어염을 판매한다.

순박하고 거칠며 문학(文學)이 없다.

무당을 믿고 귀신에게 제사 지낸다. 토착민들은 병이 나면 의약을 쓰지 않고 오직 무당을 믿고 귀신에게 제사 지낸다.

산천 山川

예산(芮山) 현 북쪽 4리에 있다. 진산(鎭山)이다. 기세가 마치 봉황이 날아가는 듯하다. 옛 성터가 있다.

남산(南山) 현 남쪽 5리에 있다. 옛 토성 터가 있다.

오성산(五聖山) 현 서쪽 18리에 있다. 금강이 그 서쪽을 지나간다.

취성산(鷲城山) 현 서쪽 4리에 있다.

고산(孤山) 현 북쪽 15리, 금강 변에 있다. 민간에서는 공주(公州)에서 떠 내려왔다고 하여 공주산이라고도 칭한다. 그 아래에 민가가 즐비한데, 배 부리는 것을 생업으로 삼는다.

금강(錦江) 용안(龍安)과 함열(咸悅)에서 흘러 들어와 현[67] 북쪽 18리를 지나 충청도 한산군과 경계를 나누고, 또 서쪽으로 흘러 옥구현에 이르러 바다에 들어간다. 일명 진포(鎭浦)라고도 한다.

사수(泗水) 현 남쪽 20리에 있다. 전주부에서 현 지경에 흘러 들어와 조수(潮水)와 서로 통한다. 세속에서 신창진(新倉津)이라 칭한다. 물이 서쪽으로 흘러 옥구현을 지나 바다에 들어간다.

호산지(狐山池) 현 동쪽 5리에 있다. 둑 길이는 160보이고, 둘레는 4리이다.

연화지(蓮花池) 현 북쪽 8리에 있다. 둑 길이는 180보이고 둘레는 5리이다. 세속에서 수신교제(水薪橋堤)라고 칭한다.

67 현 : 대본에는 '郡'으로 되어 있는데, 본책 본현 건치연혁에 근거하여 '縣'으로 바로잡아 번역하였다.

토산 土産

대나무〔竹〕, 천문동(天門冬), 맥문동(麥門冬), 가시연〔芡〕, 게〔蟹〕, 붕어〔鯽魚〕, 숭어〔秀魚〕, 뱅어〔白魚〕, 준치〔眞魚〕

성곽 城郭

현성(縣城) 돌로 쌓았다. 둘레는 3674자이다. 문 안에 샘 14개와 못 5개가 있다. 우리 태종조에 순문사(巡問使) 최윤덕(崔潤德)이 관찰사 신개(申槪)와 함께 쌓았다.

학교 學校

향교(鄕校) 현 북쪽 4리에 있다.

궁실 宮室

객관(客館) 관의 서헌(西軒)을 애련헌(愛蓮軒)이라 한다.

향사당(鄕射堂) 객관 남쪽에 있다.

연무청(演武廳) 남문 밖에 있다.

훈풍루(薰風樓) 바로 성 남문 누각이다.

집승루(集勝樓) 동헌(東軒) 북쪽에 있다. 현령 김수준(金守濬)이 지었다.

봉수 烽燧

오성산 봉수(五聖山烽燧) 서쪽으로 옥구현 점방산(占方山)에 응하고, 동쪽으로 함열현 소방봉(所方峯)에 응한다.

우역 郵驛

소안역(蘇安驛) 현 서쪽 8리에 있다.

관원(館院) 현 동쪽 20리에 있다.

신창원(新倉院) 현 남쪽 20리, 신창진 서쪽 언덕에 있다.

서원(西院) 현 서쪽 7리에 있다.

관량 關梁

나시나루〔羅施渡〕 현 북쪽 20리에 있다. 바로 금강의 나루로 길이 한산(韓山)으로 통한다.

신창나루〔新倉渡〕 현 남쪽 20리, 김제(金堤)와 전주(全州) 지경에 있다. 바로 사수(泗水)의 나루로 조수가 빠르고 세차서 간혹 다리를 설치하기도 한다.

사묘 祠廟

사직단(社稷壇) 현 서쪽 3리에 있다.

문묘(文廟) 향교에 있다.

성황사(城隍祠) 취성산(鷲城山)에 있다.

여단(厲壇) 현 북쪽에 있다.

사찰 寺刹

용천사(龍泉寺) 취성산에 있다.

수심사(修心寺) 오성산에 있다.

보천사(寶泉寺), **상주사**(上住寺) 모두 취성산에 있다.

망해사(望海寺) 취성산에 있다. 서쪽으로 바다 포구가 훤히 바라다보인다.

팔제암(八梯菴) 오성산에 있다.

불승암(佛乘菴) 위아래 2개의 암자가 있는데, 모두 오성산에 있다. 위 암자는 산 정상에 있어 진포(鎭浦)[68] 및 큰 바다가 훤히 바라다보인다.

고적 古蹟

고진성창(古鎭城倉) 현 서쪽 10리에 있다. 고려 초에 창고를 설치하고 부근 고을의 조세를 수합하여 서울까지 조운하였으니, 바로 십이창(十二倉)[69] 중 하나이다. 지금 토성의 옛터가 남아 있고, 둘레는 10여 리이다. 세속에서 창감(倉監)이라고 칭한다.

68 진포(鎭浦) : 조종포(朝宗浦)의 예전 이름이다. 진성창(鎭城倉)이 있는 곳이다. 《磻溪隨錄 卷3 田制後錄上 漕運》

69 십이창(十二倉) : 《고려사》〈식화지(食貨志)〉에 "국 초 남도 수군(水郡)에 십이창을 설치하였다."라고 하였다. 《高麗史 卷79 食貨志2 漕運》

명환 名宦

고려

박화(朴華) 임피 현위(臨陂縣尉)가 되었다. 성품이 공손하고 신중하며 관직에 임하여 오직 부지런히 복무하였다.

본조

이희맹(李希孟) 임피 현령이 되었는데, 강직하고 분명하게 정사를 행하였다.

최자숙(崔自淑) 임피 현령이 되었다.

박상(朴祥) 중종조에 임피 현령이 되었는데, 공정하고 청렴하였으며 명확하게 결단하여 적체된 원옥(冤獄)을 힘써 제거하니, 재임한 3년 동안 백성들이 태평한 정치를 노래하였고 떠나가게 되자 추모하여 마지않았다.

금구현金溝縣

동쪽으로 전주부(全州府) 경계까지 16리이다. 북쪽으로 같은 부 경계까지 8리이다. 남쪽으로 태인현(泰仁縣) 경계까지 18리이다. 서쪽으로 김제군(金堤郡) 경계까지 18리이다. 서울과의 거리는 526리이다.

한전 旱田

수전 水田

건치연혁 建置沿革

본래 백제 구시지산현(仇知只山縣)이다. 신라 경덕왕 때 금구(金溝)로 고치고 전주의 영현으로 삼았다. 고려 의종 때 떼어 내 금구현을 설치하고 이의방(李義方)의 외향이므로 떼어 내 현을 설치하였다.[70] 그 관등을 승격하여 영(令)으로 삼았다. 본조에서 그대로 따랐다. 관장하는

70 이의방(李義方)의……설치하였다 : 대본에는 대자로 되어 있는데, 문맥에 근거하여 소자로 번역하였다.

면은 □[71]개이다.

관원

현령(縣令), 훈도(訓導) 각 1인이다.

군명 郡名

구지지산(仇知只山) 별호는 봉산(鳳山)이다.

산천 山川

봉두산(鳳頭山) 현 동쪽 2리에 있다. 진산(鎭山)이다. 산에 봉황새가 나는 듯한 형상이 있기 때문에 그렇게 이름하였다. 왼쪽에는 양시산(揚翅山)이 있고 앞에는 묘산(卯山)이 있다. 술가(術家)들이 또 굴선산(掘禪山)에 개동사(開同寺)를 지어 약동하는 기세를 눌렀다고 한다.

모악산(母嶽山) 현 동쪽 25리에 있다. 태인현에도 보인다.

묘고산(妙高山) 현 동쪽 7리에 있다. 바로 모악산 서북쪽 산기슭이다.

굴선산(掘禪山) 현 남쪽 7리에 있다.

상두산(象頭山) 현 남쪽 25리에 있다. 태인현에도 보인다.

황산(黃山) 현 서쪽 12리에 있다. 홀로 들판 가운데 서 있다.

71 □ : 대본에는 없는데, 본서 건치연혁 서술 투식에 근거하여 '□'을 보충하여 번역하였다.

모악천(母嶽川) 현 남쪽 14리에 있다. 모악산에서 나와 서쪽으로 흘러 김제군 지경에 들어간다.

벽골호(碧骨湖) 현 서쪽 14리에 있다. 지금은 물이 말라 밭이 되었다. 김제군에 자세히 보인다.

용지(龍池) 모악산에 있다. 가뭄이 들었을 때 비를 빌면 효험이 있었다. 지금은 모래로 메웠다.

적포지(赤浦池) 현 북쪽 15리에 있다.

신지(新池) 현 서쪽 2리에 있다. 가운데 세 언덕을 쌓아서 그 위에 소나무를 심었으니, 이름을 삼도(三島)라고 부른다.

함자지(咸子池) 현 남쪽 10리에 있다.

토산 土產

사기(沙器), 모시〔苧〕, 옻〔漆〕, 꿀〔蜂蜜〕, 석류(石榴), 생강〔薑〕, 천문동(天門冬), 대극(大戟)

학교 學校

향교(鄕校) 현 북쪽 2리에 있다.

궁실 宮室

객관(客館)

경렴당(景濂堂) 관아 동쪽에 있다. 못에 임하여 소당(小堂)을 지었다.

우역 郵驛

홍인원(弘仁院) 현 남쪽 15리에 있다.

소복원(蘇復院) 현 서쪽 5리에 있다.

감물천원(甘勿川院) 현 북쪽 6리에 있다.

잠계원(潛溪院) 현 남쪽 6리에 있다.

사묘 祠廟

사직단(社稷壇) 현 서쪽 2리에 있다.

문묘(文廟) 향교에 있다.

성황사(城隍祠) 현 동쪽 1리에 있다.

여단(厲壇) 현 북쪽에 있다.

사찰 寺刹

금산사(金山寺) 모악산에 있다. 후백제의 견훤이 세웠다. 절이 매우 크고 장륙불상(丈六佛像)이 있다. ○ 견훤의 어린 아들인 금강(金剛)이 키도 크고 매우 지혜로워 견훤이 유독 사랑하여 왕위를 전해 주고자 마음먹었다. 청태(淸泰) 2년(935) 3월에 장자인 신검(神劍)이 견훤을 금산사에 가두고 장사(壯士) 30인으로 지키게 하고는 마침내 왕위를 찬탈하고 금강을 죽였다. 견훤은 금산사에 무릇 석 달 동안 있었는데, 지키는 자들에게 술을 먹여 모두 취하자 막내아들 능예(能乂), 딸 애복(哀福), 첩 고비(姑比) 등과 함께 나주(羅州)로 달아났다가 바닷길을 통해 고려에 귀의하였다. ○ 본조 김시습(金時習)의 시[72]에,

구름 기운 아물아물 골 안이 널찍한데	雲氣微茫洞府寬
엉킨 수풀 깔린 돌엔 여울 소리 들려오네	縈林絡石響鳴湍
중천에 별들은 금찰을 밝히는데	中天星斗明金刹
밤중에 바람 우레 석단을 감도는구나	半夜風雷繞石壇
옛 짐대엔 이끼 끼어 글자가 희미한데	苔蝕古幢微有字
마른나무에 바람 스치니 저녁 추위 생기누나	風摧枯樹晚生寒
초제에서 홀연히 하룻밤 자고 나니	翛然一宿招提境
연기 속 성긴 종소리 여운이 다하지 않는구나	煙裏疎鍾韻未闌

하였다.

쌍계사(雙溪寺) 묘고산에 있다.

천장암(天藏菴) 굴선산에 있다.

비장암(飛杖菴) 모악산에 있다.

내운암(大雲菴), **조주사**(趙州寺), **용장사**(龍藏寺) 모두 성두산에 있다.

고적 古蹟

거야폐현(巨野廢縣) 현 남쪽 15리에 있다. 본래 백제 야서이현(也西伊縣)

72 김시습(金時習)의 시 : 〈금산사에서 묵다〔宿金山寺〕〉이다. 《梅月堂集 卷11 遊湖南錄》

인데, 신라에서 야서현(野西縣)으로 고치고 태산군(太山郡)의 영현으로 삼았다. 고려 초에 거야(巨野)로 고치고 곧이어 전주에 편입시켰다가 뒤에 김제현에 편입시켰고, 뒤에 또 본현에 병합하였다.

역양폐현(櫟陽廢縣) 양(陽) 자는 한편 '양(良)'으로도 쓴다. 현 북쪽 7리에 있다.

정읍현井邑縣

동쪽으로 순창군(淳昌郡) 경계까지 20리이다. 남쪽으로 장성부(長城府) 경계까지 30리이다. 서쪽으로 고부군(古阜郡) 경계까지 8리이다. 북쪽으로 같은 군 경계까지 13리이다. 서울과의 거리는 601리이다.

한전 旱田

수전 水田

건치연혁 建置沿革

본래 백제 정촌현(井村縣)이다. 신라 경덕왕 때 정읍으로 고치고 태산군(太山郡)의 영현으로 삼았다. 고려 초에 고부군에 병합하였다가 뒤에 다시 정읍현을 설치하였다. 본조에서 그대로 따랐다. 관장하는 면은 8개이다.

관원

현감(縣監), 훈도(訓導) 각 1인이다.

군명 郡名

정촌(井村) 별호는 초산(楚山)이다.

산천 山川

내장산(內藏山) 현 동쪽 25리에 있다. 본조 성임(成任)의 기문에 "호남에는 명산이 많으니, 남원(南原)에 있는 것은 지리산(智異山)이라 하고, 영암(靈巖)에 있는 것은 월출산(月出山)이라 하고, 장흥(長興)에 있는 것은 천관산(天冠山)이라 하고, 부안(扶安)에 있는 것은 능가산(楞迦山)이라고 하는데, 정읍의 내장산 역시 그중 하나이다. 산이 현 치소와 겨우 20리 거리에 있는데, 넓고 웅장하게 높이 솟아 있으며 들어갈수록 형세가 험해지고 지경 또한 조밀하다." 하였다.

오봉산(五峯山) 현 남쪽 20리에 있다.

입암산(笠巖山) 내장산과 서로 연하여 있다. 현 남쪽 20리에 있다.

칠보산(七寶山) 현 북쪽 10리에 있다.

반등산(半登山) 바로 입암산의 남쪽 줄기이다. 현 서남쪽 20리에 있다. 장성부에 자세히 보인다.

노령(蘆嶺) 노(蘆) 자는 혹 '위(葦)'로도 쓴다. 현 남쪽 30리, 장성현과의 경계에 있다.

갈현(渴峴) 현 동쪽 28리에 있다. 서쪽으로 내장산에 연하여 있다.

모천(茅川) 일명 북천(北川)이라고 한다. 내장산의 물이 노령의 물과 합류하여 현 서북쪽을 지나 고부군 지경에 들어간다.

토산 土産

모시〔苧〕, 대나무〔竹〕, 감〔梯〕, 석류(石榴), 꿀〔蜂蜜〕, 황랍(黃蠟), 밀어(密魚)

학교 學校

향교(鄕校) 현 북쪽 2리에 있다.

궁실 宮室

객관(客館)

낙성정(洛城亭) 객관 서쪽에 있다. 정자는 없어졌는데, 현감 조지곤(趙智崑)이 옛 기지를 토대로 삼아 누를 짓고 이름을 벽수(碧樹)라고 하였다. 손비장(孫比長)의 기문이 있다.

감담루(鑑淡樓) 객관 동쪽에 있다.

우역 郵驛

천원역(川原驛) 현 남쪽 25리에 있다.

영지원(迎支院) 현 서쪽 5리에 있다.

왕신원(王信院) 현 남쪽 20리에 있다.

광제원(廣濟院) 현 남쪽 30리에 있다.

사묘 祠廟

사직단(社稷壇) 현 서쪽에 있다.

문묘(文廟) 향교에 있다.

성황사(城隍祠) 현 북쪽 1리, 응산(鷹山)에 있다.

여단(厲壇) 현 북쪽에 있다.

사찰 寺刹

영은사(靈隱寺) 내장산에 있다. 성임의 기문에 "내장산은 넓고 웅장하게 높이 솟아 있으며 형세가 들어갈수록 험해지고 지경 또한 조밀하니, 참으로 필추(苾芻 비구승)들이 참선하고 도를 배우기에 좋은 땅이다. 그 가운데 큰 사찰을 영은사라고 부른다." 하였다.

영원사(靈源寺), **망해암**(望海菴) 모두 칠보산에 있다.

백련사(白蓮寺) 내장산에 있다. 혹 내장사(內藏寺)라고도 한다. 절이 산허리에 위치하여 첩첩의 산이 사방을 둘러싸고 있고 골짜기의 깊이가 천 길이나 되어 온 산의 형세가 모두 한눈에 들어오니, 최고의 승경이라고 일컬어진다.

비로암(毘盧菴) 내장산 높은 곳에 있다.

고적 古蹟

입암산성(笠巖山城) 옛 성이 오랫동안 폐하여져 있다가 지금은 수축되었다. 장성부에 자세히 보인다.

망부석(望夫石) 현 북쪽 10리에 있다. 예전에 현 사람이 행상을 나갔다가 오랫동안 돌아오지 않았다. 그 처가 산 바위에 올라 기다리면서 혹 남편이 밤에 다니다가 해침을 당하지 않았을까 걱정하여 진흙탕 물의 더러움에 빗대어 노래를 지으니, 그 곡 이름을 〈정읍(井邑)〉이라 한다. 세상에서 전하기를 고개에 오르면 망부석에 발자취가 아직도 남아 있다고 한다.

열녀 列女

안씨(安氏) 전의감 정 경덕의(景德宜)의 아내이다. 고려 말에 왜구가 본현에 침략하여 안씨가 사는 마을로 난입하였다. 경덕의는 당시 서울에 있었고, 안씨가 황망하게 두 아들을 끌고 여종 3인과 함께 후원에 숨었다. 왜적이 찾아내어 욕보이려고 하자, 안씨는 항거하여 따르지 않았다. 왜적이 그 머리채를 잡고 검을 빼서 위협하니, 안씨가 크게 꾸짖으며 말하기를 "그저 죽을 뿐이지 어찌 개도적〔狗賊〕에게 욕을 당하겠는가." 하고 마침내 해를 입었다.

이씨(李氏) 낭장 이득인(李得仁)의 처이고, 고부 군수(古阜郡守) 이석(李碩)의 딸이다. 신우(辛禑) 때 이득인이 종군하느라 밖에 있었는데, 왜구가 그 집에 들이닥쳐 욕보이려고 하자, 적을 꾸짖으며 따르지 않다가 마침내 해를 입었다.

흥덕현興德縣

동쪽으로 고부군(古阜郡) 경계까지 16리이다. 북쪽으로 같은 군 경계까지 15리, 부안현(扶安縣) 경계까지 13리이다. 남쪽으로 고창현(高敞縣) 경계까지 16리이다. 서쪽으로 같은 현 경계까지 14리이다. 서울과의 거리는 626리이다.

한전 **旱田**

수전 **水田**

건치연혁 **建置沿革**

본래 백제 상칠현(上柒縣)이다. 신라 경덕왕 때 상질(尙質)로 고치고, 고부군의 영현으로 삼았다. 고려에서 그대로 고부에 편입시켰다가 뒤에 다시 장덕현(章德縣)을 장(章) 자는 한편 '창(昌)'으로도 쓴다. 설치하고 고창(高敞)을 겸관하게 하였다. 충선왕 때 왕의 이름을 피혐하여 흥덕으로 고쳤다. 본조 초에 고창을 떼어 내 각각 현으로 삼았다. 관장하는 면은 8개이다.

관원

현감(縣監), 훈도(訓導) 각 1인이다.

군명 郡名

상질(尙質), 장덕(章德)

산천 山川

반등산(半登山) 현 남쪽 15리에 있다. 장성부(長城府)에 자세하다.

화시산(火矢山) 현 서쪽 10리에 있다.

소요산(逍遙山) 현 서쪽 15리에 있다.

노령(蘆嶺) 현 동쪽 15리, 정읍현(井邑縣)과의 경계에 있다. 고개 남쪽은 바로 장성부 지경이다.

굴현(屈峴) 현 남쪽 15리에 있다.

사진포(沙津浦) 원류는 고창현 송현(松峴)에서 나와 북쪽으로 흘러 현 서쪽 6리에 이르는데, 조수(潮水)가 거기까지 들어온다. 그곳을 사진포라고 이름하니, 상선(商船)이 정박하는 곳이다. 또 북쪽으로 흘러 부안현 제안포(濟安浦)가 된다.

눌제호(訥堤湖) 현 북쪽 10리에 있다. 지금은 물이 말라서 밭이 되었다. 고부군에 자세히 보인다.

토산 土産

차〔茶〕, 전죽(箭竹 화살대), 죽도(竹島)에서 난다. 자기(磁器), 제호유(鵜鶘油), 오징어〔烏賊魚〕, 황합(黃蛤), 게〔蟹〕, 조기〔石首魚〕, 은구어(銀口魚 은어)

성곽 城郭

현성(縣城) 돌로 쌓았다. 둘레가 3000자이다. 안에 샘이 3개 있다. 선조 때 왜란을 거치면서 고을이 파괴되고 불에 타 버려서 성 밖으로 치소를 옮겼다. 지금은 허물어졌다.

학교 學校

향교(鄕校) 현 남쪽 2리에 있다.

궁실 宮室

객관(客館)

우역 郵驛

해천원(蟹川院) 현 남쪽 10리에 있다.

굴원(屈院) 현 서쪽 10리에 있다.

갑향원(甲鄉院) 현 남쪽 15리에 있다.

사묘 祠廟

사직단(社稷壇) 현 서쪽에 있다.

문묘(文廟) 향교에 있다.

성황사(城隍祠) 현성(縣城) 안에 있다.

여단(厲壇) 현 북쪽에 있다.

사찰 寺刹

고봉사(高峯寺), 신흥사(新興寺), 용계사(龍溪寺) 모두 반등산에 있다.

연기사(煙氣寺) 소요산에 있다. 승려 연기(煙氣)는 어느 시대 사람인지 모르겠는데, 전해 오는 말에 연기가 이 절을 창건하였으므로 그렇게 이름 지었다고 한다.

수월사(水月寺) 소요산에 있다.

백운암(白雲菴) 화시산에 있다.

인물 人物

고려

장유(張儒) 신라 말에 난리를 피하여 오월(吳越)로 들어갔다가 후일에 본국으로 돌아왔다. 광종이 그가 중국어를 안다고 해서 여러 번 객성에 제수하여 중국 사신이 올 때마다 반드시 빈접하게 하였다.

장연우(張延祐) 장유의 아들이다. 이사(吏事)에 능하여 재간과 능력이 있다고 일컬어졌다. 현종조에 여러 관직을 거쳐 호부 상서(戶部尙書)에 이르렀다.

정극온(鄭克溫) 아버지 정원녕(鄭元寧)은 대장이 되었다. 정극온은 성품이 온화하고 신중하며 부임하는 곳마다 위엄과 은혜가 아울러 드러났으니, 당시에는 혁혁한 이름이 없었지만 떠나간 뒤에는 그를 사모하였다. 여러 번 전공을 세워서 관직이 금자광록대부(金紫光祿大夫) 참지정사(參知政事)에 이르렀다. 강종(康宗)의 묘정에 배향되었다.

진사문(陳斯文) 관직이 정당문학(政堂文學)에 이르렀고, 창양군(昌陽君)에 봉해졌다.

부안현扶安縣

동쪽으로 김제군(金堤郡) 경계까지 13리이다. 남쪽으로 고부군(古阜郡) 경계까지 18리, 흥덕현(興德縣) 경계까지 50리이다. 북쪽으로 만경현(萬頃縣) 경계까지 12리이다. 서쪽으로 해안까지 11리이다. 서울과의 거리는 577리이다.

한전旱田

수전水田

건치연혁建置沿革

본래 백제 개화현(皆火縣)이다. 신라 경덕왕 때 부령(扶寧)으로 이름을 고치고 혹 계발(戒發)이라고 칭한다. 고부군의 영현으로 삼았다. 고려에서 그대로 고부에 편입시켰다가 뒤에 다시 부령현(扶寧縣)을 설치하고 보안(保安)을 겸관하게 하였다. 본조 태종 때 그대로 보안을 병합하고 고쳐 부안현으로 삼았으며, 태종 14년(1414)에 보안을 부령에 합하고, 15년(1415)에 또 떼어 냈다가 8월에 다시 합하였다. 이듬해 7월에 또 떼어 냈다가 12월에 또 합하였다. 이윽고 병마사진(兵馬使鎭)을 설치하였다. 세종 때 진을 파하고 다시 현으로 삼았다. 관장하는 면은 12개이다.

관원

현감(縣監), 훈도(訓導) 각 1인이다.

군명 郡名

부령(扶寧) 별호는 낭주(浪州)이다.

형승 形勝

풍속 風俗

백성들은 어염(魚鹽)을 생업으로 삼는다. 바닷가의 백성들은 어염을 생업으로 삼는다.

무격(巫覡)을 숭상한다.

민속은 순박하고 거칠며, 외물을 동경하지 않는다.

산천 山川

상창산(上倉山) 현 북쪽에 있다. 현성(縣城)이 산 위를 따라 축성되어 산 정상에 옛 창고 터가 있으므로 그렇게 이름하였다.

변산(邊山) 현 서쪽 25리에 있다. 홍덕현 반등산(半登山) 북쪽에서 한 줄기가 나와 낮고 평평하게 40리를 오다가 여기에 이르러 다시 솟아 이 산이 되었다. 일명 능가산(楞枷山)이라 하고, 또 영주산(瀛洲山)이라고도 한다. 널찍이 100여 리를 둘러 있고 봉우리들이 중첩되어 있으며, 바윗골이 매우 깊숙하여 궁실과 배의 재목을 고려 때부터 모두 여기에서 가져갔다. 또 사슴과 호랑이가 많다. 그 북쪽 최고 정상을 마천대(摩天臺)라고 하는데, 푸른 바다가 훤히 바라다보여 극히 절경이라고 일컬어진다. 서쪽으로 월정봉(月精峯)이 있으니, 마천대와 서로 마주하여 높이 솟아 있다. 또 옥순(玉筍), 아차(峨嵯), 덕성(德成), 사미(沙彌), 해선(海仙) 등의 봉우리가 나란히 솟아 고리처럼 둘러서 있다. ○ 고려 이규보(李奎報)의 기문[73]에 "변산은 나라의 재목 부고이니, 해를 가릴 만한 나무와 하늘을 찌를 듯한 나무줄기가 항상 고갈되지 않았다. 층층의 산봉우리와 겹겹의 산등성이가 솟았다 엎드렸다, 구부렸다 폈다 하면서 곁으로는 큰 바다를 굽어보고 있다." 하였다. ○ 본조 기준(奇遵)의 유산시(遊山詩)[74]에,

일찍이 듣자니 남쪽 끝에 영주산이 있다더니	夙聞南極有瀛洲
오늘날 제일가는 구역 찾았네	此日相尋第一區
자령의 푸른 삼나무 밭엔 깃든 학이 늙어 있고	紫嶺蒼杉棲鶴老
푸른 구름 붉은 계곡엔 숨은 신선 노니네	碧雲丹洞秘仙遊

하였다. ○ 본조 민광소(閔光熽)의 시에,

73 이규보(李奎報)의 기문 : 〈남행월일기(南行月日記)〉이다. 《東國李相國集 卷23》
74 기준(奇遵)의 유산시(遊山詩) : 〈하산도중(下山道中)〉이다. 《德陽遺稿 卷1》

마천대 형승은 우리나라 으뜸이고	摩天形勝冠吾東
만 리 강토가 눈앞에 펼쳐 있네	萬里彊場指顧中
푸른 바다는 서쪽으로 오와 촉 땅에 연해 광활하고	滄海西連吳楚闊
뭇 산은 북쪽으로 백제와 신라에 접하여 웅장하네	群山北接濟羅雄
우뚝한 산봉의 지는 해에 마음이 외려 장대해지고	危峯落日心猶壯
깊은 골짜기에 돌아간 구름은 흥취 무궁케 하네	絶壑歸雲興不窮
문득 두려워라, 관청 아이가 내게 돌아가길 재촉하니	却怕官僮催我返
내일 아침 장부 문서 일 또 많이도 바쁘겠지	明朝簿牒又悤悤

하였다.

석불산(石佛山) 현 서쪽 20리에 있다. 바로 변산 북쪽 줄기가 따로 일어나 봉우리가 된 것이다.

파산(巴山) 현 남쪽 25리에 있다. 일명 망산(望山)이라고 하며, 세속에서는 소산(所山)이라고 칭한다.

장지산(藏智山) 현 남쪽 30리에 있다. 본조 중세에 허씨(許氏)가 그 남쪽에 서당(書堂)을 지었으므로 일명 서당산(書堂山)이라고도 한다.

행안산(幸安山) 한편 '해안(海安)'으로도 쓴다. 현 남쪽 9리에 있다. 고려 말에 왜적이 부령현을 침략하여 행안산에 주둔하였는데, 원수(元帥) 변안열(邊安烈)이 진격하여 물리친 곳이 바로 여기이다.

청연동(青淵洞) 변산 안에 있다. 봉우리가 뾰족뾰족 솟아 둘러 있고, 시내와 폭포가 못을 이루었는데 그 깊이는 헤아릴 수 없고, 물이 암석 위로 넘쳐 흘러 자리를 펴 놓은 듯이 평평하다. 세속에서 전하기를 용이 못 속에 숨어 있어 날이 가물면 여기서 비를 빈다고 한다. 그 상류에 또 화룡연(火龍淵)이 있다. 그 북쪽 1리쯤에 큰 바위가 천 길 높이로 가파르게 서 있는데 부여잡고 오를 수 없다. 이름을 학암(鶴巖)이라 하니, 예전에 학 둥지가 그 위에 있었다고 한다. ○ 기준의 시[75]에,

우뚝한 산봉 만첩이 그윽한 골짝 둘러 있고 奇岑萬疊廻幽洞
가파른 절벽 천 층 중턱에 석양이 걸쳐 있네 絶壁千層半夕陽
잎 떨어진 소나무 단에 사슴 뛰놀고 葉落松壇遊鹿戲
깊은 못 돌구멍엔 독룡 숨어 있겠지 淵洄石竇毒龍藏
숲 다람쥐는 밤톨 안고 깊이 동굴 엿보고 林鼯負栗深窺穴
바위 학은 구름 따라 멀리 멧부리 건너네 巖鶴歸雲遠度崗
승경지에서 한번 취해 봄 마다할 것 없어라 勝地不辭煩一醉
산 가득한 가을 생각이 물소리처럼 길기만 하니 滿山秋思水聲長

하였다.

우반동(愚磻洞) 변산 동남쪽에 있다. 산봉우리가 둘러싸고 있는 가운데에 평평한 밭이 있고 소나무가 산에 가득하며, 매년 봄이 되면 복사꽃이 계곡을 따라 흐드러지게 핀다. ○ 본조 김세렴(金世濂)의 시[76]에,

물은 반계를 접하여 널찍하고 水接磻溪闊
산은 우곡을 갈무리하여 깊네 山藏愚谷深
계곡의 꽃들이 나그네 길 헷갈리게 하는데 磵花迷客路
숲 바람 소리가 사람 마음을 상쾌하게 하네 林籟爽人心

하였다.

우진암(禹陳巖) 일명 우금암(禹金巖)이라고 한다. 변산 동쪽 등성이 위에

75 기준의 시 : 〈청연동(靑淵洞)〉이다. 《德陽遺稿 卷1》
76 김세렴(金世濂)의 시 : 〈우반별서의 시에 차운하다〔次愚磻別墅韻〕〉이다. 《東溟集 卷1》

있으니, 높이가 수백 자이고 형체는 원형으로 우뚝 솟아 있는데 바라보면 눈빛이다. 암석 위는 조금 평평하여 올라가 있을 수 있으며, 아래로는 양쪽에 굴이 있고 굴에는 모두 작은 암자가 있다. 남쪽은 옥천암(玉泉菴), 동쪽은 학서암(鶴棲菴)이라고 하는데 다 지극히 깨끗하다. 암석 북쪽에 또 작은 굴이 있는데, 장차 가뭄이 들 때면 샘물이 새어 나와 흐르고, 장차 홍수가 질 때면 말라 버리니, 고을 사람들이 그것을 보고 홍수와 가뭄을 점친다.

결한암(潔漢巖) 현 남쪽 55리, 웅연(熊淵) 앞의 바다 가운데에 있다. 큰 바위가 물결 위로 드러나 있는데 모양이 용머리와 같다. 고을 사람들이 배를 타고 노닐며 감상하는 곳이다.

바다〔海〕 현 서북쪽이 모두 바다이다. 북쪽으로 덕달포(德達浦)까지의 거리는 20리이고, 서쪽으로 가야포(可也浦)까지의 거리는 15리이며, 격포(格浦) 앞바다와의 거리는 60리이다.

장수(漳水) 일명 식장포(息漳浦)라고 하고, 혹 동진수(東津水)라고 칭한다. 고부군의 모천(茅川)과 태인현(泰仁縣)의 남천(南川)이 합하여 흐르다가 현 남쪽 16리에 이르고 또 눌천(訥川) 및 김제군의 태극포(太極浦)의 물과 합하여 이 물이 된다. 현 동쪽을 지나 동진(東津)이 되고 또 굽이굽이 북쪽으로 30리를 흘러 바다에 들어간다.

사포(沙浦) 현 서쪽 25리에 있다. 물이 변산 속에서 나와 혹 잠복하여 흐르기도 하고 혹 못을 이루기도 하면서 흘러 바다에 들어간다. 시내가 맑고 모래가 흰 데다 간간이 암석이 있어 승경을 이룬다.

제안포(濟安浦) 일명 유포(柳浦)라고 한다. 현 남쪽 50리에 있다. 바로 홍덕현 사진포(沙津浦)의 하류이다. 그 아래는 검모포(黔毛浦)라 칭하며, 또 왕포(王浦)[77]가 되어 서쪽으로 큰 바다에 이어진다. 고려 초에 제안(濟安)으로 호칭을 정하였다.

덕달포(德達浦) 현 북쪽 20리에 있다. 바로 장수가 바다에 들어가는 곳이다.

격포(格浦) 현 서쪽 60리에 있다. 바로 변산 서쪽 줄기가 큰 바다까지 다 이른 곳이다. 물이 포구에 들어와 조수가 불으면 호수가 되고 조수가 빠지면 마른다.

눌제호(訥堤湖) 현 남쪽 45리, 고부군 및 흥덕현과의 경계에 있다. 지금 둑이 없어지고 물이 말라 밭이 되었다. 고부군에 자세히 보인다.

양벽지(漾碧池) 현 서쪽 2리에 있다. 세속에서 아리지(阿里池)라고 칭한다. 둑 길이는 200보이고, 못 둘레는 6리이다.

괴제지(魁堤池) 현 남쪽 1리에 있다. 둑 길이는 180보이고, 둘레는 7리이다.

소제지(蘇堤池) 현 남쪽 4리에 있다. 둑 길이는 150보이고, 둘레는 4리이다.

신덕지(申德池) 현 동쪽 2리에 있다. 둑 길이는 100보이고, 둘레는 3리이다. 괴제지, 소제지와 더불어 삼지(三池)라고 통칭한다. 백성들이 관개(灌漑)의 혜택을 입는다. 또 건선(乾先), 고마(高麼), 부지(釜池) 등의 둑이 있다.

제고지(堤高池) 현 북쪽 3리에 있다. 둑 길이는 190보이고, 둘레는 6리이다.

종침지(鍾沈池) 현 남쪽 30리에 있다. 그 서쪽 인덕에 예전에는 묵방사(墨房寺)가 있었는데, 세속에서 전하기를 왜구의 침입으로 인해 절의 중이 소종(小鍾)을 못 속에 집어넣었으므로 그렇게 이름하였다고 한다. 또 연지(蓮池), 순지(蓴池) 등의 둑이 있다.

77 왕포(王浦) : 흥덕현(興德縣) 사진포(沙津浦) 하류에 있는 삼포(三浦)의 오기인 듯하나 근거가 불충분하여 그대로 번역하였다.

웅연도(熊淵島) 현 남쪽 51리에 있다. 작은 섬으로, 조수가 물러가면 육지와 연결된다. 어량(魚梁)이 있다.

구도(鳩島) 세속에서 비량도(飛梁島)라고 한다. 현 서쪽 바다 가운데에 있고 해안에서 25리 거리이며, 둘레가 24리이다. 인가가 있다.

위도(蝟島) 현 서쪽 바다 가운데에 있다. 해안에서 50리 거리이며, 둘레가 35리이다. 어량이 있으며 어민들이 많이 거주한다. 청어(青魚)가 나므로 매년 서울과 지방의 상선들이 포구로 모여들고 사방 멀리까지 판매한다.

계화도(界火島) 현 서북쪽 20리에 있다. 조수가 물러가면 걸어서 건너가며, 어민들이 많이 거주한다. 섬 북쪽 해안에 바위가 홀로 솟아 있는데 그 위는 평탄하여 100명이 앉을 만하다. 서쪽으로 큰 바다에 닿아 있고, 장수(漳水)가 동쪽에서 조수를 따라 들어온다. 옥구현(沃溝縣)의 여러 산 및 군산도(群山島)가 바다를 사이에 두고 줄지어 있으니 참으로 절경이다.

왕등도(王登島) 위도 서쪽에 있다. 물길로 100리이다. 작은 섬으로 인가가 없고, 사면이 모두 석벽(石壁)이므로 배가 정박할 곳이 없다. 섬 안에 닥나무가 있고 또 등나무 넝쿨이 있다.

토산 土産

대나무〔竹〕, **죽전**(竹箭), **모시**〔苧〕, **사슴**〔鹿〕, **멧돼지**〔山猪〕, **천초**(川椒), **모과**〔木瓜〕, **황양목**(黃楊木), 사슴 이하는 모두 변산에서 난다. **송이버섯**〔松蕈〕, **천문동**(天門冬), **맥문동**(麥門冬), **현호색**(玄胡索), **방풍**(防風), **연실**(蓮實), **만형자**(蔓荊子), **쑥**〔艾〕, 격포(格浦)에서 난다. 속명(俗名)은 사자발쑥〔獅子足艾〕이다. **복령**(茯苓), **작약**(芍藥), **석창포**(石菖蒲), **소금**

〔鹽〕, 조기〔石首魚〕, 청어(靑魚), 오징어〔烏賊魚〕, 홍어(洪魚), 준치〔眞魚〕, 숭어〔秀魚〕, 웅어〔葦魚〕, 갈치〔刀魚〕, 붕어〔鯽魚〕, 게〔蟹〕, 조개〔蛤〕, 새우〔蝦〕, 미네굴〔土花〕, 굴〔石花〕

성곽 城郭

현성(縣城) 예전에는 토성이었는데, 중종 때 터를 확장하여 돌로 쌓았다. 둘레는 8리 270보이다. 동, 서, 남쪽에 문이 있고, 안에 샘과 우물이 16개 있다.

공서 公署

검모포 만호진(黔毛浦萬戶鎭) 현 남쪽 50리에 있다. ○ 수군 만호(水軍萬戶) 1인이 있다. ○ 석성(石城)이다. 둘레가 1리 150보이다.

격포영(格浦營) 격포 가에 있다. 인조 말에 순검사(巡檢使) 박황(朴潢)이 처음 영을 설치하였고, 그 뒤에 별장(別將)을 차임하여 지키게 하였다. 둑을 쌓아 불을 저장해 두었다.

학교 學校

향교(鄕校) 현 서쪽 2리에 있다.

궁실 宮室

부풍관(扶風館) 바로 객관이다.

향사당(鄕射堂) 객관 북쪽에 있다.

취원루(聚遠樓) 바로 성의 남문 누각이다. 서쪽으로 변산을 마주하고 동남쪽으로 들판에 임하여 있다.

청원루(淸遠樓) 객관 동쪽에 있다. 현감 성수겸(成守謙)이 세웠다. 지금은 없어졌다.

봉수 烽燧

격포 봉수(格浦烽燧) 바로 격포 뒷산이다. 예전에는 월고리(月古里)라고 칭하였다. 남쪽으로 무장현(茂長縣)의 소응포(所應浦)에 응하고, 북쪽으로 계화도(界火島)에 응한다.

계화도 봉수(界火島烽燧) 북쪽으로 옥구현의 사자암(獅子巖)에 응하고, 남쪽으로 월고리에 응한다.

우역 郵驛

부흥역(扶興驛) 현 서쪽 2리에 있다.

수세원(手洗院) 현 남쪽 50리에 있다.

관량 關梁

동진교(東津橋) 현 동쪽 13리에 있다. 변산의 큰 나무를 가져다가 다리를 만들어 장수(漳水)에 놓았으니, 다리가 망가지면 건너는 배를 설치하였다. ○ 고려 말에 왜선 50여 척이 들어와 웅연(熊淵)에 정박하고 적현(狄峴)을 넘어 부령현을 침략하면서 동진교를 파괴했는데, 원수 나세흥(羅世興)과 변안열(邊安烈) 등이 밤에 다리를 만들고 군사를 진격시켜 크게 격파하였다.

사묘 祠廟

사직단(社稷壇) 현 서쪽에 있다.

문묘(文廟) 향교에 있다.

성황사(城隍祠) 현 북쪽 5리에 있다.

여단(厲壇) 현 북쪽에 있다.

김구(金坵) 사당 현 남쪽 8리에 있다. 학당(學堂)이라고도 칭한다.

능묘 陵墓

두경승(杜景升) 묘 현 서쪽 19리, 석불산(石佛山) 동쪽 기슭에 있다.

성중엄(成重淹) 묘 현 남쪽 5리, 갈촌리(葛村里)에 있다.

사찰 寺刹

소래사(蘇來寺) 변산에 있다. 신라의 승려 혜구두타(惠丘頭陀)가 창건하였

는데, 대소(大小) 두 소래사가 있다. ○ 고려 정지상(鄭知常)의 시[78]에,

적막한 옛길에 솔뿌리 엉겼는데	古徑寂寞縈松根
하늘이 가까워 북두칠성도 만질 만하네	天近斗牛聊可捫
뜬구름 흐르는 물 따라 손이 절에 이르고	浮雲流水客到寺
붉은 단풍 푸른 이끼 속에 중은 문을 닫았구나	紅葉蒼苔僧閉門
가을바람 서늘하게 지는 해에 불고	秋風微涼吹落日
산 달 점점 환해지니 맑은 잔나비 울음 들린다	山月漸白啼淸猿
기특도 한지고, 긴 눈썹 저 늙은 중은	奇哉厖眉一老衲
한평생 시끄러운 인간 세상 모르는 척 사누나	長年不聞人間喧

하였다. ○ 고려 승려 원감(圓鑑)의 시[79]에,

바닷가에 명산 있단 말 예부터 들었더니	舊聞海上有名山
다행히도 찾아와 오랜 소원 풀었어라	幸得遊尋斷宿攀
만 골짝 이내는 걷거나 앉았거나 항상 있고	萬壑煙嵐行坐裏
천 겹의 섬들은 앞에도 뒤에도 널려 있네	千重島嶼顧瞻間
높디높은 의상대는 기둥이 하늘에 닿아 있고	義相臺峻天連棟
깊숙한 자씨당[80]은 돌로 관문 만들었네	慈氏堂深石作關
세상 피해 고상히 살긴 이만 한 곳 없을 터	避世高棲無此地
자랑할 만하구나, 지친 새도 돌아올 줄 알았으니[81]	堪誇倦鳥解知還

78 정지상(鄭知常)의 시 : 〈변산 소래사에 제하다〔題邊山蘇來寺〕〉이다. 《東文選 卷12》

79 원감(圓鑑)의 시 : 〈능가산에 노닐다〔遊楞伽山〕〉이다. 《東文選 卷14》

80 자씨당(慈氏堂) : 미륵보살을 모신 불당을 말한다.

81 자랑할……알았으니 : 도잠(陶潛)의 〈귀거래사(歸去來辭)〉에 "무심한 구름은 메를 나아가고, 새는 날다가 지쳐 돌아올 줄 알았네.〔雲無心以出岫, 鳥倦飛而知還.〕"라고 한 구절이 나

하였다.

실상사(實相寺) 변산 안에 있다. ○ 본조 세조가 중건하여 거찰(巨刹)로 만들었다. 절 북쪽에 또 부도암(浮屠菴)이 있다. ○ 본조 기준의 시[82]에,

첩첩한 산봉우리 서쪽에 절 하나 있어	疊疊岑巒一寺西
멀리서 도승을 따라와 숲길을 찾아가니	遠隨仙釋覓林蹊
찬 못에선 해 비추어 물고기 서로 장난치고	寒潭日照魚相戲
푸른 나무엔 가을 깊어 새도 깃들지 않네	碧樹秋深鳥不棲
산봉 푸른빛이 누대에 들어 선방은 썰렁하고	峯翠入樓禪幌冷
샘가 구름이 전각에 이어져 불등은 희미하네	泉雲連殿佛燈迷
향 연기 다하기 전에 중이 목탁 두드릴 제	香煙未盡僧鳴磬
옥 이슬 동글동글 맺히고 새벽달은 나직하네	玉露團團曉月低

하였다.

내소사(來蘇寺) 변산 아차봉(峨嵯峯) 아래에 있다. 절 북쪽에 또 사자암(獅子菴)이 있다. ○ 본조 승려 지암(智巖)이 거주한 곳이다. ○ 본조 김시습(金時習)의 시[83]에,

절이 산모퉁이에 기대어 있으니	梵宮倚山隈
석양에 누각이 우뚝 드러나네	夕陽樓閣開
중은 샘 줄기를 찾아 떠나고	僧尋泉脈去
학은 차 연기 피하느라 돌아 나네	鶴避茗煙迴

오는데, 이는 벼슬을 버리고 산천에 돌아온 것을 비유한 말이다. 여기서는 이곳이 지친 새도 돌아올 줄 알 만큼 좋은 곳이어서 자랑할 만하다는 뜻으로 쓰였다.

82 기준의 시 : 〈실상사(實相寺)〉이다. 《德陽遺稿 卷1》

83 김시습(金時習)의 시 : 〈내소사(來蘇寺)〉이다. 《梅月堂集 卷11 遊湖南錄》

옛 절이라 솔은 천 자나 자랐고	寺古松千尺
산은 깊어 달빛이 한 더미로다	山深月一堆
서로 대화할 만한 사람 없으니	無人堪問話
뜰가에서 홀로 배회하노라	庭畔獨徘徊

하였다.

개암사(開巖寺) 변산의 우진암(禹陳巖) 아래에 있다.

묘암사(妙巖寺) 개암사 북쪽 골짜기에 있다. 위로 우진암이 보인다.

도솔암(兜率菴) 변산에 있다. 안팎으로 두 도솔암이 있다.

의상암(義相菴) 변산 꼭대기에 있다. 신라의 승려 의상(義相)이 거주한 곳이다. ○ 고려 김극기(金克己)의 시에,

기괴한 만 겹 바위 높은 하늘에 기대어 있어	奇巖萬疊倚層空
위로 구름 끝에 다다라 길이 비로소 끊어졌다	上到雲端路始窮
홀연히 기뻐라, 의상 대사의 여운이 남아 있어	忽喜相師餘韻在
하늘에 닿은 옛 잣나무가 저녁 바람에 읊조리니	參天古柏暮吟風

하였다. ○ 기준의 시[84]에,

높은 대 우뚝 솟아 뿌연 하늘에 들어가고	高臺矗矗入煙空
구름 걷힌 푸른 바다 한눈에 바라보이네	雲盡滄溟一望窮
서른여덟 산봉우리 가을밤 달빛 아래	三十八峯秋夜月
옥퉁소 소리가 바닷바람 타고 들려오네	玉簫吹撤海天風

하였다.

원효암(元曉菴) 변산에 있다. ○ 신라 승려 원효(元曉)가 살던 곳이다. 또 하

84 기준의 시 : 〈의상암(義相菴)〉이다. 《德陽遺稿 卷1》

원효암(下元曉菴)도 있다. ○ 고려 이규보의 시[85]에,

산을 따라 위태로운 사다리 건너고	循山度危梯
발을 겹치며 좁은 길을 가네	疊足行線路
위엔 백 길의 산마루 있으니	上有百仞顚
원효가 일찍이 집 짓고 살았네	曉聖曾結宇
신령의 자취 어디로 사라졌나	靈蹤渺何處
남긴 진영 비단에 머물러 있구나	遺影留鵝素

하였다.

불사의방장(不思議方丈) 변산에 있다. ○ 신라 승려 진표(眞表)가 우거하던 곳이다. 나무 사다리가 있어 높이가 100자는 족히 되는데, 사다리를 타고 내려가면 바로 방장(方丈)에 이른다. 그 아래는 모두 헤아릴 수 없는 계곡인데, 쇠줄로 그 집을 매어 당겨서 바위에 못으로 고정하였다. ○ 이규보의 시[86]에,

무지개 같은 사다리 발밑에 길게 뻗쳐	虹矗危梯脚底長
몸을 돌려 곧장 만 길 넘게 내려가네	回身直下萬尋強
지인[87]은 이미 가고 지금 자취도 없는데	至人已化今無跡
옛집 누가 돌보는가 아직도 그대로네	古屋誰扶尚不僵

하였다.

85 이규보의 시 : 〈팔월 이십일에 능가산 원효방에 제하다〔八月二十日題楞迦山元曉房〕〉이다.《東國李相國集 卷9》

86 이규보의 시 : 〈또 불사의방장에 제하다〔又題不思議方丈〕〉이다.《東國李相國集 卷9》

87 지인(至人) : 석가여래(釋迦如來)의 존호인데, 여기서는 이곳에 우거한 신라 승려 진표(眞表)를 말한다.

청림사(淸臨寺) 변산 청연동(靑淵洞)에 있다. 절 뒤의 산 위에 또 청연굴(淸淵窟)과 천층암(千層庵)이 있는데 암자가 절벽에 의지하고 있어서 바위틈을 따라 돌을 포개 사다리를 만들어 부여잡고 오른다. 그 아래는 모두 헤아릴 수 없는 계곡이다. 또 본래 청림사가 있었으니, 예전에 거찰이었는데 지금은 없어지고 유지만 남아 있다.

문수사(文殊寺) 변산에 있다. 진표가 세웠다. 돌로 된 부도(浮屠)가 있고, 절 앞에 폭포가 있는데 높이가 100여 자이다.

선계사(仙溪寺) 변산에 있다. 혹 성계사(聖啓寺)라고도 하니, 세속에서 전하기를 우리 태조가 남쪽을 정벌할 때 이곳에 군사를 주둔시켰으므로 선계사라 하였다고 한다. 지금 절의 남쪽 산봉우리에 보루가 있다. 그 골 입구에 푸른 바위가 가로로 펼쳐 있는데, 높이가 산과 나란하며 계곡물은 폭포를 이루어 천 자 길이로 나는 듯이 떨어진다. ○ 본조 박순(朴淳)의 시[88]에,

한 줄기 물소리가 구름 끝에서 전해 오고	傳聲一注來雲杪
번득이는 푸른 벼랑에 어지럽게 모인 물 쏘아 댄다	閃閃靑崖射亂潨
흰 비단이니 은하수니 한갓 견주어 보기는 하나	白練銀河徒比竝
신령한 근원의 맑은 곳은 누가 찾아가겠는가	靈源澄處有誰窮

하였다.

덕성암(德成菴) 변산 덕성봉(德成峯)에 있다.

월명암(月明菴) 변산 월정봉(月精峯)에 있다. 지세가 기이하고 상쾌하여 왕재(王在), 의상(義相), 원효(元曉), 덕성(德成)과 더불어 모두 명사(名社)이

88 박순(朴淳)의 시 : 〈참봉 허진동의 우반 십경에 써 보내다〔寄題許參奉震童愚皤十景〕〉 중 제5수 〈선계의 비 개인 폭포〔仙溪晴瀑〕〉이다. 《思菴集 卷1》

다. 그 옆에 또 등운암(登雲菴)이 있다.

불주암(佛住菴) 변산에 있다. 암자 뒷산 정상을 해선대(海仙臺)라고 한다.

○ 본조 이정귀(李廷龜)의 서문[89]에 "해선대는 땅이 외지고 길이 험하여 가 본 사람이 드물다. 등운암에서 우측의 산줄기를 따라 큰 골짜기를 지나고 겹겹의 산봉우리를 넘어서야 마침내 불주암에 이른다. 암자 뒤에 등성이 하나가 불쑥 솟아 있는데, 온통 바위로 봉우리를 이루었고 마치 붕새의 부리를 치켜올린 듯한 모습으로 깎아질러 서 있다. 서쪽, 남쪽, 북쪽 면으로는 구름 낀 바다가 빙 둘러 감싸고 있으며, 푸른 잣나무며 소나무, 기이한 꽃과 풀들이 바위틈에서 섞여 자라고 있으니 참으로 절경이었다." 하였다.

왕재암(王在菴), 석재암(釋在菴) 모두 변산 옥순봉(玉筍峯) 동쪽에 있다. 사면으로 석벽이 우뚝 솟아 있는데, 그 위는 후미지면서 평평하여 완연히 천연적으로 형성되어 있어 암자가 그 안에 자리 잡고 있으니 두 절이 서로 연하여 있다. 그 동남쪽에 어수대(御水臺)가 있고 서남쪽에 왕등암(王登菴)이 있는데, 모두 천 길 되는 절벽이라서 사람들이 더위잡고 오를 수 없다. 절에 기문이 있으니 이르기를 "암자는 바로 정심두타(正心頭陀)가 창건한 것이다. 신라왕이 서쪽으로 순찰하다가 이곳에 이르러 즐거워하며 돌아갈 것을 잊었다. 이 때문에 왕재(王在), 석재(釋在), 어수(御水) 등의 호칭이 붙었다. 층층 절벽이 바싹 서 있고 구름 낀 산이 멀리서 감싸고 있으며, 석담(石潭)이 9층이고 나는 듯한 폭포가 만 길이니, 실로 땅이 숨겨

89 이정귀(李廷龜)의 서문 : 〈부안으로 부임하는 심덕현을 보내며 지은 '옛 놀이를 느끼다'라는 시에 대한 서〔送沈德顯赴扶安感舊遊詩序〕〉이다. 《月沙集 卷39》

놓은 경이로운 지역이며 하늘이 열어 놓은 특별한 경관으로 복정(福庭)[90] 이라고 할 것이다." 하였다.

영은암(靈隱菴) 변산 북쪽 산등성이에 있다. 고려 때 현 사람인 지후(祗候) 김의(金宜)가 선도(禪道)를 좋아하여 승려 혜징(慧澄)에게 이 절을 창건하게 하고, 인하여 속세를 떠나 이곳에서 늙었다. 김의의 시가 있으니 이르기를,

누가 이 절을 지었는가	誰搆此蘭若
숲 아래 흰머리 중이지	白頭林下僧
돌샘엔 밤낮으로 비 내리고	石泉日夜雨
솔 달은 예나 지금이나 밝네	松月古今燈
땅 위에 도솔천이 내려오고	地上來兜率
인간 세상에 무릉도원 생겼네	人間有武陵
스님과 더불어 두 노인[91] 되어	與師成二老
높은 누각에 한가로이 기대어 있네	高閣等閑憑

하였다.

고적 古蹟

고부령성(古扶寧城) 현 서쪽 4리에 있다. 흙으로 쌓았다. 둘레는 500자이

90 복정(福庭) : 복지(福地)라고도 한다. 주로 신이나 부처가 사는 곳을 이르는 말이다.

91 두 노인 : 《맹자》 〈이루상(離婁上)〉에 "백이(伯夷)와 태공(太公) 두 노인은 천하의 대로(大老)이다." 한 데서 나온 말로, 여기서는 의취(意趣)를 함께하는 노인이라는 뜻으로 쓰였다.

다. 지금은 모두 무너지고 파손되었다. 바로 부령고현(扶寧古縣)으로 본조 초에 지금 치소로 옮겼다.

보안폐현(保安廢縣) 현 남쪽 33리에 있다. 본래 백제 흔량매현(欣良買縣)으로 신라 경덕왕 때 희안(喜安)으로 고치고 고부군(古阜郡)의 영현(領縣)으로 삼았다. 고려에서 보안(保安)으로 고치고 그대로 고부군에 편입시켰다가, 뒤에 떼어 내 부령현에서 겸관하도록 하였다. 신우(辛禑) 때 보안현(保安縣)을 설치하였다. 본조 공정왕(恭定王 태종) 때 본현에 병합하였다. 지금 그 옛 유지 동쪽으로 10리에 성산(城山)이 있는데, 전해 오기를 "보안현은 뒤에 옮겨 성산에 설치하였는데, 오래지 않아 성산에서 부안현에 합해졌다."라고 한다.

고안흥창(古安興倉) 보안폐현 남쪽 대리(大里) 유포(柳浦) 가에 있다. 고려 초에 창고를 설치하여 부근 주현의 조세를 거두어 서울까지 조운하였으니, 바로 십이창(十二倉)[92] 가운데 하나이다. 지금 토성의 기지가 남아 있다. 둘레가 4리이다.

우진고성(禹陳古城) 일명 우금성(禹金城)이라고 한다. 변산 동쪽 줄기 위에 있다. 우진암(禹陳巖)에서 산 양쪽 기슭을 따라가다 골짜기 입구에서 합해진다. 둘레가 10리이다. 세속에서 전하기를 삼한 때 우(禹)와 금(金) 두 장수가 성을 쌓고 군사를 주둔시킨 곳이라 한다.[93] 지금은 모두 무너지

92 십이창(十二倉) : 남도에 설치한 12개의 창고를 말한다. 117쪽 주69 참조.

93 삼한……한다 : 《동국이상국집》 권17 〈묘암사에 놀면서 홍 서기가 위금암에 제한 판상운에 차운함(遊妙巖寺次板上洪書記題位金巖詩韻)〉 원주(原註)에는 "신라 장군 위금(位金)이 이 바위에 와서 돌성을 쌓아 적을 막았는데 지금까지 그것이 남아 있으므로 위금암이라 부른다."라고 하였다.

고 허물어졌다. 묘암사(妙巖寺)가 그 골짜기 안에 있다.

옛 군영〔古軍營〕 하나는 현 서쪽 23리, 장신포(長信浦) 남쪽에 있고, 하나는 보안폐현 남쪽 7리에 있다. 길가에 작은 보루가 있었는데, 지금은 모두 허물어졌다. 전해 오기를 "본조 초에 현을 병마사로 삼았을 때 방수군(防戍軍)이 이곳에 나누어 주둔하였다."라고 한다.

명환 名宦

본조

고한운(高翰雲) 선조 때 부안 현감(扶安縣監)이 되어 청렴결백하게 정사를 행하였다. 집이 선산(善山)에 있었는데, 아버지 고응척(高應陟)은 가난을 편안히 여기며 도를 지켰다. 일찍이 고한운이 어머니 수연(壽宴)을 위해 집에 왔는데, 고응척이 연석에서 술을 데우는 데 쓰는 새 화로를 보고 언짢아하면서 말하기를 "저 화로는 부안에서 가져온 것이냐? 우리 집에도 예전에 쓰던 화로가 있는데, 네가 왜 또 가져온 것이냐? 세 발 달린 기구를 멀리서 온전하게 가져오려면 백성들을 적잖이 수고롭게 하였을 텐데 너는 차마 그렇게 하였으니, 이런 식으로 관직 생활을 하는 것은 내 뜻이 아니다." 하였다. 고한운은 일마다 오로지 근면하게 하여 의롭지 않은 일은 범하지 않았다. 당시 왕자궁가에서 전지를 많이 점유하고 있었는데, 부안은 더욱 심하여 궁노(宮奴)가 권세를 믿고 백성들을 침탈하였다. 고한운이 이를 체포하여 감사에게 보고하였는데 감사가 풀어 주려고 하니, 고한운은 따르지 않고 장을 쳐서 죽였다. 후일에 마침내 이 일로 높은 신분의 근신

(近臣)에게 미움을 받아 파직되자 백성들이 추모하여 마지않았다.

윤선(尹銑) 선조 말에 부안 현감이 되었다. 당시에 왜란을 치러서 탕진되었는데, 정사를 더욱 자혜롭게 행하여 백성들이 힘입어 편안해졌다. 떠나게 되자 비석을 세워 새기기를 "공께서 부임하시어, 온 경내가 태곳적과 같이 되었네. 즐거운 군자여, 백성들의 부모로다.〔自公下車 一境太古 樂只君子 民之父母〕" 하였다.

인물 人物

고려

김구(金坵) 부령(扶寧) 사람이다. 아버지 김의(金宜)는 합문 지후(閤門祗候)가 되었다. 김구는 시문을 잘하였고, 고종조에 과거에 급제하여 여러 관직을 거쳐 정당문학(政堂文學), 이부 상서(吏部尚書)를 역임하고 중서시랑평장사(中書侍郎平章事)에 이르렀다. 충렬왕 때 졸하였고 시호는 문정(文貞)이다. 일찍이 통문관을 설치할 것을 건의하여 학관(學館)의 참외관(參外官)으로서 연소한 이들에게 한어(漢語)를 학습하도록 하였고, 오랫동안 사명(詞命)을 관장하였다. 원나라에서 요구하고 따지는 것이 없는 해가 거의 없었는데, 김구가 표문을 지으면서 일에 따라 지은 글이 모두 이치에 들어맞았으므로 황제가 많이 따랐다. 원나라의 한림학사 왕악(王鶚)은 그가 지은 표문을 볼 때마다 반드시 칭찬하면서 직접 만나 보지 못하는 것을 유감으로 여겼다.

본조

성중엄(成重淹) 선조는 창녕(昌寧) 사람인데, 조부 성렴(成廉)이 서울에서 내려와 거주하였으므로 그로 인해 현 사람이 되었다. 성중엄은 어려서부터 영특하여 널리 경사(經史)를 익혔다. 과거에 급제하여 홍문관 박사가 되었으며, 절행(節行)과 문장으로 세상에 이름이 났다. 연산군 때 사화에 연루되어 강릉(江陵)에 유배되었다가 죽임을 당하였다. 어떤 이가 왕명이 곧 닥칠 것이라는 소문을 듣고 성중엄을 만나 말하기를 "지금의 사태를 짐작할 수 있으니, 부디 공은 잠시 피하여 때를 기다리십시오." 하자, 성중엄이 말하기를 "군명은 하늘이니, 하늘을 피할 수 있겠소." 하고 마침내 죽음을 맞이하였다. 며칠 뒤에 중종반정이 일어났다. 중종조에 특별히 부제학에 추증하였다.

송세정(宋世貞) 성균 진사가 되었다. 효성이 돈독하여 부모를 섬길 적에 비록 소소한 행실이라도 모두 지극한 정성에서 우러나왔다. 아버지가 종기를 앓았는데 피를 빨아서 낫게 되었고, 돌아가시자 여막에서 3년 동안 시묘하였다. 뒤에 모친상을 당하매 슬퍼하기를 예에 지나치게 하였으니, 그가 상제(喪祭) 치르는 것을 보는 자들이 모두 감탄하였다. 일이 보고되어 정려하였다. 아들 송기충(宋期忠)은 과거에 급제하여 부사에 제수되고 여러 번 주군을 맡았는데, 이르는 곳마다 청렴하고 정직하였으므로 아전과 백성들이 경외하며 사랑하였다.

최필성(崔弼成) 성균 진사가 되었다. 중종조에 현량과(賢良科)로 천거되었으나 나아가지 않았다. 효행이 지극히 돈독하여 늙어서까지 한결같았다. 아버지가 일찍이 병을 오랫동안 앓았는데 백약이 무효였다. 의원이 박쥐로 고칠 수 있다고 말하였는데, 그때는 겨울철이라 구할래야 구할 수가 없어서 하늘에 호소하며 우니, 박쥐가 스스로 왔다. 이에 약에 타서 먹이니, 질병이 과연 나았다. 온 고을에서 그 효성의 감응에 탄복하였다.

이승간(李承幹) 관직에 나아가 직장(直長)이 되었다. 노모를 효성으로 섬겼다. 그 아들인 별좌 이광춘(李光春)도 효행이 있어서 정성(定省)을 거르지 않았다. 하루는 집에 화재가 났는데, 어머니 백씨(白氏)는 나이 84세로 병이 들어 일어나지 못하는 형편이었다. 이승간이 화염 속을 뚫고 들어가 몸으로 불을 막았고, 이광춘이 재빨리 들어가 그 아버지를 업고 나와서는 몸을 일으켜 다시 들어가 조모를 안고 나왔다. 백씨와 이승간은 모두 불에 타서 죽었고 이광춘은 온몸이 심하게 타서 거의 죽었다가 살아났다. 명종조에 부자에게 모두 정문(旌門)을 세워 주었다.

김석홍(金錫弘) 김구의 후손이다. 아버지 김직손(金直孫)은 문장과 덕행이 있었으며 정언 등을 역임하였다. 김석홍은 오로지 경학(經學)에 전념하였고, 효도와 우애가 남보다 뛰어났다. 당시 상제(喪制)가 폐하여 무너졌는데, 김석홍은 한결같이 예법을 따랐으므로 향리 사람들이 많이 본받았다. 김안국(金安國)이 본도 관찰사가 되었을 때 그를 찾아보고는 말하기를 "군자다운 사람이다." 하였고, 이로 인하여 그가 살던 곳을 군자향(君子鄕)이라 일컬었다. 뒤에 유일(遺逸)로서 관직에 징소(徵召)되어 수안 군수(遂安郡守)에 이르렀다. 아들 김서성(金瑞星)은 병조 참지를 지냈다.

김계(金啓) 김석홍의 조카이다. 과거에 급제하고, 선조조에 여러 관직을 거쳐 병조 참판에 이르렀다. 성품이 신중하고 영민하였으며, 화어(華語)를 할 줄 알아서 일찍이 중국에 사신으로 갔을 때 사명(辭命)을 잘하였다고 일컬어졌다. 주부(州府)를 두루 맡고 황해도 관찰사가 되었는데, 모두 정사의 치적이 두드러졌다.

열녀 列女

김씨(金氏) 본조 초기 사람이다. 일찍 남편을 잃고 부모가 그 뜻을 꺾으려 하자, 김씨는 다른 데 시집가지 않기로 맹세하였다. 부모가 강요하자 김씨가 강에 빠져 죽으려고 하니, 부모도 두려워서 그만두었다. 종신토록 흰옷을 입고 고기를 먹지 않았으며 제사를 모시는 데 정성을 다하였다.

옥구현沃溝縣

동쪽으로 임피현(臨陂縣) 경계까지 15리이다. 남쪽으로 같은 현 경계까지 23리이다. 북쪽으로 충청도 서천군(舒川郡) 경계까지 19리이다. 서쪽으로 해안까지 27리이다. 서울과의 거리는 523리이다.

한전 旱田

수전 水田

건치연혁 建置沿革

본래 백제 마서량현(馬西良縣)이다. 신라 경덕왕 때 옥구(沃溝)로 고치고 임피군(臨陂郡)의 영현으로 삼았다. 고려에서 그대로 임피군에 편입시켰다. 본조 태조 때 옥구 병마사진(沃溝兵馬使鎭)을 설치하였고, 세종 때 진을 파하고 다시 현으로 삼았다. 관장하는 면은 8개이다.

관원

현감(縣監), 훈도(訓導) 각 1인이다.

군명 郡名

마서량(馬西良)

산천 山川

발이산(鉢伊山) 현 북쪽 3리에 있다. 진산(鎭山)이다.

사자암산(獅子巖山) 현 서쪽 11리에 있다.

박지산(朴只山) 현 동쪽 10리에 있다. 옛 성이 있고, 지세가 험준하면서 협착하다.

화산(花山) 현 서쪽 25리에 있다.

점방산(占方山) 현 서쪽 20리에 있다.

바다〔海〕 현 서쪽 27리에 있다.

금강(錦江) 임피현 경계에서 흘러 들어와 현 북쪽 16리를 지나고, 충청도 서천군과 경계를 나누며 서쪽으로 흘러 바다에 들어간다. 일명 진포(鎭浦)라고도 한다.

사수(泗水) 현 남쪽 20리에 있으니, 바로 임피현의 사수 하류이다. 세속에서 고사포(古沙浦)라고 칭한다. 서쪽으로 바다에 들어간다.

미제지(米堤池) 현 서북쪽 10리에 있다. 둘레가 1만 910자이다.

함개도(含介島) 현 서쪽 44리에 있다.

오식도(篔食島) 현 서쪽 40리에 있다. 둘레가 15리이다. 목우장(牧牛場)이 있다.

빙도(氷島) 현 서쪽 40리에 있다.

토산 土産

주사(朱砂), 오석(烏石), 방풍(防風), 차〔茶〕, 소금〔鹽〕, 대하(大蝦), 대게〔大蟹〕, 자하(紫蝦 곤쟁이), 조기〔石首魚〕, 조개〔蛤〕, 미네굴〔土花〕, 굴〔石花〕, 전어(錢魚), 홍어(洪魚), 숭어〔秀魚〕, 준치〔眞魚〕, 붕어〔鯽魚〕, 웅어〔葦魚〕

성곽 城郭

현성(縣城) 중종 9년(1514)에 옛 성을 중수하였다. 돌로 쌓았다. 둘레는 3490자이다. 남쪽에 문이 있다.

공서 公署

군산포 만호진(群山浦萬戶鎭) 현 북쪽 22리에 있다. ○ 수군만호(水軍萬戶) 1인이 있다.

학교 學校

향교(鄕校) 현 북쪽 2리에 있다.

궁실 宮室

객관(客館)

창고 倉庫

군산창(群山倉) 현 북쪽 22리, 금강의 군산포(群山浦)에 있다. 예전에는 용안현(龍安縣)에 있었고 득성창(得成倉)이라 하였는데, 중종 때 여기로 옮겼다. 본현과 전주(全州), 임실(任實), 남원(南原), 임피(臨陂), 김제(金堤), 장수(長水), 금구(金溝), 운봉(雲峯), 익산(益山), 여산(礪山), 금산(錦山), 진산(珍山), 태인(泰仁), 용안(龍安), 진안(鎭安), 고산(高山), 무주(茂朱) 등 관아의 전세(田稅)를 이곳에 수납하였다가 서울까지 조운한다.

봉수 烽燧

사자암 봉수(獅子巖烽燧) 남쪽으로 부안현(扶安縣)의 계화도(界火島)에 응하고, 서쪽으로 화산에 응한다.

화산 봉수(花山烽燧) 동쪽으로 사자암에 응하고, 북쪽으로 점방산에 응한다.

점방산 봉수(占方山烽燧) 동쪽으로 임피현의 오성산(五聖山)에 응하고, 남쪽으로 화산에 응하고, 북쪽으로 충청도 서천군의 운은산(雲銀山)에 응한다.

관량 關梁

용당나루〔龍堂渡〕 현 북쪽 17리에 있다. 바로 금강의 나루이다. 서천군에도 보인다.

사묘 祠廟

사직단(社稷壇) 현 서쪽 2리에 있다.

문묘(文廟) 향교에 있다.

성황사(城隍祠) 객관 뒤에 있다.

여단(厲壇) 현 북쪽에 있다.

사찰 寺刹

천방사(千房寺) 현 동쪽 10리, 천방산(千房山)에 있다. 이응정(李膺挺)의 중수기(重修記)가 있다. 민간에 전해지기를 "당나라 소정방(蘇定方)이 수군을 거느리고 백제를 정벌하러 왔다가 산 아래에 정박하게 되었는데, 안개가 자욱하게 덮여 캄캄해졌다. 이에 산신령에게 기도하기를 '만일 안개를 활짝 개게 해 주시면 절 일천 채를 세워 보답하겠습니다.' 하니, 바로 천지가 청명해졌다. 그리하여 산에 올라 두루 살펴보니, 지세가 몹시 협착하여 절 일천 채를 세울 수 없었으므로 단지 일천 개의 돌을 배열하여 절 형태만 본뜨고 절 한 채를 세워 천방사라고 칭하였다. 뒤에 선림사(禪林寺)라고 이름을 고쳤다."라고 한다. 고려 숙종 때 근신을 보내 중수하였고, 뒤에 다시 천방사라고 칭하였다. 지금은 없어지고 유지만 남아 있다.

강림사(江臨寺) 오봉산(五峯山)에 있다.

고적 古蹟

회미폐현(澮尾廢縣) 현 동쪽 15리에 있다. 일명 연강(連江)이라고 한다. 본래 백제 부부리현(夫夫里縣)인데, 신라에서 회미(澮尾)로 고치고 임피군의 영현으로 삼았다. 고려에서 그대로 임피군에 편입시켰다. 본조 태종 3년(1403)에 본현에 병합하였다.

자천대(紫遷臺) 서쪽 해안에 있다. 지세가 평탄하고 넓으며, 천석(泉石)이 사랑스럽다. 세상에서 전하기를 최치원(崔致遠)이 노닐던 곳이라고 한다.

인물 人物

고려

임개(林槪) 맑고 곧으며 청렴하고 신중하였으며, 대신(大臣)의 풍도가 있었다. 순종, 선종, 헌종, 숙종, 예종 등 다섯 조정을 두루 섬겼으며, 관직이 문하시랑평장사(門下侍郎平章事)에 이르렀다. 시호는 원경(元敬)이다.

임유문(林有文) 임개의 아들이다. 과거에 급제하고, 관직이 문하시랑평장사에 이르렀다.

고형중(高瑩中) 의왕조(毅王朝 의종)에 과거에 급제하고, 관직이 국자 사업(國子司業)에 이르렀다.

용안현龍安縣

동쪽으로 여산군(礪山郡) 경계까지 16리이다. 남쪽으로 익산군(益山郡) 경계까지 12리이다. 서쪽으로 함열현(咸悅縣) 경계까지 4리이다. 북쪽으로 충청도 임천군(林川郡) 경계까지 10리이다. 서울과의 거리는 448리이다.

한전 旱田

수전 水田

건치연혁 建置沿革

본래 고려 함열현의 도내산은소(道乃山銀所)이다. 일명 창산소(倉山所)라고 한다. 충숙왕이 승격하여 용안현을 설치하였다. 토착민 백안부개(伯顔夫介)가 원나라에 있으면서 우리나라에 공을 세웠으므로 승격하였다. 공양왕 때 전주(全州) 임내(任內)인 풍저현(豐儲縣)을 저(儲) 자는 한편 '제(堤)'로도 쓴다. 병합하였다. 본조 공정왕(恭定王 태종) 9년(1409)에 함열현에 합하고 안열현(安悅縣)이라 칭하였다가 곧이어 다시 떼어 내 용안현으로 삼았다. 관장하는 면은 4개이다.

관원

현감(縣監), 훈도(訓導) 각 1인이다.

군명 郡名

도내산(道乃山)

산천 山川

칠성산(七城山) 현 서쪽 3리에 있다.

용두산(龍頭山) 현 북쪽 8리에 있다. 바로 칠성산의 북쪽 기슭이다. 산 모양은 치켜든 모습으로 곧장 물가로 들어간다.

금강(錦江) 현 서북쪽 9리에 있다. 그 원류는 장수현(長水縣)에서 나와 금산군(錦山郡)에서 북쪽으로 흘러 충청도 옥천군(沃川郡)에 들어가고, 문의(文義), 공주(公州), 부여(扶餘)를 거치고, 또 남쪽으로 흘러 석성(石城), 은진(恩津), 여산(礪山)에서 본현 지경에 들어온 다음 용두산 아래를 지나 서쪽으로 흘러 함열현 지경에 들어간다.

토산 土産

천문동(天門冬), 뱅어〔白魚〕, 게〔蟹〕, 붕어〔鯽魚〕, 웅어〔葦魚〕, 숭어〔秀魚〕, 면어(綿魚)

성곽 城郭

현성(縣城) 돌로 쌓았다. 둘레가 4240자이다. 지금은 절반이 무너지고 떨어져 나갔다. 안에 샘 11개와 작은 못 하나가 있다.

학교 學校

향교(鄕校) 현 북쪽 1리에 있다.

궁실 宮室

객관(客館)

봉수 烽燧

광두원산 봉수(廣頭院山烽燧) 현 동쪽 13리에 있다. 서쪽으로 함열현의 소방봉(所方峯)에 응하고, 북쪽으로 충청도 은진현(恩津縣)의 강경산(江景山)에 응한다.

관량 關梁

광두원교(廣頭院橋) 현 동쪽 9리에 있다.

사묘 祠廟

사직단(社稷壇) 현 서쪽 3리에 있다.

문묘(文廟) 향교에 있다.

성황사(城隍祠) 현 북쪽 1리에 있다.

여단(厲壇) 현 북쪽에 있다.

사찰 寺刹

일신사(日新寺) 칠성산에 있다.

고적 古蹟

풍제폐현(豐堤廢縣) 현 동쪽 5리에 있다. 예전에는 전주에 편입시켰는데, 고려 공양왕 3년(1391)에 옮겨 여기에 편입시켰다. 일명 풍성(豐城)이라고 한다.

창산소(倉山所) 현 동쪽 10리에 있다.

고득성창(古得成倉) 현 북쪽 8리, 금강(錦江) 가에 있다. 고려 말기에 처음 설치되어 덕성창(德成倉)이라고 칭하였다. 뒤에 물길이 막혔기 때문에 함열현으로 옮겼다가 우리 강정왕(康靖王 성종) 13년(1482)에 도로 이곳으로 옮기고 득성창이라고 이름을 고쳤다. 공희왕(恭僖王 중종) 초에 옥구현(沃溝縣)으로 옮기고 군산창(群山倉)이라 하였다. 지금 창고와 성의 기지(基址)가 모두 남아 있다. 권근(權近)의 기문[94]이 있다.

94 권근(權近)의 기문 : 〈용안성 조전기(龍安城漕轉記)〉이다. 《陽村集 卷11》

명환 名宦

본조

최유종(崔有悰) 정언(正言)으로서 부모 봉양을 이유로 외직을 구하여 용안현감(龍安縣監)이 되었다. 정사를 맑고 대범하게 행하였고, 생도들을 모아 경사를 강론하니 수업을 받은 이들이 매우 많았다.

인물 人物

고려

장영(張英) 진헌사(進獻使)로서 원나라에 들어갔는데, 행동거지가 예에 잘 맞으니 황제가 포상하여 특별히 천호(千戶)에 제수하고 말 40필, 수레, 궁시(弓矢)를 주었다. 본국으로 돌아와 관직이 3품에 이르렀다.

장원적(張原績) 장영의 손자이다. 서장관(書狀官)으로서 원나라에 들어갔는데, 같이 갔던 사람이 먼저 돌아가니 시를 지어 전송하기를,

삼한의 외로운 한 사람이	三韓一介人
저물녘 눈 내리는 강천을 가는구나	暮雪江天去
돌아가는 배여, 태평하게 실어 주게	歸舟載太平
이 밖에 다른 말은 없노라	此外無他語

하였다. 원나라 황제가 그 시를 보고 학관(學館)에 거주하도록 명하여 당시 이름난 선비들과 종유하였다. 3년 후에 본국에 돌아왔고, 관직이 3품에 이르렀다.

본조

이계수(李桂遂) 과거에 급제하고, 관직이 판사에 이르렀다. 계모의 나이가 80세였는데, 검참판(檢參判)을 사직하고 귀향하여 봉양하였다.

함열현咸悅縣

동쪽으로 익산군(益山郡) 경계까지 13리이다. 서쪽으로 충청도 한산군(韓山郡) 경계까지 9리이다. 남쪽으로 임피현(臨陂縣) 경계까지 10리이다. 북쪽으로 용안현(龍安縣) 경계까지 14리이다. 서울과의 거리는 466리이다.

한전 旱田

수전 水田

건치연혁 建置沿革

본래 백제 감물아현(甘勿阿縣)이다. 신라 경덕왕 때 함열로 고치고 임피군의 영현으로 삼았다. 고려 초에 전주(全州)에 편입시켰다가 명종 때 다시 함열현을 설치하였다. 본조 태종 9년(1409)에 용안현에 병합하였다가 곧이어 다시 떼어 내 설치하였다. 효종 때 또 고을 사람 중에 어머니를 죽인 자가 있었으므로 혁파하여 용안현에 편입시켰다가 곧이어 예전대로 회복하였다. 관장하는 면은 8개이다.

관원

현감(縣監), 훈도(訓導) 각 1인이다.

군명 郡名

감물아(甘勿阿) 별호는 함라(咸羅)이다.

산천 山川

함라산(咸羅山) 현 서쪽 1리에 있다. 진산(鎭山)이다.

용산(龍山) 현 동쪽 5리에 있다. 작은 산이다.

말흘산(末訖山) 현 동쪽 15리에 있다. 작은 산이 쌍으로 서 있고 형상은 자못 험준하다. 방언에 험하다는 말을 말흘(末訖)이라고 한다.

금강(錦江) 용안현 경계에서 흘러 들어와 현 서쪽 10리를 지나 충청도 임천(林川) 및 한산(韓山)과 경계를 나누고, 또 서쪽으로 흘러 임피현 지경을 거쳐 옥구현(沃溝縣)에 이르러 바다에 들어간다. 본현 이하로는 세속에서 진포(鎭浦)라고 이름한다.

원지(圓池) 대제지(大堤池)라고도 칭한다. 현 동쪽 5리에 있다. 둑 길이는 1리 50보이고 둘레는 5리이다.

유창지(流昌池) 일명 유토제(流吐堤)라고 한다. 현 동쪽 5리에 있다. 길이는 1리이고, 둘레는 5리이다. 원지와 작은 언덕 하나를 사이에 두고 있으며, 그 아래로 관개하는 논밭이 자못 넓다.

가랑지(佳郎池) 현 남쪽 5리에 있다. 둑 길이는 1리 200보이고, 둘레는 10리이다.

동지지(同至池) 현 동쪽 15리에 있다. 둑 길이는 200보이고, 둘레는 3리이다. ○ 이상의 두 못에서도 모두 관개의 혜택을 입는다.

묵정(墨井) 함라산 서쪽에 있다. 둘레는 50자이다. 으슥하고 검푸르며 모래와 돌도 모두 검기 때문에 그렇게 이름하였다. 세속에서 전하기를 용추(龍湫 용소(龍沼))이니 날이 가물 때 비를 빌면 효험이 있다고 한다.

토산 土産

모시〔苧〕, 순채〔蓴〕, 대나무〔竹〕, 천문동(天門冬), 맥문동(麥門冬), 대극(大戟), 송이버섯〔松蕈〕, 붕어〔鯽魚〕, 숭어〔秀魚〕, 면어(綿魚), 뱅어〔白魚〕, 웅어〔葦魚〕, 농어〔鱸魚〕

학교 學校

향교(鄕校) 현 북쪽 2리에 있다.

궁실 宮室

객관(客館)

창고 倉庫

성당창(聖堂倉) 현 북쪽 20리, 금강 변에 있다. 금상조(今上朝)에 여산(礪

山) 나암창(羅巖倉)의 물길이 막혔기 때문에 이곳으로 옮기고 성당창이라 고 칭하였다.[95] 나암창에서 거두었던 각 관아의 전세를 수합하여 서울까지 조운한다.

봉수 烽燧

소방봉 봉수(所方峯烽燧) 함라산 위에 있다. 서쪽으로 임피현의 오성산(五聖山)에 응하고, 동쪽으로 용안현의 광두원산(廣頭院山)에 응한다.

우역 郵驛

재곡역(才谷驛) 현 남쪽 1리에 있다.

사가원(四街院) 현 서쪽 14리에 있다.

관량 關梁

남당나루〔南堂渡〕 현 북쪽 18리, 임천군(林川郡)과의 경계에 있다. 바로 금

95 금상조(今上朝)에……칭하였다 : 《반계수록(磻溪隨錄)》 권3 〈전제후록 상(田制後錄上)〉 조운(漕運)에 "옛 덕성창이 함열에 있었는데, 중종조에 옥구현으로 옮겨 군산창이라 하였고, 인조조에 또 나누어 나암창을 설치하였다. 지금 다시 나암창을 옮기고 성당창이라 하였다." 하였다. 이를 보면 인조조에 여산에 나암창을 설치하였고 금상조에 나암창이 막혀서 함열현에 옮기고 성당창이라 한 것인데, 《승정원일기》 현종 2년 6월 7일 기사에 성당창이 언급된 것을 보면 금상조는 현종 연간으로 추정된다.

강의 나루이다.

사묘 祠廟

사직단(社稷壇) 현 서쪽 3리에 있다.

문묘(文廟) 향교에 있다.

성황사(城隍祠) 함라산에 있다.

여단(厲壇) 현 북쪽에 있다.

능묘 陵墓

남궁□(南宮□) 묘 현 북쪽 □리에 있다. 바로 남궁□의 시조이다.

사찰 寺刹

숭림사(崇林寺), 임해사(臨海寺) 모두 함라산에 있다.

고적 古蹟

용산성(龍山城) 돌로 쌓았다. 둘레가 3600자이다. 안에 우물 2개와 못 하나가 있다. 본조 세종 때 현을 옮기기 위해 쌓았는데, 그 후에 현을 옮기지 못하여 성이 그대로 없어졌다.

고덕성창(古德成倉) 현 서쪽 10리, 금강 피포(陂浦) 위에 있다. 예전에는 용안현 북쪽에 있었는데, 세종 10년(1428)에 이곳으로 옮겼고, 성종 18년(1487)에 도로 용안현으로 옮겼다. 지금 창고와 성의 기지가 모두 남아 있다.

명환 名宦

본조

인물 人物

본조

최숙함(崔叔咸) 선조는 직산(稷山) 사람인데, 뒤에 현 사람이 되었다. 최숙함은 효성과 우애가 지극하였다. 집에 일찍이 큰 역질이 들어 어머니의 병이 위독해지자 아버지와 형, 여러 아우는 모두 피하였는데, 최숙함이 홀로 시약(侍藥)하며 어머니의 변을 맛보다가 쓴맛이 나더니 어머니가 과연 나았다. 뒤에 어머니는 죽고, 아버지가 자녀들에게 토지와 종을 나누어 주려고 하는데, 최숙함은 척박한 토지와 노쇠한 종만 다 가지고 나머지는 모두 형과 아우들에게 미루었다. 마을 사람들이 칭찬하기를 "유검루(庾黔婁)와 설포(薛包)의 행실[96]은 천년토록 우러러 사모하는 바인데, 하물며 한 사람

96 유검루(庾黔婁)와 설포(薛包)의 행실 : 유검루는 육조 시대 양(梁)나라의 효자이다. 아버지가 병들었을 때, 의원이 병세를 알려면 변을 맛보아야 한다고 하니 바로 변을 맛보아서 병

이 둘을 겸하였음에랴." 하였다.

최경지(崔敬止) 본래 전주 사람인데, 옮겨 와서 여러 세대에 걸쳐 거주하였다. 최경지는 경사에 널리 통달하여 세조조에 갑과 1등으로 급제하였고, 여러 관직을 거쳐 홍문관 부제학에 이르렀다. 문장과 기개로 세상에 이름이 났다.

열녀 列女

홍씨(洪氏) 낭장(郎將) 최득림(崔得霖)의 아내이다. 고려 공민왕 때 마을에 왜적이 난입하여 홍씨가 붙잡히게 되었다. 왜적이 욕을 보이려고 하자 적을 꾸짖으며 굽히지 않다가 죽었다. 나이는 32세였다.

세를 가늠하였고, 매일 밤 북두칠성에 자신이 대신하게 해 달라고 기도하여 아버지의 수명을 연장하였다고 한다.《梁書 孝行列傳 庾黔婁》설포는 동한(東漢) 사람으로, 계모에게 미움을 받으면서도 지극히 효도하였고, 부모가 돌아가신 뒤에는 재산을 분할하면서 자기는 나쁜 것을 갖고 좋은 것은 모두 동생들에게 나누어 주었다고 한다.《小學 善行》

고산현高山縣

동쪽으로 용담현(龍潭縣) 경계까지 34리, 전주부(全州府) 경계까지 55리, 진안현(鎭安縣) 경계까지 55리이다. 남쪽으로 전주부 경계까지 10리이다. 서쪽으로 여산군(礪山郡) 경계까지 32리이다. 북쪽으로 충청도 연산현(連山縣) 경계까지 29리이다. 서울과의 거리는 446리이다.

한전 旱田

수전 水田

건치연혁 建置沿革

본래 백제 고산현(高山縣)이다. 일명 난등량(難等良)이라고 한다. 신라에서 전주의 영현으로 삼았다. 고려 현종 때 그대로 전주에 병합하였다가 뒤에 다시 고산현을 설치하고 진동(珍同)을 겸관하게 하였다. 본조 태종 때 진동을 떼어 내 각각 현으로 삼았다. 관장하는 면은 8개이다.

관원

현감(縣監), 훈도(訓導) 각 1인이다.

군명 郡名

난등량(難等良) 별호는 봉산(鳳山)이다.

형승 形勝

뭇 산이 험하게 막혀 있고, 시내가 돌고 길이 구불구불하다. 편평한 들판이 적고 뭇 산이 험하게 막혀 있으며, 시냇물이 거세게 돌아 흐르고 돌길이 구불구불하다.

산이 우뚝하고 고개가 가파르다. 고려 이규보(李奎報)의 기문[97]에 "높은 봉우리와 가파른 고개가 만 길이나 우뚝 서 있고 길이 매우 좁으므로 말에서 내려 걸어갔다." 하였다.

높은 봉우리가 사면에 있다. 본조 이덕형(李德泂)의 시에 "사면의 높은 봉우리가 구름에 기대 비껴 있으니, 현에 와서야 비로소 이름과 걸맞음을 알겠네.〔高峯四面倚雲橫 到縣方知稱得名〕" 하였다.

97 이규보(李奎報)의 기문 : 〈남행월일기(南行月日記)〉이다.《東國李相國集 卷23》

풍속 風俗

음사(淫祀)를 좋아한다.

산천 山川

주줄산(珠崒山) 현 동쪽 45리에 있다. 높고 거대함이 한 지방에서 으뜸이다. 혹 추줄산(嶒崒山)이라고 칭하며, 일명 주이산(珠耳山)이라고도 한다. 금산군(錦山郡) 및 용담현에도 보인다.

봉수산(鳳岫山) 현 동쪽 15리에 있다. 주줄산 서쪽 줄기가 청량산(淸涼山)이 되고 또 서쪽으로 이어져 이 산이 된다. 일명 위봉산(威鳳山)이라고 한다. 그 동쪽은 산이 사방을 에워싸고 있는 모양으로 산등성이를 따라 이어지는 둘레가 20리는 되고, 사면 밖으로 높고 험한데 그 가운데는 평평하여 수천 가구가 터 잡고 살 만하다. 계곡의 물이 합해져서 동쪽으로 흘러 폭포를 이루는데 나는 듯이 세차게 쏟아지는 물이 100여 자이니, 세상에서 산성을 설치할 만하다고 일컬어진다. 지금 위봉사(威鳳寺)가 그 안에 있다.

대둔산(大芚山) 현 북쪽 55리, 진산군(珍山郡)과의 경계에 있다. 일명 도솔산(兜率山)이라고 한다. 진산군에도 보인다.

운암산(雲巖山) 현 동쪽 18리에 있다. 바로 주줄산의 서북쪽 줄기이다. 층층의 바위가 비늘처럼 서 있어서 마치 구름이 일어나는 모양과 같으므로 그렇게 이름하였다.

불명산(佛明山) 현 북쪽 30리에 있다. 주줄산 서북쪽 줄기가 덩굴처럼 뻗어 나와 이 산이 되었다.

운제산(雲梯山) 운제현(雲梯縣) 북쪽에 있다. 불명산이 서쪽으로 뻗어 나가

다가 동쪽으로 방향을 돌린 것이 이 산이 되었다.

천등산(天登山) 현 북쪽 43리에 있다. 돌 봉우리가 우뚝 솟아 있는데, 마치 하늘을 오르는 것과 같이 사람이 더위잡고 오를 수 없으므로 그렇게 이름하였다.

탄현(炭峴) 현 동북쪽 50리에 있다. 동쪽으로 진산군 이현(梨峴)과의 거리가 20리이고, 서쪽으로 용계성(龍溪城)과의 거리가 10리이다.

가재(加岾) 현 동북쪽 35리에 있다. 용계성이 그 동쪽에 있다.

서방산(西方山) 현 남쪽 10리에 있다. 전주부에도 보인다.

문수산(文殊山) 현 서쪽 30리, 여산군과의 경계에 있다. 불명산에서 서쪽으로 뻗어 나와 이 산이 되었다.

봉수산(烽燧山) 현 서쪽 10리, 전주와의 경계에 있다. 일명 봉실산(封室山)이라고 한다.

안천(雁川) 일명 남천(南川)이라고 한다. 원류는 주줄산과 운제산에서 나와 현 남쪽을 지나 서쪽으로 흘러 전주 땅에 이르러 추천(楸川)에 들어간다.

용계천(龍鷄川) 현 북쪽 40리에 있다. 원류는 탄현과 이현에서 나와 북쪽으로 합류하다가 충청도 연산현 경계에 들어가 인천(仁川)이 된다.

용암(龍巖) 일명 용연(龍淵)이라고 한다. 현 동쪽 10리에 있다. 바위가 끊어져 물속에 들어갔는데 모양이 몹시 기이하다. 그 아래에 못이 만들어져 있으며, 날이 가물면 비를 빈다.

용연(龍淵) 운제현 동쪽 15리에 있다. 저절로 솟아나서 못이 되었는데 주위는 1리쯤 된다. 날이 가물 때 비를 빌면 효험이 있다.

토산 土産

오수정(烏水精), 현 동쪽 이암현(耳巖峴)에서 난다. 녹반(綠礬), 현 동쪽 월막암혈(月幕巖穴)에서 난다. 꿀〔蜂蜜〕, 황랍(黃蠟), 송이버섯〔松蕈〕, 감〔柹〕, 옻〔漆〕, 석이버섯〔石蕈〕, 철(鐵), 여석(礪石), 석회(石灰), 종이〔紙〕, 은구어(銀口魚 은어), 게〔蟹〕

학교 學校

향교(鄕校) 현 동쪽 1리에 있다.

궁실 宮室

선화관(宣化館) 바로 객관(客館)이다. 동헌(東軒)을 요벽(曜碧)이라 하고, 서헌(西軒)을 퇴청(頹淸)이라고 한다.

향사당(鄕射堂) 객관 서쪽에 있다.

요산루(樂山樓) 객관 동쪽에 있다. 지금 고쳐 짓고 이름을 주홀헌(柱笏軒)이라고 한다.

권가루(勸稼樓) 객관 남쪽에 있다. 현감 김석현(金錫賢)이 지었다.

우역 郵驛

옥포역(玉包驛) 현 동쪽 18리에 있다.

서원(西院) 현 서쪽 5리에 있다.

삼기원(三奇院) 현 동쪽 6리에 있다. ○ 위에 조그마한 산등성이가 있으니 이름을 삼기정(三奇亭)이라고 한다. 본조 하연(河演)이 고을을 순행하다가 물과 돌과 소나무를 취하여 명명하였고, 뒤에 현감이 정자를 지었다.[98] 지금은 없어졌다.

용계원(龍鷄院) 현 동북쪽 40리, 용계천 위에 있다. 옛 이름은 이생원(梨生院)이다. 누대가 있다.

사묘 祠廟

사직단(社稷壇) 현 서쪽 3리에 있다.

문묘(文廟) 향교에 있다.

성황사(城隍祠), **여단**(厲壇) 모두 현 북쪽 4리에 있다.

사찰 寺刹

위봉사(威鳳寺) 봉수산에 있다. 일명 위봉(圍鳳)이라고 한다. 전해 오기를 "산 형세가 사방을 에워싸고 있는데, 처음 절을 창건할 때 마침 봉황새의 이변이 있었으므로 그렇게 이름하였다."라고 한다. 고려 초에 전주 사람 최용

98 하연(河演)이……지었다 : 《신증동국여지승람》 권34 〈전라도 고산현〉 고적(古跡)에 하연의 기문이 실려 있다. 하연은 전라도 도관찰출척사에 제수되고 이듬해인 임인년(1422, 세종4) 봄에 고산을 순행하다가 이곳에 올라 눈앞의 기묘한 경치에 감탄하여 삼기(三奇)라고 명명하였는데, 당시 현감 최득지(崔得之)가 여기에 정자를 짓고 하연에게 기문을 청하였다고 한다. 《敬齋集 卷4 年譜》

갑(崔龍甲)이 산을 유람하다가 땅을 얻어 처음으로 암사(菴舍)를 지었다. 그 후 승려 나옹(懶翁)이 이곳을 지나다가 지형의 아름다움에 탄복하였으며, 승려 석잠(釋岑)이 넓고 높게 고쳐 지어서 거찰로 만들었다. 산 안에 또 북암(北菴), 달마(達磨), 승가(僧伽), 익수(益水) 등의 암사가 있으니, 모두 지정(至正) 연간에 지은 것이다. ○ 본조 이경전(李慶全)의 시[99]에,

협곡에 들어오니 속세 일 적어지고	入峽少塵事
유연히 맑은 흥치 많아지네	脩然淸興悠
가을바람 부는 위봉사	秋風威鳳寺
해 지는 상방루	落日上方樓
돌길은 오르락내리락 험하고	石路高低險
바위샘은 위아래로 흐르네	巖泉上下流
마침내 알겠네 장부책 속에서	仍知簿書裏
공연히 머리만 희게 센 줄을	空使白渾頭

하였다.

화암사(花巖寺) 불명산에 있다. 절이 층암(層巖) 위에 있고, 절 서남쪽에 폭포가 있는데 나는 듯한 물이 100자나 흐른다. 바위 위에 모란꽃이 있으므로 그로 인하여 이름을 붙였다. 뜰 앞에 예전에는 나무가 있었는데 가느다란 잎사귀에 털이 덥수룩하여 허리띠처럼 어지럽게 드리워져 있고, 푸른 빛이 완상할 만하였다. 다른 고을에서는 볼 수 없는 것으로, 세속에서 전단목(栴檀木)이라고 칭한다.

99 이경전(李慶全)의 시 : 〈위봉사 가는 길에(威鳳寺路中)〉이다. 《石樓遺稿 卷2》

안심사(安心寺) 도솔산에 있다. ○ 본조 이안눌(李安訥)의 시[100]에,

홀로 안심사를 찾아가서	獨訪安心寺
먼저 눈 쌓인 누대에 오르네	先登積雪樓
한 산봉우리에 바위 들쑥날쑥하고	一峯差石勢
양방 골짜기엔 시내가 콸콸 흐르네	雙壑殷溪流
달이 뜨니 하늘이 가까운 듯하고	月上天疑近
구름 이니 땅은 더욱 그윽해지네	雲生地轉幽
관청 역마 타고 새벽에 출발하자니	官驂戴星發
도리어 야승에게 부끄럽구나	翻向野僧羞

하였다.

운암사(雲巖寺) 운암산에 있다. 송나라 개보(開寶) 연간에 승려 극성(克性)이 창건하였다. 절을 빙 둘러 모두 층암이고, 절 앞에 폭포가 있는데 40여 자를 떨어져 내린다.

신흥사(神興寺) 주줄산 신흥동(神興洞)에 있다. ○ 본조 승려 충휘(沖徽)의 시에,

층층 누대가 백 자 우뚝이 솟아 있는데	層樓百尺起崔嵬
푸른 문 고운 창이 차례로 열려 있네	綠戶瓊窓次第開
한 조각 흰 구름이 석탑에서 일고	一片白雲生石榻
맑은 풍경 소리 두어 가닥 화대[101]에서 나오네	數聲淸磬出花臺

하였다.

100 이안눌(李安訥)의 시 : 〈안심사에 제하다〔題安心寺〕〉이다.《東岳集 卷10 錦溪錄》

101 화대(花臺) : 연화대(蓮花臺)를 말한다. 부처나 보살들이 앉은 연화의 좌대이다.

운문사(雲門寺) 주줄산에 있다.

고적 古蹟

운제폐현(雲梯廢縣) 현 북쪽 20리에 있다. 지금 이름은 운산(雲山)이다. 본래 백제 지벌지현(只伐只縣)인데, 신라에서 운제(雲梯)로 고치고 덕은군(德殷郡)의 영현으로 삼았다. 고려에서 전주에 편입시켰다. 본조 초에 옮겨 현에 편입시켰다.

용계성(龍鷄城) 용계천 가에 있다. 동쪽으로 탄현과의 거리가 10리이고, 서북쪽으로 연산현과의 거리가 30리이다. 옛 성이 있으니, 돌로 쌓았고 둘레가 1014자인데, 지금은 허물어졌다. 전해 오기를 삼국 시대에 백제가 주둔하여 수자리 살던 곳이라고 한다.

인물 人物

고려

고의화(高義和) 성품이 침착하면서도 용맹하며 완력이 있었다. 바로 선발되어 군사가 되고 대정(隊正)에 보임되었다. 이자의(李資義)를 벤 공으로 여러 관직을 거쳐 수 사공 좌복야(守司空左僕射)에 이르렀다.

태인현泰仁縣

동쪽으로 임실현(任實縣) 경계까지 39리이다. 남쪽으로 순창군(淳昌郡) 경계까지 48리, 정읍현(井邑縣) 경계까지 20리이다. 서쪽으로 고부군(古阜郡) 경계까지 11리, 김제군(金堤郡) 경계까지 28리이다. 북쪽으로 금구현(金溝縣) 경계까지 17리이다. 서울과의 거리는 563리이다.

한전 旱田

수전 水田

건치연혁 建置沿革

본래 백제 대시산군(大尸山郡)이다. 신라 경덕왕 때 대산군(太山郡)으로 태(太) 자는 '태(泰)'로 통용하여 쓴다. 고쳤다. 고려 초에 고부군에 편입시켰다가 뒤에 다시 태산현을 설치하였다. 공민왕 때 승격하여 군으로 삼았다. 현 사람인 원나라 사신 임몽고불화(林蒙古不花)가 나라에 공이 있어서 승격하였다. 본조 태종 9년(1409)에 인의현(仁義縣)을 병합하였으므로 고쳐 태인현으로 삼고, 치소를 거산역(居山驛)으로 옮겼다. 관장하는 면은 16개이다.

관원

현감(縣監), 훈도(訓導) 각 1인이다.

군명 郡名

태산(太山)

형승 形勝

동남쪽으로 긴 고개가 맞닿아 있고, 서북쪽으로 들판이 잇닿아 있고, 서쪽으로 멀리 영주(瀛洲 서해)에 닿아 있고, 북쪽으로 완산(完山)에 통한다.

왼쪽으로는 여러 산에 막혀 있고, 오른쪽으로 평야에 임한다.

풍속 風俗

백성들은 농사에 힘쓴다.

무격(巫覡)을 숭상한다. 태인현의 민속 또한 무격을 숭상하고 음사(淫祀)를 좋아한다.

선비들은 문풍(文風)이 있다.

산천 山川

양진산(養眞山) 혹 죽사산(竹寺山)이라 칭한다. 현 북쪽 1리에 있다. 진산(鎭山)이다.

상두산(象頭山) 현 동쪽 15리에 있다. 모악산(母嶽山)에서 서쪽으로 한 줄기가 나와 이 산이 된다.

모악산(母嶽山) 현 동쪽 30리에 있다. 금구현에도 보인다.

운주산(雲住山) 현 남쪽 30리에 있다. 그 남쪽 산봉우리 석벽에 굴이 있으니 조통굴(照通窟)이라고 하는데, 겨우 한 사람이 드나들 만큼 통하여 있다. 세속에서 전하기를 삼국 시대 말기에 조통화상(照通和尙)이라는 자가 그 안에서 수행하였다고 한다. 지금은 작은 암자가 있다.

칠보산(七寶山) 현 남쪽 25리에 있다. 정읍현에도 보인다.

시산(詩山) 현 동쪽 21리, 고태산군(古泰山郡) 치소 동쪽에 있다. 작은 산이다.

굴령(屈嶺) 현 동남쪽 30리에 있다. 동쪽으로는 운주산에 접하고, 남쪽으로는 정읍의 내장산(內藏山)에 잇닿아 있다. 길이 매우 험준하다.

남천(南川) 원류는 상두산, 굴령 등 여러 산에서 나와 현 남쪽 5리를 지나 현 서쪽 15리에 있는 이평(梨坪)에 이르러 고부군 모천(茅川)과 합해지고, 서쪽으로 흘러 김제와 부안(扶安)의 경계에 이르러 장수(漳水)가 된다.

견천(犬川) 현 북쪽 10리에 있다. 상두산 서쪽에서 나와 이평에 이르러 남천과 합해진다.

벽골제호(碧骨堤湖) 현 북쪽 28리, 김제군과의 경계에 있다. 지금 물이 말라 밭이 되었다. 김제군에 자세히 보인다.

우항지(牛項池) 현 서쪽 20리에 있다. 둑 길이는 150보이고, 둘레는 3리이다.

연지(蓮池) 현 남쪽 1리에 있다. 그 둑 위에 피향정(披香亭)이 있다.

토산 土産

죽전(竹箭), **여석**(礪石), 모두 인의성산(仁義城山)에서 난다. **감**〔柹〕, **석류**(石榴), **연실**(蓮實), **차**〔茶〕, **모시**〔苧〕, **생강**〔薑〕, **나복**(蘿葍 무), 가장 크고 질이 좋다. 세속에서 태거교 나복(泰居橋蘿葍)을 일컫는다. **꿀**〔蜂蜜〕, **황랍**(黃蠟), **석회**(石灰), **게**〔蟹〕

학교 學校

향교(鄕校) 현 서쪽 2리에 있다.

태산서원(泰山書院) 현 동쪽 20리, 고태산현(古泰山縣)에 있다. 본조 정극인(丁克仁)이 처음 가숙(家塾)을 설치하고 학도들을 가르쳤다. 명종 때 현 사람 송세림(宋世琳)이 그 제도를 거듭 확장하여 강당과 동재(東齋), 서재(西齋)를 짓고 향학당(鄕學堂)이라고 칭하였다. 후인들이 그대로 서원을 만들고 사당을 세워 최치원(崔致遠)과 신잠(申潛)을 향사하고 정극인과 정언충(鄭彦忠)을 배향하였다.

남고서원(南皐書院) 현 남쪽 20리에 있다. 만력(萬曆) 연간에 세웠다. 이항(李恒)의 사당이 그 안에 있다.

궁실 宮室

객관(客館)

향사당(鄕射堂) 객관 동쪽에 있다.

함담정(菡萏亭) 객관 동편에 있다. 현감 장우규(張友奎)가 세웠다. 지금은 없어졌다.

피향정(披香亭) 현 남쪽 1리, 연제(蓮堤) 위에 있다. 광해군 때 현감 이지굉(李志宏)이 고쳐 지었다. ○ 본조 임선(林愃)의 시[102]에,

어둑한 빛에 가을 우기 생기고	暝色生秋雨
차가운 향기에 저녁노을 내려앉네	寒香落晩霞
일천 집이 큰 둑 주변에 있어	千家大堤上
사람들 버들 가에서 왁자지껄하네	人語柳邊多

하였다. ○ 본조 권필(權韠)의 시[103]에,

주렴 휘장 겹겹이요 물가 헌함은 맑은데	簾幕重重水檻淸
깊은 밤에 강 달이 외로운 성에 떠오른다	夜深江月上孤城
금잔에 술은 다하고 사람들이 막 흩어지니	金罍酒盡人初散
푸른 나무 무성한 중에 새벽안개 일어나누나	碧樹葱籠曙靄生

하였다.

우역 郵驛

거산역(居山驛) 현 남쪽 1리에 있다. 역의 옛 기시가 바로 지금의 읍치(邑治)이다. 본조 초에 고을을 옮기면서 역도 따라서 다른 데로 이전하였다.

정어원(鼎魚院) 현 동쪽 10리에 있다.

102 임선(林愃)의 시 : 남학명(南鶴鳴)의 《회은집(晦隱集)》 권5 〈사한(詞翰)〉에는 임선의 동생인 임환(林懽)의 〈태인의 피향정〔泰仁披香亭〕〉으로 수록되어 있다.

103 권필(權韠)의 시 : 〈가을밤에 피향당에서 입으로 읊다〔秋夜披香堂口占〕〉이다. 《石洲集 卷7》

태거원(泰居院) 현 서쪽 5리에 있다.

왕륜원(王輪院) 현 북쪽 9리에 있다.

관량 關梁

태거교(泰居橋) 현 남쪽 5리에 있다. 남천에 놓여 있다.

사묘 祠廟

사직단(社稷壇) 현 서쪽 3리에 있다.

문묘(文廟) 향교에 있다.

성황사(城隍祠) 현 서쪽 4리에 있다.

여단(厲壇) 현 북쪽에 있다.

능묘 陵墓

정극인(丁克仁) 묘 현 남쪽 17리에 있다.

이항(李恒) 묘 현 서남쪽 20리에 있다.

사찰 寺刹

용장사(龍藏寺) 운주산(雲住山)에 있다. 혹 운주사(雲住寺)라고도 칭한다.
 절 앞에 계곡물이 폭포를 이루어 물줄기가 몇 길을 흘러내린다. 예전에 용이 그 안에 숨어 있었으므로 그렇게 이름하였다. 전해 오기를 견훤 때 승려 조통(照通)이 창건하였다고 한다. 그 북쪽 언덕에 또 왕박암(王朴菴)이 있다.

영천사(靈泉寺), **흥룡사**(興龍寺) 모두 모악산에 있다.

상두사(象頭寺) 상두산 동쪽에 있다. 보광사(普光寺)라고도 칭한다.

천애사(天涯寺) 상두산 서쪽에 있다.

고적 古蹟

인의폐현(仁義廢縣) 현 서쪽 10리에 있다. 본래 백제의 빈굴현(賓屈縣)으로 일명 부성(賦城)이라고 한다. 신라에서 무성(武城)으로 고치고 태산군의 영현으로 삼았다. 고려에서 인의(仁義)로 고치고 고부군에 병합하였다가 곧이어 태산현에서 겸관하게 하였다. 뒤에 다시 떼어 내 인의현을 설치하였다. 태종 9년(1409)에 본현에 병합하였다. 지금 토성(土城)의 기지가 남아 있다.

고태산현(古泰山縣) 현 동쪽 20리에 있다. 본조 태종조에 인의현을 병합하였고 현재의 치소로 옮겼다. 지금 직촌(直村)[104]으로 삼고 고현내(古縣內)라고 칭한다.

개문부곡(開門部曲) 현 동쪽 40리에 있다.

유상대(流觴臺) 고태산현 치소 남쪽 1리의 천변(川邊)에 있다. 신라 최치원이 태산군 태수가 되었을 때 이곳에서 노닐면서 잔을 띄우고 시를 읊었다.

104 직촌(直村) : 군현의 수령이 직접 관할하는 촌락을 말한다.

후세에 그대로 고을 사람들이 유람하고 감상하는 장소가 되었다. 본조 효종 때 현감 윤이익(尹以益)이 돌을 모아 보축(補築)하여 조금 높고 넓게 만들었다.

명환 名宦

신라

최치원(崔致遠) 헌강왕 때 최치원이 서쪽에서 배워 얻은 바가 많다고 스스로 여기고 고국으로 돌아와서 장차 자기의 뜻을 행하려 하였으나, 나라가 쇠미해진 말세에 의심과 시기가 많아 받아들여지지 못하였다. 마침내 외직으로 나가 태산군 태수가 되었다.

본조

신잠(申潛) 공희왕조(恭僖王朝 중종)에 태인 현감(泰仁縣監)이 되었는데, 백성들을 사랑하고 선비들을 좋아하며 물처럼 맑은 정사를 행하여서 한 고을이 크게 다스려졌다. 이에 백성들이 추모하여 비석을 세우고 비문을 새겨 그 덕을 기념하였다.

유우 流寓

정극인(丁克仁) 본조 영광(靈光) 사람인데, 터를 잡아서 집을 태인으로 옮겼다. 처음 상사생(上舍生)으로서 태학에 유학하였는데, 사림들이 그가 경서에 밝고 행실을 닦았다고 칭찬하였다. 문종조에 유일(遺逸)로서 징소되어 광흥창 부승(廣興倉副丞)에 제수되고, 뒤에 문과에 급제하고 승진하여 사간원 정언에 이르렀다. 당시 세태의 변화를 보고는 치사하고 집으로 돌아와 후생들을 가르쳐 이단을 배척하고 정학(正學)을 숭상하도록 하였다.

이항(李恒) 본조 한성 사람이다. 젊어서부터 호협하고 용맹하여 만 리를 종횡할 뜻이 있었다. 서른 살이 다 되어 스스로 후회하고 반성하여 말하기를 "이번 생애를 잃을 뻔했네." 하고, 평소의 지행을 바꾸고 《대학(大學)》을 읽기 시작했다. 도를 구하는 데에 주력하여 날마다 반드시 복장을 바르게 하고 책상에 앉았으며 일상생활에서 책을 놓지 않았다. 일찍이 말 위에서 생각에 빠져 있다가 갑자기 벽제(辟除)를 범하여 종복이 말을 끌어가는데도 알아차리지 못하였으니, 그 각고하기가 이와 같았다. 어머니를 모시고 남쪽으로 태인에 와서 힘써 농사지으며 부모를 봉양하되 명예와 출세는 구하지 않았다. 송인수(宋麟壽)가 본도 관찰사가 되어 말과 종복을 대동하지 않고 찾아가서 도를 강론하고는 말하기를 "실천함이 어찌 장횡거(張橫渠)보다 못하겠는가." 하고 마침내 공경으로 섬겼다. 공헌왕(恭憲王 명종) 때 징소를 받고 입대(入對)하여 학문에 나아가고 정치를 이루는 방도를 진술하였으며 임천 군수(林川郡守)에 제수되었다. 소경왕(昭敬王 선조) 초에 누차 시정(寺正)과 장령에 징소되었으나 모두 나아가지 않았다.[105] 세상에서는 일재(一齋) 선생이라고 칭한다.

105 소경왕(昭敬王)……않았다 : 선조가 즉위하면서 사섬시 정 등에 제수하였고, 선조 7년(1574)에 장령에 제수하였으나 모두 나아가지 않았다. 《一齋集 附錄 有明朝鮮國……一齋先生李公墓碣銘》

인물 人物

고려

전원균(田元均) 고사(古事)를 널리 알고 문장에 능하였다. 이르는 곳마다 명성과 공적이 있었다. 관직이 상서 좌복야(尙書左僕射)에 이르렀다.

본조

허중민(許仲民) 부모를 섬김이 지극히 효성스러웠다. 그 어머니가 75세로 밤에 허중민의 작은 딸을 안고 자는데 집에 불이 났다. 허중민이 불길을 무릅쓰고 들어가서 어머니를 업고 나와 겨우 화를 면하고, 딸은 미처 구하지 못하였다. 행의(行義)로 특별히 제용감 직장에 제수되었다.

정언충(鄭彦忠) 성균관 진사에 합격하였다. 은거하며 학문에 힘써 이수(理數)에 정통하고 점서(占筮)에 귀신같았는데 또한 점괘를 기다리지 않고 스스로 풀이하였다. 송순(宋純)은 전 판서로서 관직에서 물러나 살면서 들러 보았는데, 정언충이 마루에서 내려와 맞이하고 전송하였다. 얼마 있다가 이항(李恒)이 이르자 정언충이 바라보고는 문까지 나아가 맞이하고 전송하였다. 당시 이항이 학문을 하지 않고 임협(任俠)할 때이므로 사람들이 모두 괴이하게 여기니, 정언충이 말하기를 "재상은 참으로 존대할 만하다. 그러나 이 사람이야말로 훗날 진유(眞儒)로서 왕도 신하로 삼지 못할 사람이다." 하였다. 또 일찍이 술사(術士) 이하(李何)와 동행할 적에 나무꾼이 산 아래를 지나는데 마침 산새가 날아가고 있었다. 이하가 말하기를 "저 나무꾼은 필시 최동(崔同)일 것이다." 하니, 정언충이 말하기를 "필시 산동(山同)일 것이다." 하였다. 사람을 시켜 최동이라고 부르니 답이 없었고,

산동이라고 부르니 나무꾼이 바로 대답하였다. 다른 일도 모두 이와 같아서 사람들이 소강절(邵康節 소옹(邵雍))이라고 일컬었으나, 남에게 말을 하지도 않고 또 글도 짓지 않았다. 효행으로 조정에 보고되어 참봉에 제수되었으나 나아가지 않았다. 호는 묵재(默齋)이다.

열녀 列女

임씨(林氏) 부정(副正) 임영순(林英順)의 딸이자 봉례랑(奉禮郎) 박조(朴慥)의 아내이다. 시어머니를 섬김이 부도(婦道)에 부합하였다. 박조는 서울에서 벼슬살이하고 임씨가 홀로 시어머니를 모시고 있었는데, 그 집에 밤에 화재가 나서 사람들이 모두 창황하여 겨를이 없었다. 늙은 시어머니가 병으로 침상에 누워 있어 임씨가 속히 들어가 그 시어머니를 안고 나오는데 불길이 바람을 따라 맹렬해졌다. 임씨가 몸으로 불길을 막아서 머리와 등이 타 문드러졌는데 그 종복이 들어가 구하여 목숨을 보전할 수 있었다. 본조 태종 초에 정문(旌門)을 세우고 의부(義婦)라 불렀다.

나주목羅州牧

동쪽으로 남평현(南平縣) 경계까지 7리, 광주(光州) 경계까지 20리이다. 남쪽으로 영암군(靈巖郡) 경계까지 50리, 장흥부(長興府) 경계까지 75리이다. 서쪽으로 무안현(務安縣) 경계까지 38리, 해안까지 70리이다. 북쪽으로 함평현(咸平縣) 경계까지 40리이다. 서울과의 거리는 742리이다.

한전 旱田

수전 水田

건치연혁 建置沿革

본래 백제 발라군(發羅郡)이다. 일명 통의(通義)라고 한다. 신라 경덕왕 때 금산군(錦山郡)으로 고쳤다. 일명 금성(錦城)이라고 한다. 신라 말에 견훤의 점거지가 되었는데, 얼마 되지 않아 궁예가 고려 태조에게 수군을 거느리고 가서 공략하여 빼앗게 하고 나주를 설치하였다. 성종 때 주에 진해군(鎭海軍)을 설치하였고, 현종 때 군을 파하고 승격하여 나주목으로 삼았다. 현종 1년(1010)에 왕이 거란을 피하여 남쪽으로 달아나 주에 이르러 열흘 동안 머물렀는데, 거란군이 패하여 물러가자 왕이 이에 환도하였고, 9년(1018)에 승격하여 목으로 삼았다. 본조에서 그대로 따랐다. 세조 때 진을 설치하였고, 인조 때 강등하여 금성현(錦城縣)으로 삼았다가, 목사 이갱생(李更生)이 고을 사람에게 찔려 상해를 입었으므로 강등하였다.[106] 이윽고 다시 나주로 삼았다.

진관

주(州) 1개 광주(光州)

도호부(都護府) 1개 장성(長城)

군(郡) 2개 영암(靈巖), 영광(靈光)

현(縣) 5개 함평(咸平), 고창(高敞), 무장(茂長), 남평(南平), 무안(務安)

관원

목사(牧使), 판관(判官), 교수(敎授) 각 1인이다.

군명 郡名

발라(發羅), 금산(錦山), 금성(錦城)

106 목사……강등하였다 : 대본에는 대자로 되어 있는데, 본서 건치연혁 서술 투식에 근거하여 소자로 번역하였다.

형승 形勝

북쪽으로 금성산(錦城山)을 베고, 남쪽으로 월출산(月出山)을 잡아당기고, 동쪽으로 서석산(瑞石山)을 바라보고, 서쪽으로 큰 바다를 두르고 있다.

산이 북쪽에서 내려오고, 바다가 서남쪽에서 둘러싸고 있다. 금성산이 북쪽에서 내려와 진무하고, 월출산이 남쪽에서 받들고 있으며, 바다가 서남쪽에서 둘러싸고 있다. 그 가운데는 비옥한 들판이 100리이고, 장성(長城), 담양(潭陽), 능성(綾城)의 여러 물이 모두 이곳에 모여드니, 실로 노령(蘆嶺) 이하의 일대 도회지이다.

강산이 빼어나게 아름답다. 들판이 평평하여 기운이 사뭇 다르고, 강산이 빼어나게 아름답다.

땅이 큰 바다에 인접해 있다. 본조 서거정(徐居正)의 기문[107]에 "나주는 전라도에서 가장 큰 고을로, 경지가 광활하게 이어지고 백성과 물산이 번화하다. 땅이 큰 바다에 인접해 있고 곡식과 물산이 풍부하니 바로 한 도의 부세(賦稅)가 집결되는 요지이다." 하였다.

남방의 거진(巨鎭)이다. 고려 정도전(鄭道傳)의 〈부로들을 효유하는 글〔諭父老書〕〉[108]에 "나주는 남방의 일대 거진이다." 하였다.

호남(湖南)의 보장(保障)이다. 본조 이항복(李恒福)이 금성산성(錦城山城)

107 서거정(徐居正)의 기문 : 〈나주객관 동헌 중신기(羅州客館東軒重新記)〉이다. 《四佳集 四佳文集 卷2》

108 정도전(鄭道傳)의……글 : 〈나주의 동루에 올라서 부로들을 효유하는 글〔登羅州東樓諭父老書〕〉이다. 《三峯集 卷3》

에 대해 기술한 글[109]에 "나주는 바로 호남의 보장이다." 하였다.

풍속 風俗

힘써 농사짓는 것을 업(業)으로 삼는다. 정도전의 기문[110]

귀신을 믿고, 음사(淫祀)를 숭상한다. 관풍안(觀風案)에 "남방의 민속은 대체로 무격(巫覡)을 좋아하는데, 본주의 풍속은 더욱 귀신을 믿고 음사를 숭상한다." 하였다.

공상(工商)이 화폐를 통용한다. 주지(州志)

인사(人士)들이 업을 즐긴다. 산천이 빼어나게 아름답고 백성과 물산이 매우 풍족하므로, 인사(人士)들 중에 왕왕 자질이 호방하고 준수한 이들이 많은데 모두 그들의 업을 즐긴다.

호방하고 사나운 이들이 쟁송(爭訟)을 벌인다. 선비 된 자들은 시서(詩書)를 외우고 익히는데, 백성들은 농민과 상인이 섞여 있고 어진 이와 사특한 이가 구별되지 않아 호방하고 사나운 이들이 쟁송을 벌이며 다투다가 윗사람을 범한다. 그중 큰 호족(豪族)이나 중간 계급의 교활한 자들이 관리들의 약점을 잡고서 고단하고 빈약한 이들을 부려먹고 업신여기며 향곡(鄕曲)을 제 맘대로 농단한다.

109 이항복(李恒福)이……글 : 〈전라도 산성도 후서(全羅道山城圖後敍)〉이다. 《白沙集 卷2》
110 정도전의 기문 : 〈소재동기(消災洞記)〉이다. 《三峯集 卷4》

산천 山川

금성산(錦城山) 주 북쪽 5리에 있다. 진산(鎭山)이다. ○ 정도전이 이르기를[111] "금성산은 단정하면서 중후하고 기이하고도 빼어나니, 나주의 진산이다." 하였다.

가요산(歌謠山) 주 남쪽 10리에 있다.

덕룡산(德龍山) 주 남쪽 60리에 있다.

재신산(宰臣山) 주 남쪽 9리에 있다.

시랑산(侍郎山) 주 남쪽 8리에 있다. 주 사람들은 재신산을 목사의 비보(裨補)라고 하고, 시랑산을 판관의 비보라고 한다.

쌍계산(雙溪山) 주 남쪽 60리에 있다.

용진산(涌珍山) 여황고현(艅艎古縣) 북쪽에 있다. 주와의 거리는 북쪽으로 45리이다.

도야산(都野山) 주 북쪽 35리에 있다. 일명 백야현(白也峴)이라고도 한다.

복룡산(伏龍山) 주 북쪽 34리, 복룡폐현(伏龍廢縣) 북쪽에 있다. 바로 도야산의 동쪽 줄기이다. 위에 옛 산성 터가 있다.

월정봉(月井峯) 주성(州城) 서쪽에 있다.

장원봉(壯元峯) 주성 서북쪽에 있다. ○ 두 봉은 모두 금성산의 서쪽 줄기로서 주성을 빙 둘러 안고 있다.

앙암(仰巖) 주 남쪽 11리, 금수(錦水)의 남쪽 언덕에 있다. 혹 노자암(鸕鶿巖)이라고도 이름한다. 그 아래는 물이 깊어 헤아릴 수 없는데 속설에는 용이 있다고 한다. 바위 아래에 구멍이 있는데 조수가 물러가면 보인다. 민

111 정도전이 이르기를 : 〈소재동기〉이다. 《三峯集 卷4》

간에 전해지기를 명나라 황엄(黃儼)이 제주에 갈 때 압승(壓勝)[112]을 한 곳이라고 한다.

복암(伏巖) 주 동쪽 금수의 서쪽 언덕에 있다. 주 사람들이 노닐며 감상하는 곳이다. ○ 본조 김종직(金宗直)의 시[113]에 "앙암과 복암 두 바위는 기이하고도 아름다워, 노는 이들 동으로 서로 제 맘대로 배 띄우네.〔仰伏兩巖奇且勝 遊人一棹任西東〕"라고 한 것이 바로 이곳이다.

금수(錦水) 일명 금강(錦江)이라 하고, 일명 목포(木浦)라고도 한다. 그 원류는 담양부(潭陽府)의 칠천(漆川)에서 나와 광주 서쪽에 이르러 장성의 황룡천(黃龍川)과 합하고, 주 북쪽 20리에 이르러 능성의 능천(綾川)과 만나고, 또 작천(鵲川) 및 장성천(長成川)과 합하여 비로소 금수라 이름한다. 서쪽으로 흘러 주 동쪽 5리를 지나면서 광탄(廣灘)이 되고, 주 남쪽 10리에 이르러서는 금강진(錦江津)이라 하는데 남포(南浦)라고도 칭한다. 또 서쪽으로 흘러 무안현에 이르러 바다에 들어간다. ○ 고려 임유정(林惟正)의 시에 "금수가 서쪽으로 흘러 금성을 둘렀는데, 매양 중추를 만나면 배나 더 맑구나.〔錦水西流遶錦城 每逢秋半倍澄淸〕"라고 한 것이 바로 이곳이다.

작천(鵲川) 주 북쪽 35리에 있다. 주의 용진산 및 영광군(靈光郡) 수연산(隨緣山)에서 나와 남쪽으로 흘러 금수에 들어간다.

장성천(長成川) 주 북쪽 10리에 있다. 도야산에서 나와 남쪽으로 흘러 금수에 들어간다.

112 압승(壓勝) : 미신에서 부적이나 주문 등을 써서 사악한 기운을 물리치고 길상을 얻는 일을 말한다.

113 김종직(金宗直)의 시 : 〈금성곡(錦城曲)〉 중 제9수이다. 《佔畢齋集 卷22》

학교천(鶴橋川) 금성산에서 나와 남쪽으로 흘러 성안에 들어갔다가 동쪽으로 나와 금수에 들어간다.

정자천(亭子川) 주 서쪽 25리에 있다. 금성산 서쪽에서 나와 남쪽으로 흘러 금수에 들어간다.

송지천(松只川) 주 남쪽 15리에 있다. 쌍계산에서 나와 북쪽으로 흘러 금수에 들어간다.

우십교지(牛十橋池) 주 남쪽 45리에 있다.

숭교지(崇敎池) 주 남쪽 35리에 있다.

판교지(板橋池) 주 남쪽 30리에 있다.

고막포(古幕浦) 주 서쪽 30리에 있다.

완사천(浣紗泉) 주 남쪽 11리, 금수 북쪽 언덕의 흥룡사(興龍寺) 앞에 있다. 세상에서 전하기를 고려 태조의 장화왕후(莊和王后) 오씨(吳氏)가 베를 빨 때 물 위에 오색의 운기(雲氣)가 서렸다는 곳이 바로 이 샘이라고 한다.

○ 본조 김종직의 시[114]에,

용손이 그 당시에 병선을 정박하고서	龍孫當日艤戈船
홀연 꿈속에서 운우의 신녀를 만났네[115]	忽夢朝雲暮雨仙

114 김종직의 시 : 〈금성곡〉 중 제3수이다. 《佔畢齋集 卷22》

115 용손(龍孫)이……만났네 : 용손은 고려 태조 왕건을 말하고, 신녀는 장화왕후를 말한다. 당시 왕건은 수군장군(水軍將軍)으로서 나주에 와서 진수하였는데, 목포에 배를 정박하고 물 위를 바라보니 오색의 구름이 서려 있었다. 그리로 가 보니 장화왕후가 빨래를 하고 있어서 불러 동침하였다고 한다. 《高麗史 卷88 后妃列傳1》 꿈속에서 운우의 신녀를 만났다는 것은 전국 시대 초나라 회왕(懷王)이 꿈에서 아침에 구름이 되고 저녁에 비가 되는 신녀를 만났다는 고사에서 나온 말이다. 《文選 卷19 高唐賦》

천 년 전의 박희 일과 참으로 부합하거니와[116] 千載薄姬眞合轍
행인들은 그곳을 가리켜 완사천이라 한다네 行人指點浣紗泉

하였다.

팔이도(八爾島)[117] 둘레가 28리이다.

안창도(安昌島) 둘레가 20리이다.

하의도(河衣島) 둘레가 20리이다.

태이도(苔爾島) 둘레가 30리이다.

도초도(都草島) 둘레가 35리이다.

자을도(者乙島) 둘레가 31리이다.

지좌도(只佐島) 둘레가 45리이다.

수치도(愁致島) 둘레가 23리이다.

사치도(沙致島) 둘레가 12리이다.

대야도(大也島) 둘레가 23리이다.

소지도(小智島) 둘레가 25리이다.

반월도(半月島) 둘레가 12리이다.

박지도(朴只島) 둘레가 8리이다.

고하도(高下島) 둘레가 12리이다.

116 천……부합하거니와 : 한나라 고조(高祖)의 첩인 박희(薄姬)가 일찍이 창룡이 자신의 배 속으로 들어오는 꿈을 꾸고서 아들을 낳았는데, 그 아들이 바로 대왕(代王)이 되었다가 나중에 황궁으로 들어와 황제로 즉위한 문제(文帝)이다. 《史記 外戚世家》 장화왕후도 개〔浦〕의 용이 품 안으로 들어오는 꿈을 꾸고, 태조와 동침하여 혜종을 낳았으므로 박희의 일과 부합한다는 말이다.

117 팔이도(八爾島) : 《정조실록》 및 《비변사등록》 등에는 '팔금도(八禽島)'로 되어 있고, 현재의 지명도 '팔금도'이다. 근거가 불충분하여 그대로 번역하였다.

다리도(多里島) 둘레가 15리이다.

사읍도(沙邑島) 둘레가 45리이다.

압해도(壓海島) 둘레가 60리이다. 백제 때 아차산군(阿次山郡)이라 하였는데, 신라에서 압해군(壓海郡)으로 고쳤다. 고려 초에 본주에 예속시켰다가 뒤에 영광군에 예속시켰는데, 뒤에 다시 본주에 예속시켰다. 그 후 왜구에게 땅을 잃어 현을 본주 내지(內地)로 옮겼다. 옛 군의 기지가 아직 남아 있다.

송도(松島) 둘레가 10리이다.

구슬도(仇瑟島) 둘레가 10리이다.

우막도(牛幕島) 둘레가 7리이다.

소문도(蘇文島) 둘레가 7리이다.

우개도(牛開島) 둘레가 30리이다.

가난도(加難島) 둘레가 20리이다.

비이도(飛爾島)[118] 둘레가 30리이다.

지도(智島) 둘레가 60리이다.

장산도(長山島) 둘레가 35리이다. 일명 안릉(安陵)이라고 한다. 백제 때 거지산현(居知山縣)이라고 하였는데, 신라에서 안파(安波)로 개명하고 압해군의 영현으로 삼았다. 고려에서 지금 이름으로 고치고 본주에 예속시켰는데, 뒤에 왜구에게 땅을 잃어 거주지를 본주 내지로 옮겼다. 옛 현의 기지가 아직 남아 있다.

118 비이도(飛爾島) : 현재의 지명은 '비금도(飛禽島)'이다. 근거가 불충분하여 그대로 번역하였다.

자은도(慈恩島) 둘레가 45리이다.

암타도(巖墮島) 세속에서 암태도(巖泰島)라고 칭한다. 둘레가 45리이다.

신소도(新蔬島) 둘레가 30리이다. ○ 이상의 여러 섬은 모두 주 서쪽 바다 가운데에 있다. 물길로 수십 내지 100리이고, 모두 거주민이 있다.

흑산도(黑山島) 물길로 500리이고, 둘레가 75리이다. 예전에는 흑산현(黑山縣)이라 칭하였는데 유지가 아직 남아 있다. 《송사(宋史)》에 "명주(明州) 정해현(定海縣)에서 순풍을 만나면 사흘 만에 대양(大洋)에 들어가고, 또 5일 만에 흑산(黑山)에 닿아 고려 지경으로 들어간다." 하였으니, 바로 이 섬이다. 토질이 매우 기름져서 닥나무가 생산되며, 산에 큰 쥐들이 많다.

홍의도(紅衣島) 물길로 550리이다. 흑산도 서북쪽에 있다. 둘레가 30리이다.

노도(露島) 두 섬이 서로 이어져 있어서 혹 이교도(二鮫島)라고 칭한다. 물길로 580여 리이다. 흑산도 서남쪽에 있으며, 둘레가 30리이다.

가가도(可佳島) 물길로 900여 리이다. 흑산도 서쪽 400리에 있으며, 둘레가 70여 리이다. ○ 이상 네 섬은 모두 절도(絶島)이다.

토산 土産

대나무〔竹〕, **죽전**(竹箭), 삼향리(三鄕里)에서 나는 것이 가장 좋다. **왕골자리**〔莞席〕, **자기**(磁器), **여석**(礪石), 주 남쪽 비음리(庇蔭里)에서 난다. **차**〔茶〕, **석류**(石榴), **비자**(榧子), **표고버섯**〔香蕈〕, **나복**(蘿葍 무), 가장 크고 맛도 좋다. **소금**〔鹽〕, **숭어**〔秀魚〕, **오징어**〔烏賊魚〕, **은구어**(銀口魚 은어), **웅어**〔葦魚〕, **낙지**〔絡締〕, **전복**〔鰒〕, **굴**〔石花〕, **김**〔海衣〕, **미역**〔藿〕, **감태**(甘苔), **황각**(黃角), **매산**(莓山)

성곽 城郭

주성(州城) 돌로 쌓았다. 둘레가 5320자이다. 문 4개를 세웠으니, 동문을 □□이라 하고, 남문을 □□이라 하고, 서문을 □□이라 하고, 북문을 □□이라 한다. 성안에 우물과 샘 32개와 작은 시내 1개가 있다.

공서 公署

청암도 찰방사(靑巖道察訪司) 주 북쪽 5리에 있다. 청암(靑巖), 단암(丹巖), 영신(永申), 선암(仙巖), 신안(新安), 녹사(綠沙), 가리(嘉里), 영보(永保), 경신(景新), 광리(光利), 오림(烏林), 청송(靑松) 등 12개 역을 관할한다. ○ 찰방 1인이 있다.

학교 學校

향교(鄕校) 주성(州城) 서쪽에 있다.

□□서원(□□書院) 주 서쪽 2리에 있다. 선조조에 목사 김성일(金誠一)이 세워 주의 선비들이 학업을 닦는 장소로 삼고 사당을 세웠다. 그 후에 김굉필(金宏弼), 정여창(鄭汝昌), 조광조(趙光祖), 이언적(李彦迪), 이황(李滉)을 제사 지내 학자들이 종사(宗師)로 모실 바를 알게 하였다고 한다.[119]

119 선조조에……한다 : 《학봉집(鶴峯集)》 부록 권1 〈연보(年譜)〉에, 김성일이 나주 목사로 내려간 이듬해인 선조 17년(1584) 봄에 대곡서원(大谷書院)을 창건하고 오현을 향사하였다고 하였다. 《순종실록》 7년 3월 27일 및 《연려실기술(燃藜室記述)》 별집 권4 〈사전전고(祀典典故) 서원(書院)〉에는 선조 16년에 나주의 경현서원(景賢書院)에 오현을 향사하였다는 기

궁실 宮室

금성관(錦城館) 바로 객관(客館)이다. 그 동헌(東軒)을 벽오헌(碧梧軒)이라 하니, 벽오동 나무가 있다. 이는 다른 고을에는 없는 것으로 본조 이행(李行)이 그렇게 이름 지었다.

향사당(鄕射堂) 성안 서쪽에 있다.

연무당(鍊武堂) 성 남문 밖에 있다.

무이루(撫夷樓) 객관 동쪽에 있다.

망화루(望華樓) 객관 남쪽에 있다. 성종 때 목사 이유인(李有仁)이 세웠다. ○ 김종직의 시[120]에 "연꽃 두공과 비늘 처마에 붉은 놀이 스치는데, 사또는 날마다 여기에서 서울을 바라보네.〔芝栱鱗簷拂紫霞 使君日日望京華〕"라고 하고, 또 이르기를 "한 지방의 도회에 누대도 훌륭하니, 관복 입고 해변에 머무름을 한하지 마소.〔一方走集樓臺勝 莫恨金章滯海涯〕"라고 하였다.

빙허정(憑虛亭) 무이루 동남쪽 성 위에 있다. ○ 본조 남곤(南袞)의 시에,

세상 밖에 아득히 솟아 있고 迥出風塵外
성벽 사이로 나는 듯 우뚝하네 軒騰睥睨間
나무는 평야에 의지하여 짧고 樹依平野短

록이 있고, 《일두집(一蠹集)》 유집 권2 〈포증사전(褒贈祀典)〉에 김성일이 오현을 추모하여 서원과 사당을 세웠는데, 공사를 마무리하지 못한 것을 후임 수령이 와서 마무리하고 오현을 제사 지냈다는 기록이 있다. 이에 근거하면 김성일이 대곡서원을 짓고 오현을 향사하는 사당을 세웠고 후임 수령이 뒤를 이어 오현을 제사 지냈으며, 뒤에 경현서원으로 사액받은 것으로 보인다.

120 김종직의 시 : 〈나주 이 대사가 새로 남루를 지어 편액을 망화라 써 붙이고 시 짓기를 청하다〔羅州李大使新作南樓扁以望華索賦〕〉이다. 《佔畢齋集 卷22》

하늘은 해문을 향하여 넓도다	天向海門寬
형승은 사람으로 인해 있는 법이라	形勝因人有
손님이며 벗들이 마음껏 즐기누나	賓朋盡意歡
날 저물자 그림으로나 그릴 만한 이곳	晩來堪畫處
석양빛이 구름 낀 산마루를 비치누나	斜日照雲鬟

하였다.

소요정(逍遙亭) 주 서남쪽 25리, 금강 가에 있다. 이씨(李氏)의 별서(別墅)이다.

복암(福巖) 예전에 이름난 정자가 있었는데, 나씨(羅氏)의 별서였다고 한다.

장춘정(長春亭) 소요정 서쪽 5리, 금강 가에 있다. 유씨(柳氏)의 별서이다.

□□정(□□亭) 장춘정 서쪽 6리, 금강 가에 있다. 박사암(朴思菴 박순(朴淳))의 별서이다.

연파정(煙波亭) 석□정(石□亭) 서쪽 3리, 금강 가에 있다. 주와의 거리는 남쪽으로 40리이다.

낙범정(落帆亭) 연파정 서남쪽 3리에 있다. 주와의 거리는 남쪽으로 42리이다. ○ 이상 세 정자는 모두 박사암의 정자이다.

창고 倉庫

영산창(榮山倉) 금강나루〔錦江津〕 언덕에 있으니, 바로 영산현(榮山縣)이다. 본주 및 순천(順天), 강진(康津), 광주(光州), 진도(珍島), 낙안(樂安), 광양(光陽), 화순(和順), 남평(南平), 동복(同福), 흥양(興陽), 무안(務安), 능성(綾城), 영암(靈巖), 보성(寶城), 장흥(長興), 해남(海南) 등 관아의 전세를 이곳에서 수합하여 서울까지 조운(漕運)하였다. ○ 중종 7년(1512)에 본 창고에서 수합하던 것을 영광(靈光)의 법성창(法聖倉)으로 옮기면서 그대로 폐지되었다.

봉수 烽燧

군산 봉수(群山烽燧) 주 서쪽 105리에 있다. 남쪽으로 무안현의 유달산(鍮達山)에 응하고, 북쪽으로 같은 현의 고림산(高林山)에 응한다.

우역 郵驛

청암역(青巖驛) 주 북쪽 5리에 있다. 찰방사 본역이다.

신안역(新安驛) 주 남쪽 33리에 있다.

자화원(慈化院) 주 동문 밖에 있다.

요광원(要光院) 주 북쪽 20리에 있다.

금강원(錦江院) 주 남쪽 11리, 금강나루 언덕에 있다. 누각이 있다.

연화원(蓮花院) 주 북쪽 10리에 있다. 누각이 있다.

홍해원(洪海院) 주 남쪽 13리에 있다.

신안원(新安院) 주 남쪽 35리에 있다.

개계원(開界院) 주 서쪽 20리에 있다.

창걸원(昌乞院) 주 남쪽 35리에 있다.

영원(嶺院) 주 남쪽 60리에 있다.

관량 關梁

학교(鶴橋) 성안에 있다.

영산교(榮山橋) 주 남쪽 10리, 금강나루에 있다. 대목(大木)으로 다리를 만들었고, 다리 아래로 배가 지나다닌다.

고막교(古幕橋) 고막포(古幕浦)에 있다. 목교(木橋)이다.

사묘 祠廟

사직단(社稷壇) 주 서쪽에 있다.

문묘(文廟) 향교에 있다.

남해신사(南海神祠) 주 남쪽 45리에 있다. 사전(祀典)에 중사(中祀)로 실려 있다. 봄가을에 향축을 내려 제사 지낸다.

금성산사(錦城山祠) 사전에 소사(小祀)로 실려 있다. 매년 봄가을에 향축을 내려 제사 지낸다. 사우(祠宇)는 5개가 있으니, 산 정상에 있는 것을 상실(上室)이라 하고, 산허리에 있는 것을 중실(中室)이라 하고, 산기슭에 있는 것을 하실(下室)이라 하고, 하실의 남쪽에 있는 것을 국사(國祀)라 하고, 주성(州城) 안에 있는 것을 조당(祖堂)이라 한다.[121] ○ 고려 충렬왕 때 민간에서 전언하기를 "신당의 신〔祠神〕이 무당에게 내려 말하기를 '진도(珍島)와 탐라(耽羅)를 평정하는 데에 내가 공이 있었으니, 나를 정녕공(定

121 하실의……한다 : 《신증동국여지승람》 권35 〈전라도 나주목〉 사묘(祠廟)에는 "하실의 남쪽에 있는 것을 국제사(國祭祀)라 하고, 주성 안에 있는 것을 예조당(禰祖堂)이라 한다."라고 되어 있다. 근거가 불충분하여 그대로 번역하였다.

寧公)으로 봉하여야 한다.' 하였다."라고 하니, 주 사람인 보문각 대제(寶文閣待制) 정홍(鄭興)이 그 말에 미혹되어 왕을 설득하여 봉작하고 봄가을로 축문과 폐백을 내려 제사 지내게 하였다. 속설에 신당의 신이 영험하다고 하여 매년 봄가을로 원근에서 기도하러 오는 자들이 모여들어 시끌벅적하였는데, 남녀가 뒤섞인 채 온 산을 가득 메워 노천에서 자므로 그로 인해 처녀들을 간통하였다. 성종조에 예조에 명하여 금지하였다.

용진단(龍津壇) 금수(錦水) 북쪽 언덕에 있으니, 앙암(仰巖)과 서로 마주 보고 있다. 본 고을에서 제사를 지낸다.

김천일(金千鎰) 사당 주 서쪽 1리, 옥정봉(玉井峯) 아래에 있다. 정렬사(旌烈祠)로 사액을 받았다.[122] 장유(張維)가 지은 정렬비(旌烈碑)[123]가 있다.

여단(厲壇) 주 북쪽에 있다.

능묘 陵墓

오겸(吳謙) 묘 용진산 측면에 있다.

기대승(奇大升) 묘 주 북쪽 오산리(烏山里)에 있다.

122 정렬사(旌烈祠)로 사액을 받았다 : 1607년(선조40)에 사액을 받았다. 《新增東國輿地勝覽 卷35 羅州牧 祠院》

123 장유(張維)가 지은 정렬비(旌烈碑) : 〈창의사 김공 정렬사비(倡義使金公旌烈祠碑)〉이다. 《谿谷集 卷13》

사찰 寺刹

흥룡사(興龍寺) 주 남쪽 11리, 금강나루 북쪽에 있다. 고려 태조 장화왕후 오씨의 조부는 부돈(富伅), 아버지는 다련군(多憐君)인데, 대대로 주의 목포(木浦)에 거주하였다. 다련군이 사간(沙干) 연위(連位)의 딸 덕교(德交)를 아내로 맞아 왕후를 낳았다. 왕후가 일찍이 개〔浦〕의 용이 배 속으로 들어오는 꿈을 꾸고 놀라 깨어 부모에게 말하니, 모두 이상하게 여겼다. 얼마 되지 않아 태조가 수군장군(水軍將軍)으로서 나주를 진수(鎭守)하러 나와 목포에 배를 정박하였는데, 물가에 오색의 구름 기운이 서려 있는 것이 보여 그곳에 가 보았더니 왕후가 베를 빨고 있었다. 태조가 불러다 동침하며 미천한 신분이므로 임신시키지 않으려고 정액을 침석(寢席)에 쏟았는데 왕후가 즉시 흡입하고 마침내 임신하여 아들을 낳으니 바로 혜종이다. 얼굴에 침석 무늬가 있어서 세상에서 접주(襵主 주름살 임금)라고 하였다. 그 땅에 큰 절을 짓고 흥룡사라 하였다. 앞에 완사천(浣絲泉)이 있다.

법륜사(法輪寺) 서쪽 1리에 있다. ○ 고려 이영간(李靈幹)의 시에,

선선한 가을날과 저물녘 경치가 가장 서로 맞으니	秋涼晩景最相宜
하룻밤 절간에 묵으며 눈썹 한번 펴누나	一宿蓮坊一展眉
별들은 밤 깊어지자 빛이 찬란하고	星斗夜深光燦爛
누대에 달빛 가득하니 그림자가 들쭉날쭉하네	樓臺月滿影參差

하였다.

보광사(普光寺) 금성산에 있다. ○ 고려 이방직(李邦直)의 시에,

이곳은 참으로 선경이니	此地眞仙境
누가 이 절을 지었는고	何人創佛宮
문을 두드리니 속세와 단절되고	扣門塵迹絶

방에 들어가니 도심이 통하누나 入室道心通
새벽이슬은 산의 푸르름을 머금었고 曉露山含翠
가을꽃은 비 맞아서 붉은빛이 바랬구나 秋花雨褪紅
천고의 일을 생각하니 想看千古事
나는 새가 공중을 지나는 듯하네 飛鳥過長空

하였다.

신왕사(神王寺) 금성산에 있다. 지금은 없어졌다.

도홍사(道弘寺) 금성산 월정봉에 있다. 지금은 없어졌다.

신륵사(新勒寺) 금성산 장원봉에 있다. 일명 울아사(鬱牙寺)라고 한다.

쌍계사(雙溪寺) 쌍계산에 있다. 절이 매우 크다.

용진사(涌珍寺) 용진산에 있다. 절에 극복루(克復樓)가 있다.

취선사(聚仙寺) 금성산에 있다.

학림사(鶴林寺) 주 서쪽 93리, 향리(鄕里)에 있다.

고적 古蹟

영산폐현(榮山廢縣) 주 남쪽 10리에 있다. 본래 흑산도 사람들이 육지로 나와 남포(南浦)에 임시로 살면서 영산현(榮山縣)이라 칭하였다. 고려 공민왕 때 승격하여 군으로 삼았고 뒤에 본주에 편입시켰다. 본조에서 그대로 따랐다.

압해폐현(壓海廢縣) 주 남쪽 40리에 있다. 압(壓) 자는 한편 '압(押)'으로도 쓴다. 현은 본래 바다 가운데 섬에 있었는데, 뒤에 왜구로 인해 그 땅을 비우고 이곳에 임시로 살면서 그대로 압해현이라 칭하였다. 지금은 없어졌다. 압해도에 자세히 보인다.

여황폐현(艅艎廢縣) 주 북쪽 40리에 있다. 본래 백제 수천현(水川縣)으로, 일명 수입이(水入伊)라고 하였다. 신라에서 여황(艅艎)으로 고치고 그대로 병합하였다. 고려와 본조에서 모두 그대로 따랐다.

회진폐현(會津廢縣) 주 서쪽 15리에 있다. 본래 백제 두혜현(豆肹縣)인데, 신라에서 회진(會津)으로 고치고 그대로 병합하였다. 고려와 본조에서 모두 그대로 따랐다.

안로폐현(安老廢縣) 주 남쪽 30리에 있다. 본래 백제 아로곡현(阿老谷縣)인데, 신라에서 야로(野老)로 고치고 반남군(潘南郡)의 영현으로 삼았다. 고려에서 안로(安老)로 고치고 그대로 병합하였다. 본조에서 그대로 따랐다.

복룡폐현(伏龍廢縣) 주 북쪽 30리에 있다. 본래 백제 복룡현(伏龍縣)으로 일명 배룡(盃龍)이라고 한다. 신라에서 용산(龍山)으로 고치고 무주(武州 지금의 광주(光州))의 영현으로 삼았다. 고려에서 옛 이름으로 복구하고 본주에 병합하였다. 본조에서 그대로 따랐다.

반남폐현(潘南廢縣) 주 남쪽 40리에 있다. 본래 백제 반내부리현(半奈夫里縣)인데, 신라에서 고쳐 반남군(潘南郡)으로 삼았다. 고려 초에 강등하여 현으로 삼고 그대로 병합하였다. 본조에서 그대로 따랐다.

장산폐현(長山廢縣) 주 남쪽 20리에 있다. 현은 본래 바다 가운데 섬에 있었는데, 고려 말에 왜구로 인해 땅을 잃었으므로 이곳에 임시로 살다가 그대로 현으로 삼았다. 뒤에 폐지되었다. 장산도에 자세히 보인다.

금성산고성(錦城山古城) 돌로 쌓았다. 둘레가 2946자이다. 예전에 군창이 있었다. 지금은 허물어져 없어졌다. ○ 본조 선조조에 체찰사 이항복(李恒福)에게 남방의 산성을 순찰하여 편리 여부를 살피게 하였는데 이항복이

이 성에 대해 기술하기를,[124]

"성은 둘레가 10리는 되는데, 서·남·북쪽 삼면은 지세가 험준하고, 동문 밖 한 면만이 넓고 평평하여 적의 공격을 받을 곳입니다. 성안에는 마르지 않는 우물이 5개 있고, 또 산봉우리가 4개 있으니 북쪽은 정녕(定寧), 남쪽은 다복(多福), 서쪽은 오도(悟道), 동쪽은 노적(露積)이라 합니다. 정녕이 주봉이고 동쪽, 서쪽, 남쪽의 세 봉우리는 주봉 앞에 공읍(拱揖)하는 자세로 서 있는데, 신호도 서로 주고받고 대화도 서로 통합니다. 동쪽과 북쪽 두 봉우리의 줄기가 빙 둘러싸서 골을 이루니 대곡동(大谷洞)이라 합니다. 이 산은 북쪽은 높고 남쪽은 낮아서 성의 형세가 비스듬하게 기울어져 있고, 동문 밖은 산등성이가 연이어 수백 보를 뻗어 가서 장원봉(壯元峯)에 이르는데, 산등성이에서 성안을 쳐다보면 포환(砲丸)이 미칠 만한 거리입니다. 서쪽과 북쪽 양면은 성이 산허리를 둘러 있어서 형세가 안팎으로 나누어졌으므로 성첩(城堞)을 지키는 사람은 몸이 산 바깥쪽에 있게 됩니다. 그래서 동남쪽 이면(裏面)과는 지원할 수 있는 가까운 거리인데도 서로 호응할 수 없으니, 이는 병가(兵家)에서 꺼리는 점입니다. 또 동문이 한쪽으로 기운 데다 본주와의 거리가 매우 가까운데, 본수의 성은 넓기만 하고 튼튼하지 못하여 바깥에서 틈을 엿볼 수 있는 곳이 많아 실로 지키기가 어렵습니다. 그리고 이곳이 웅번(雄藩)이라 일컬어져서 적들이 기필코 차지하려는 땅이므로, 적이 만약 이곳을 빼앗아 점거하고서 소굴로 삼는다면 산성의 사람들은 적의 어깨와 등에 위치하게 되어 식량을 운반할 길이 끊어져서 싸우기도 전에 저

124 이항복이……기술하기를 : 〈나주 금성산성(羅州錦城山城)〉이다. 《白沙集 卷2》

절로 고단해질 것이니, 이는 위험한 방도입니다."

하였다.

종남향(從南鄕) 예전에는 종의향(從義鄕)이라고 하였다. 주 남쪽 50리에 있다.

군산부곡(群山部曲), **극포부곡**(極浦部曲), **임성부곡**(任城部曲) 이상 세 부곡은 지금 합하여 삼향리(三鄕里)라고 한다. 주 경계를 넘어 무안현(務安縣) 남쪽에 들어가고, 주와의 거리는 서쪽으로 90리이다.

석장(石檣) 성 동문 밖에 있다. 세상에서 전하기를 처음에 주를 설치할 때 술자(術者)가 이것을 세워서 배가 가는 형세를 표상했다고 한다. 문 안에 또한 목장(木檣)이 있다.

고려 혜종(惠宗) **사당** 예전에는 흥룡사 안에 있었다. 본조 초까지 주 사람들이 여전히 제사를 지냈다. 지금은 유지만 남아 있다. ○ 고려 말에 윤소종(尹紹宗)이 사당을 배알하고 지은 시[125]에,

철원에서 성업을 여는 때에	鐵原方啓聖
금리에서 영주를 낳으셨네[126]	錦里爲儲英
삼한을 통일하던 날에	一統三韓日
먼저 백제성을 오르셨지	先登百濟城
산하는 왕의 기운을 돕고	山河扶王氣

125 윤소종(尹紹宗)이……시 : 〈금성에서 혜왕의 진영을 뵙다〔謁惠王眞于錦城〕〉이다. 《東文選 卷10》

126 철원(鐵原)에서……낳으셨네 : 금리(錦里)는 나주를 말하고, 영주(英主)는 혜종을 말한다. 고려 태조가 철원에 도읍한 태봉국(泰封國)의 장수로서 나주에 갔을 때 장화왕후(莊和王后) 오씨(吳氏)를 만나서 혜종을 낳았다.

사당 모습에서 백성 뜻을 보겠네 廟貌見民情
부디 동쪽 정벌하는 군사를 도와 願相東征鉞
거듭 만세토록 태평 시대 열어 주소서 重開萬世平

하였다.

명환 名宦

고려

유금필(庾黔弼) 태조 18년(935)에 여러 장수에게 말하기를 "나주 지계의 40여 군(郡)이 우리의 번방이 되어 오랫동안 우리의 풍교(風敎)를 따르고 있었는데, 근래 백제에게 빼앗겨 6년 동안 바닷길이 통하지 않고 있으니 누가 나를 위해 이곳을 진무할 것인가?" 하니, 홍유(洪儒)와 박술희(朴述熙) 등이 가기를 청하였다. 이에 태조가 말하기를 "무릇 장수가 되어서는 인심을 얻는 것이 귀중하다." 하고, 마침내 유금필을 도통대장군(都統大將軍)으로 삼고 어선(御船)을 하사하여 파견하였다. 유금필이 나주에 이르러 여러 성을 진령하여 관리하고 돌아오자, 태조가 예성강(禮成江)에 행차하여 맞이하고 위로하였다.

전보인(全輔仁) 성종 때 나주 경학박사(經學博士)가 되었는데, 교도(敎導)하는 데 방도가 있었으므로 왕이 공복(公服) 1벌과 쌀 50섬을 하사하고 교서를 내려 장려하였다. 그 교서에 이르기를 "가르치기를 근실히 함은 공자가 학문을 널리 닦는 뜻에 부합하고, 가르치되 게을리하지 않는 것은 과인이 학문을 권면하는 뜻에 부응하니, 마땅히 권장하고 발탁하는 은전을 더하여 특별한 은총을 보여야 한다." 하였다.

주열(朱悅) 고종 때 판나주목사(判羅州牧事)가 되었는데, 청렴하고 대범하기로 일컬어졌다.

김경손(金慶孫) 고종조에 나주 도지휘사가 되었다. 당시 원율(原栗 담양의 속현)의 도적 이연년(李延年)이 자칭 백적원수(百賊元帥)라 하고 해양(海陽 지금의 광주) 등 주현을 침략하여 약탈하였는데, 김경손이 나주에 있다는 말을 듣자 그 무리를 이끌고 나주를 포위하였다. 김경손은 별초가 될 만한 자 30여 인을 모집한 다음, 출전하여 이연년을 베고 승세를 타서 무리를 추격하니, 적도들이 크게 무너져서 한 지방이 다시 안정되었다. 조정에 들어가 추밀원 지주사(樞密院知奏事)에 제수되었다.

최린(崔璘) 고종조에 나주 부사(羅州副使)가 되었다. 당시 원율의 적수(賊帥) 이연년이 난을 일으켜서 주군을 침략하여 약탈하였는데, 최린이 지휘사 김경손과 함께 쳐서 격파하고 그 공으로 우부승선(右副承宣)에 초배(超拜)되었다.

김응덕(金應德) 원종 11년(1270)에 사록(司錄)이 되었다. 당시 삼별초가 모반하여 진도(珍島)를 점거하였는데, 기세가 몹시 치성하여 주군에서 멀리 바라만 보고도 맞아들여 항복하였다. 적이 장차 주 지경에 이르게 되었는데, 주의 관원들이 의론만 하고 결정을 내리지 못하고 있었다. 이에 상호장(上戶長) 정지려(鄭之呂)가 개연히 말하기를 "참으로 성에 올라가 굳게 지키지 못한다면 차라리 산골짜기로 달아나 숨을 것이지, 한 주의 수리(首吏)가 되어서 무슨 면목으로 나라를 저버리고 적을 붙좇는단 말이오." 하였다. 김응덕이 그 말을 듣고는 즉시 성을 지키기로 결의하고, 주와 영내(領內) 여러 현에 첩보를 보낸 다음 금성산에 입보(入保)하여 가시나무를 꽂아 목책을 만들고 사졸들을 이끌어 독려하였다. 적이 이르자 사졸들이 모두 상처를 싸매고 결사적으로 지키니, 적이 7일 동안 밤낮으로 성을 공격하였으나 결국 함락하지 못하였다.

민종유(閔宗儒) 충렬왕조에 나주 목사가 되었다.

장항(張沆) 충숙왕조에 나주 목사가 되었는데, 청렴하고 정직하고 선을 좋아하였으며 마음을 다해 공물을 헌납하였다. 조정에 들어가 군부 판서가 되었다.

윤택(尹澤) 충목왕조에 나주 목사가 되었는데, 정사는 관용을 중시하였으며, 강한 자는 눌러 통제하고 약한 자는 도와 세워 주었다.

본조

함우치(咸禹治) 나주 목사가 되었는데, 청렴하고 대범하며 직무에 부지런히 힘써서 이르는 곳마다 정사의 공적이 있었다.

김계희(金係熙) 세조 때 나주 목사가 되었는데, 은혜로운 정사를 행하고 학교를 크게 정비하니 떠난 뒤에 백성들이 사모하였다. 그가 죽자 부모를 잃은 듯이 하였으며, 그를 위하여 보(寶)를 세워 매년 기일에는 고을 안의 사람들이 신분 고하를 막론하고 모두 모여 향교에서 제사를 지냈다.

최선복(崔善復) 나주 목사가 되었는데, 청렴하고 대범하게 정치를 행하여 백성들이 그 은혜에 감복하였다.

이영견(李永肩) 나주 목사가 되었다.

이유인(李有仁) 나주 목사가 되었다.

유몽정(柳夢鼎) 선조조에 나주 목사가 되었는데, 명확한 판단력이 있어 옥송(獄訟)에 적체가 없었고, 학교를 정비하고 일으켰으므로 백성들이 그가 떠난 뒤에 사모하였다.

정개청(鄭介淸) 무안(務安)에 은거하였는데, 뜻을 독실히 하고 행실에 힘썼다. 일찍이 문생들과 향음주례(鄕飮酒禮)를 행하였는데 목사 유몽정이 가서 보고 감탄하기를 "고례(古禮)가 행해지는 것을 오늘에야 보게 되었다. 이 고을은 바로 인재의 부고(府庫)지만 한갓 사장(詞章)에만 힘쓰니, 모름지기 진유(眞儒)를 얻어야 사풍(士風)을 변화시킬 수 있다." 하고, 드디어 소장을 올려 정개청을 주 교수로 제수하도록 하고, 예를 갖추어 간곡히 청하였다.[127] 정개청은 스승과 제자의 예를 엄격히 하였으며, 《소학(小學)》, 《여씨향약(呂氏鄕約)》부터 《근사록(近思錄)》, 《주자가례(朱子家禮)》, 《의례(儀禮)》까지 가르쳐 정성스럽게 교도하니, 1년 남짓하여 효제(孝悌)가 향당에 행하여졌다.

김성일(金誠一) 소경왕조(昭敬王朝 선조)에 나주 목사로 나갔는데, 정사를 맑고 엄숙하게 행하였다. 민정(民情)이 막힐 것을 염려해서 문에 북을 설치하여 억울한 자들로 하여금 북을 치게 하였다. 금성산 기슭에 서원을 짓고 사당을 세워 오현(五賢)을 향사하였는데,[128] 공무 중에 겨를이 날 때마다 가서 생도들과 경전의 뜻을 강론하고 그 근태에 따라 고과하였다. 사직

127 예를……청하였다 : 정개청의 행장에는 "얼마 안 되어 유몽정이 체차되어 떠나가자, 정개청도 사직하고서 집으로 돌아왔다. 그 뒤에 안동(安東)의 김성일(金誠一)이 유몽정을 대신하여 부임해 와서 예를 갖춰 정개청에게 간곡히 청하며 그 직임을 끝까지 행하기를 원하였으나, 정개청은 굳이 사양하며 나아가지 않았다."라고 하였다. 《愚得錄 附錄下 困齋先生行狀》 여기서는 생략하여 기술한 것으로 보인다.

128 금성산……향사하였는데 : 선조 17년(1584)에 금성산 기슭에 대곡서원(大谷書院)을 짓고 한훤당(寒暄堂) 김굉필(金宏弼), 일두(一蠹) 정여창(鄭汝昌), 정암(靜菴) 조광조(趙光祖), 회재(晦齋) 이언적(李彦迪), 퇴계(退溪) 이황(李滉)을 향사하였다. 《鶴峯集 附錄 卷1 年譜》

단에 불이 난 일이 있었는데, 고을 사람들이 속히 새로 짓고 감사에게는 보고하지 말기를 청하였다. 이에 김성일이 말하기를 "죄가 있는데도 이를 숨기는 것은 죄를 더 보태는 것이다." 하고, 스스로 탄핵하는 글을 올리고는 고향으로 돌아갔다.

정엽(鄭曄) 소경왕조에 나주 목사가 되었다. 성품이 청렴하고 대범하였으며 이르는 곳마다 은혜로운 정사가 백성에게 미쳤다.

장유(張維) 인조조에 이조 판서로서 폄척되어 나주 목사에 제수되었는데, 학교를 힘써 정비하고 자주 선비들을 이끌어 경사(經史)를 논란(論難)하였으며, 백성들을 아끼고 형벌을 신중히 하였다. 이듬해에 형조 판서로 소환되었다.

유우 流寓

정도전(鄭道傳) 봉화(奉化) 사람이다. 고려 말에 재주와 학식으로 드러나서 여러 관직을 거쳐 성균관 사예가 되었다. 신우(辛禑)가 즉위한 처음에 정도전으로 하여금 북원(北元)의 사신을 영접하게 하자, 정도전이 강력히 말하기를 "이미 명나라를 섬기면서 또 원나라 사신을 영접하는 것은 불가합니다." 하고, 또 말하기를 "우리는 사신 머리를 베고 오거나 그렇지 않으면 포박해서 명나라로 보낼 것입니다." 하였다. 마침내 이인임(李仁任)의 뜻을 거슬러 회진현(會津縣)에 유배되어 초가를 짓고 3년을 우거하다가 석방되어 돌아왔다. 초사(草舍)에 대한 기문[129] 및 부로들을 효유하는

129 초사(草舍)에 대한 기문 : 〈소재동기〉이다.《三峯集 卷4》

글[130]이 남아 있다. 뒤에 본조 태조의 공신이 되었다. ○ 본조 김종직의 시[131]에,

누가 종지[132]를 기설[133]의 무리라 하였던가　　誰謂宗之夔契倫
평지에서 험한 길 가 끝내 몸을 위태롭게 하였네　　崎嶇平地竟阽身
부질없이 동문에서 부로들을 효유하였으니　　漫煩父老東門諭
어찌 입 다물고 회진에 숨은 것만 하리오　　爭似三緘隱會津

하였다.

조주(趙注) 본래 강진(康津) 사람이다. 본조 세종조에 과거에 장원 급제하고, 역임한 관직마다 청렴하고 성실하게 직무를 수행하여 명성과 공적이 있었다. 연로하자 검교 호조 참판으로서 물러나 본주 세화리(細花里)에 거주하였다. 당시 여든이 넘은 나이임에도 매년 정조(正朝)와 동지, 탄절(誕節) 때면 반드시 나와 망궐례에 참석하였는데, 주 성문에 들어올 때는 반드시 말에서 내리고, 공청에 들어올 때는 반드시 종종걸음을 하였다. 이에 사람들이 물으니 "수령은 임금의 근심을 나누는 직책이고, 성부(城府)는 수령이 있는 곳이니 이와 같이 하지 않으면 안 된다." 하였다.

130 부로들을 효유하는 글 : 〈나주의 동루에 올라서 부로들을 효유하는 글〉이다. 《三峯集 卷3》

131 김종직의 시 : 〈금성곡〉 중 제6수이다. 《佔畢齋集 卷22》

132 종지(宗之) : 정도전의 자(字)이다.

133 기설(夔契) : 순(舜) 임금의 신하로, 음악을 담당한 기와 사도(司徒)의 직책을 관장한 설을 병칭한 것이다. 왕을 보좌하여 경륜을 펴는 현신(賢臣)을 지칭하는 말로 쓰인다.

인물 人物

고려

정가신(鄭可臣) 초명은 흥(興)이다. 고종조에 과거에 급제하였다. 충렬왕 때 세자를 따라 원나라로 갔는데, 원나라 세조가 보고는 공경하여 중히 여기며 본국의 풍속과 세대 간에 전해 오는 치란(治亂)의 사적(事跡)을 물어보고는 경청하면서 지루해하지 않았다. 뒤에 교지(交趾) 정벌에 관한 가부를 공경(公卿)과 함께 의논하도록 명하였는데, 정가신이 황제의 뜻에 맞게 대답하니, 한림학사에 제수하고 매우 융숭하게 우대하였다. 후일 본국으로 돌아와 관직이 중찬(中贊)에 이르렀다. 성품이 청렴 정직하여 정방(政房)에 있으면서 전주(銓注)를 모두 담당하니, 당시의 사명(辭命)이 대부분 그의 손에서 나왔다. 옛집은 주 북쪽 금안동(金安洞)에 있었으니, 일찍이 원나라에 있을 때 지은 시에,

해동의 남쪽에 금성산이 있고	海東南有錦城山
산 아래 초가 두어 칸이 우리 집이지	山下吾廬草數間
골목의 버들과 동산의 복사는 내가 심었으니	巷柳園桃親手植
봄바람에 주인 오기를 응당 고대할 것이로다	春風應待主人還

하였다.

나유(羅裕) 사람됨이 용맹하고 출중하였으며 누차 승진하여 대장군이 되었다. 김방경(金方慶)을 따라 삼별초를 토벌하고, 탐라와 일본을 정벌하는 데에 모두 공을 세워 밀직사에 진봉(進封)되었다. 원나라 황제가 회원대장군(懷遠大將軍)에 제수하였다. 예의(禮儀)를 익히고 옥송(獄訟)을 명확하게 판결하였으며 위난(危難)을 당하여도 두려워하지 않았다.

진자화(陳子和) 키가 크고 날쌔며 용감하였다. 원종 때 삼별초가 제주를 공격하였는데, 진자화가 19세의 나이로 곧장 적중에 들어가 그 장수를 베고 나오니, 사졸들이 기뻐 날뛰었다. 이윽고 적에게 해를 당하였다.

나익희(羅益禧) 나유의 아들이다. 관직이 상의평리(商議評理)에 이르렀다. 성품이 강직하고 절의를 흠모하였으며 남들과 다투는 것을 부끄러워하였다. 그 어머니가 일찍이 재산을 분배하면서 따로 노비를 주니, 사양하며 말하기를 "일남으로서 딸 다섯 사이에 끼어 있는 제가 어찌 차마 구차스레 재물을 차지하여 시구(鳲鳩)의 인(仁)[134]에 누를 끼치겠습니까." 하니, 어머니가 의롭게 여겨 따랐다. 시호는 양절(良節)이다.

박상충(朴尙衷) 반남(潘南) 사람이다. 공민왕조에 과거에 급제하였다. 예조정랑이 되어 고례를 참조하여 고증하고 순차대로 조리 있게 정리하여 사전(祀典)을 만들었다. 신우(辛禑) 때 이인임(李仁任)이 북원(北元)을 섬기려고 하자 재차 상소하여 극구 반론하였다. 이에 이인임의 뜻을 거슬러 장형을 받고 귀양 가던 도중에 죽었다. 사람됨이 강개하고 큰 뜻이 있었으며, 경사에 해박하며 글을 잘 지었다. 한가로이 거처할 때에는 오로지 책만 보았으며 가산에 대해서는 언급하지 않았다. 집안에서는 효도와 우애가 깊었고 관직에 임하여서는 부지런하고 성실하였으며, 의롭지 못한 방법으로 부귀해진 자를 보면 무시하였다.

정지(鄭地) 외모가 크고 헌칠하였으며 성품이 너그럽고 후덕하였다. 어려

134 시구(鳲鳩)의 인(仁) : 자식을 고르게 기르는 부모님의 사랑을 말한다. 《시경》 〈조풍(曹風) 시구〉에 "뻐꾸기가 뽕나무에 둥지를 틀었나니, 새끼가 일곱 마리로다. 우리 훌륭한 군자님이여, 그 말과 행동이 한결같도다.〔鳲鳩在桑, 其子七兮. 淑人君子, 其儀一兮.〕"라고 한 데서 나온 말이다.

서부터 큰 뜻이 있었고 독서를 좋아하여 대의를 통하였으며, 출입할 때는 항상 서적을 가지고 다녔다. 공민왕조에 속고치(速古赤)[135]가 되었는데, 왜구를 방어할 계책을 올리니 왕이 열람하고 크게 기뻐하여 전라도 안무사로 삼았다. 신우 때 왜구가 양광도(楊廣道), 전라도, 경상도를 침략하여 주군을 점령하매 정지를 삼도 도지휘사로 삼으니, 여러 번 왜구를 공격하여 크게 패배시켰다. 사람들이 말하기를 "지휘사가 아니었으면 삼도 백성들은 거의 다 죽었다." 하였다. 공양왕 때 회군 공신(回軍功臣)에 녹훈되고 철권(鐵券)을 하사받았다. 물러나 광주(光州)에 거주하다가 죽었다. 시호는 경렬(景烈)이다.

정침(鄭沈) 말타기와 활쏘기를 잘했으며 가산은 일삼지 않았다. 본주의 아전이 되었다. 공민왕 20년(1371)에 전라도 안렴사의 영으로 제주의 산천에 제사 지낼 축문과 폐백을 받들고 배를 타고 가다가 왜적과 맞닥뜨렸는데, 중과부적인지라 배 안 사람들이 모두 두려워하여 항복할 것을 논의하였다. 이에 정침이 홀로 불가하다고 여겨 맞서 싸우기로 결의하고 적에게 활을 쏘아 시위를 당길 때마다 거꾸러뜨리니, 적이 가까이 다가오지 못하였다. 화살이 다하자 정침은 일이 그른 것을 알고는 도포를 갖추고 단정히 앉아 있었다. 적이 놀라 의논하기를 "관인이나" 하고 서로 경계하면서 감히 해치지 못하였는데, 정침은 스스로 물에 몸을 던져 죽었고 배에 있던 사람들은 모두 적에게 항복하였다.

135 속고치(速古赤) : 고려 때 원나라에서 온 관직의 하나로, 임금의 측근에서 숙위(宿衛), 시종(侍從) 등의 임무를 맡았다.

본조

박은(朴訔) 박상충의 아들이다. 고려 말에 과거에 급제하였다. 본조에 들어와 좌명 공신(佐命功臣)이 되고, 관직이 의정부 좌의정에 이르렀으며 금천부원군(錦川府院君)에 봉해졌다. 시호는 평도(平度)이다. 아들 박규(朴葵)는 형조 참판을 지냈고, 박강(朴薑)은 중추원사가 되고 좌익 공신(佐翼功臣)에 참여하여 군(君)[136]에 봉해졌다.

정식(鄭軾) 정가신의 6대손이다. 세종조에 문과에 급제하고 중외 관직을 두루 역임하였으며, 지중추원사에 이르렀다. 시호는 경무(景武)이다.

최부(崔溥) 견문이 넓고 기억력이 좋았으며, 영웅호걸의 기상이 있어 세상일에 구애됨이 없었다. 성종조에 문과에 급제하여 홍문관에 뽑혀 들어가 교리가 되었고, 승진하여 예빈시 정에 이르렀다. 최부는 전장(典章)을 잘 배워 능숙하였고 겉치레로 화려하게 꾸미는 글은 절대 쓰지 않았다. 일찍이 제주에 사명을 받들고 갔다가 돌아올 때 표류하여 중국의 영파부(寧波府)에 이르렀다. 변신(邊臣)이 왜구로 의심하여 장차 죽이려 하였는데, 최부는 명쾌하고 민첩하게 응대하여 화를 모면하였다. 성종이 행록(行錄)을 올리라고 명하여 〈표해록(漂海錄)〉을 지어 올렸다. 연산군 무오년(1498, 연산군4)에 사화(史禍)에 연루되어 멀리 유배 갔다가 피살되었다. 중종 초에 증직되었다.

박숭질(朴崇質) 과거에 급제하고, 관직이 영중추부사에 이르렀다. 시호는 공순(恭順)이다.

정수강(丁壽崗) 성품이 청렴하고 성실하였다. 문과에 급제하고, 성종조에

136 군(君) : 금천군(錦川君)이다.《世祖實錄 1年 9月 20日》

여러 번 승진하여 집현전 제학이 되었다. 연산군 때 정치가 혼란스럽자 병을 핑계 대고 물러나 한가롭게 지내다가, 뒤에 중종을 섬겨 관직이 병조 참판에 이르렀다. 형 정수곤(丁壽崑)은 승문원 교리를 지냈고, 총명하고 기억력이 뛰어났으며 문명(文名)이 있었다.

정옥형(丁玉亨) 정수강의 아들이다. 문과에 급제하고, 여러 관직을 거쳐 병조 판서가 되고 의정부 우찬성에 이르렀다. 기량(器量)이 있었다. 일찍이 상진(尙震)과 더불어 영남에 가서 인묘(仁廟 인종)의 태봉(胎峯)을 함께 감동(監董)한 적이 있는데, 함창(咸昌)의 수령이 두 사람의 옛 친구였다. 그는 술을 권하려다가 먼저 취한 바람에 오줌을 싸서 자리에 흘리니, 서로 보고 웃으며 자리를 파하였다. 그 후 경상도에서 돌아오는 도중에 정옥형이 그 일에 대해 농담을 한마디도 하지 않으니, 상진이 탄복하여 말하기를 "남의 사소한 일도 희롱하지 않는 것이 이와 같으니, 더구나 남의 큰 허물을 말함에랴." 하였다. 아들 정응두(丁應斗)는 관직이 좌찬성에 이르렀고 효성과 의리로 알려졌으며, 체구가 크고 우람하여 두어 말의 밥을 너끈히 먹었다. 손자 정윤복(丁胤福)은 선조조에 대사헌이 되었다.

박소(朴紹) 박은의 후손이다. 어려서부터 행동거지에 법도가 있고 겉과 속이 한결같았으므로 보는 이들이 모두 옥인(玉人)이라고 하였다. 뜻을 독실히 하고 학문을 좋아하여 침식을 잊기까지 하였다. 중종조에 과거에 1등으로 급제하고, 전보되어 이조 낭관[137]에 제수되었다. 당시 사화를 겪어 사람들이 성리학 이론을 꺼리고 기피하였다. 이에 이언적(李彦迪)이 교서(校書) 자리에 오랫동안 침체되어 있었는데 박소가 힘써 추천하여 시강원에 들어가게

137 이조 낭관 : 이조 좌랑이다. 《국역 중종실록 18년 4월 10일》

하였으니, 그가 현인을 좋아하여 직분을 다함이 이와 같았다. 뒤에 사간이 되어 김안로(金安老)의 간악함을 탄핵하려다 그에게 걸려들자 합천(陜川)으로 돌아가 한적하게 지내면서 강론과 독서로 스스로 즐기다가 마침내 향리에서 죽었다. 박소는 어려서 아버지를 여의고 합천 야로현(冶爐縣)으로 옮겨 살면서 야천(冶川)이라 자호하였다. 백부와 숙부를 모시며 사랑과 공경을 극진히 하였고 거주지가 아무리 멀어도 근무가 파하면 반드시 와서 문안하였다. 아들 박응순(朴應順)은 선조의 비인 의인왕후(懿仁王后)의 아버지로서 반성부원군(潘城府院君)에 봉해졌고, 박응남(朴應男), 박응복(朴應福)은 모두 대사헌을 지냈다. 손자와 증손에 이르러 열경(列卿), 대시(臺侍)가 된 자가 10여 인이다. 합천군에도 보인다.

오겸(吳謙) 조부 오자치(吳自治)는 한미한 집안에서 출신하여 세조조에 군공(軍功)으로 나성군(羅城君)에 봉해졌다. 오겸은 어려서부터 영특하고 일찍 성숙하여 외삼촌인 판서 신상(申鏛)이 매양 그의 재주를 칭찬하였다. 음보(蔭補)로 남평 현감(南平縣監)이 되고, 중종조에 과거에 급제하였다. 명종조에 여러 관직을 거쳐 이조 판서가 되고 의정부 좌찬성에 이르렀는데, 병으로 사직하고 남쪽으로 돌아와 한가로이 13년을 살다가 죽었다. 타고난 자질이 온화하고 고상하였으며, 행정에 능하였다.

임붕(林鵬) 어려서부터 학문에 힘썼다. 기묘사화를 당해서는 태학생 수백 인을 거느리고 궐문을 지키며 죽음을 무릅쓰고 쟁변하였다. 뒤에 문과에 급제하고 사관(史館)에 뽑혀 들어갔다. 명종조에 승진하여 승지에 이르고 외직에 나가 경주 부윤(慶州府尹)이 되었는데, 강직함으로 이름을 날렸다. 아들 임진(林晉)은 무과에 합격하고 기국(器局)과 용기(勇氣)로 당시에 중망을 받아, 여러 관직을 거쳐 경상도, 전라도, 충청도, 평안도, 함경남도와 북도 등 6도의 절도사가 되었다.

임형수(林亨秀) 선조는 평택(平澤) 사람인데, 뒤에 이사 와서 본주 사람이 되었다. 아버지 임만근(林萬根)은 금산 군수(錦山郡守)를 지냈다. 임형수는 기개가 있고 풍도가 아름답고 빼어났으며, 여러 서적을 널리 통달하여 붓을 대면 바로 글을 이루었다. 명종조에 문과에 급제하고, 승진하여 홍문관 수찬이 되었다가 외직으로 나가 서북군(西北軍)의 막료가 되니,[138] 당시에 문무를 겸한 인재라고 일컬어졌다. 여러 관직을 거치고 제주 목사(濟州牧使)로 나가서 은혜로운 정사를 행하였는데, 결국 군소배의 모함을 받아 사사(賜死)되었다고 한다.[139] 호는 금호(錦湖)이다.

김천일(金千鎰) 선조는 광주(光州) 사람인데, 나주로 이사 와서 2대를 살았다. 어려서 아버지를 여의고 이항(李恒)의 문하에 들어가 수학하였다. 뜻을 독실히 하고 힘써 행하였으며 모든 처신에 규정과 법칙을 준수하였다. 선조조에 유일(遺逸)로 천거되어 중외 관직을 역임하였는데, 모두 공적이 드러났다. 헌대(憲臺 사헌부)에 들어가서는 강경한 발언을 서슴지 않았다. 왜란이 일어나 상이 서쪽으로 파천하고 서울이 함락되자, 김천일은 집에 있다가 변고를 듣고서 통곡하고는 향병(鄕兵)을 일으켜 근왕(勤王)하기 위해 먼저 기내(畿內)에 이르렀다. 이때부터 조정의 명이 비로소 양호(兩湖) 지방에 전달되었고, 행조(行朝)가 멀리서 창의사(倡義使)에 제수하였다.

138 외직으로……되니 : 함경도 회령부 판관에 제수되어 나간 것을 말한다.《錦湖遺稿 附錄 行蹟紀略》

139 군소배의……한다 : 1547년(명종2) 양재역 벽서 사건이 일어나자, 처음에는 절도(絶島)에 안치되었다가 바로 정언각(鄭彦慤)의 독계(獨啓)로 인하여 특명으로 사사되었다.《錦湖遺稿 附錄 行蹟紀略》

김천일은 강도(江都)에 주둔하여 지키고, 전함(戰艦)을 경강(京江)에 배치하여 명나라 군사와 기각(掎角)의 형세를 이루었다. 적이 퇴각하자 군사를 거느리고 적을 추격하여 영남에 이르러 여러 장수들과 진주성(晉州城)을 지켰는데, 왜병이 크게 이르러 9일을 전투하며 고수하니 살상자가 상당했다. 성이 함락될 지경이 되자, 김천일은 좌우에 말하기를 "우리는 죽기로 결단한 지 오래다." 하고, 아들 김상건(金象乾)과 함께 물에 뛰어들어 죽었다. 조정에서 그 충의를 기록하고 의정부 좌찬성에 증직하였다.

임제(林悌) 임진의 아들이다. 재주가 남보다 뛰어나서 날마다 수천 마디를 암송하였으며, 호방함을 좋아하고 혈기대로 행동하였다. 선조 때 문과에 급제하였는데, 관직은 예조 정랑에 그쳤다. 시에 능하다는 명성이 있었다. 임제는 기이한 기상이 있었으나 속으로 자못 스스로 깨우친 것이 있어 행실을 잘 단속하였으며, 명산 유람을 즐기는 것으로 그 호방함을 북돋아 시로 풀어 냈다고 한다. 《백호집(白湖集)》이 세상에 전한다.

열녀 列女

나씨(羅氏) 자매 호장(戶長) 나종(羅宗)의 딸들이다. 언니는 한림 조탁(趙琢)의 처이고, 동생은 견룡(牽龍) 임윤덕(林允德)의 처이다. 모두 일찍 과부가 되어 슬퍼함이 예제를 넘어설 만큼 슬퍼하였으며, 상을 마치고도 여전히 소복을 입었다. 집안이 몹시 가난한데도 종신토록 제사를 성심껏 지내니, 그 행실을 본 자들이 이웃 마을에서 모두 감탄하였다. 본조 태종조에 목사 권천(權踐)이 위에 보고하여 북장리(北藏里)에 한 쌍의 비(碑)를 세우고 절부리(節婦里)라 하였으며, 그 자손들은 복호(復戶)하였다.

광주목光州牧

동쪽으로 창평현(昌平縣) 경계까지 18리이다. 남쪽으로 화순현(和順縣) 경계까지 21리, 남평현(南平縣) 경계까지 28리이다. 서쪽으로 나주(羅州) 경계까지 47리이다. 북쪽으로 장성부(長城府) 경계까지 21리이다. 서울과의 거리는 725리이다.

한전 旱田

수전 水田

건치연혁 建置沿革

본래 백제 무진주(武珍州)이다. 일명 노지(奴只)이다. 신라에서 취하여 그대로 무진도독부(武珍都督府)를 설치하였다. 경덕왕 16년(757)에 무주(武州)를 설치하였는데, 진성왕 때 견훤이 습격하여 점거하고 후백제라고 칭하였다가 얼마 뒤에 전주(全州)로 도읍을 옮겼다. 고려 태조 19년(936)에 신검(神劍)을 토벌하여 평정하고, 23년(940)에 광주(光州)로 고쳤다. 처음 궁예(弓裔)가 고려 태조를 정기태감(精騎太監)으로 삼아 수군을 거느리고 주의 경계 지역을 공략하여 평정하게 하였는데, 견훤의 사위인 성주 지훤(池萱)이 굳게 지키고 항복하지 않자 태조가 이때 이르러 평정하였다. ○ 《고려사(高麗史)》를 살펴보건대, 천복(天復) 3년(903)에 궁예가 태조에게 명하여 수군을 거느리고 서해에서 광주 경계까지 이르러 금성(錦城 지금의 나주)을 쳐서 빼앗게 하였다. 개평(開平) 3년(909)에 또 태조로 하여금 전함을 정비하고 광주 진도군(珍島郡)을 진격하여 빼앗게 하였다. 뒤에 또 태조는 광주 서남쪽 경계의 반남현(潘南縣) 포구에 이르러 압해현(壓海縣)의 수적 능창(能昌)을 잡아 궁예에게 보냈다. 태조 즉위 19년에는 친히 신검을 정벌하러 가서 마성(馬城)에 군대를 주둔하니, 신검이 그 아우인 청주(菁州) 성주 양검(良劍), 광주(光州) 성주 용검(龍劍)과 함께 와서 항복하였다. 그렇다면 무주를 광주로 칭한 것은 견훤 때부터였지 태조 23년에 시작된 것이 아니다. 혹자는 고려의 사신이 소급해서 그렇게 칭한 것이 아닌가 의심하기도 한다. 그러나 나머지 주현의 경우는 모두 당시 칭호에 의거해서 썼는데 어찌 유독 광주만 그렇게 하였겠는가. 생각건대 견훤 이후로 광주와 무주를 섞어 칭하다가 이때 이르러 광주로 정한 듯하다. 일단 식자들의 의견을 기다린다. 성종 때 강등하여 해양현(海陽縣)으로 삼고, 고종 때 공신 김인준(金仁俊)의 외향이므로 승격하여 익주(翼州)로 삼았다. 곧이어 또 승격하여 무진주(武珍州)로 삼았다. 충선왕 초에 강등하여 화평부(化平府)로 삼았고, 공민왕 때 무진부(茂珍府)로 고쳤다. 혜종의 휘를 피하여 무(武) 자를 '무(茂)'로 고친 것이다. 뒤에 다시 광주목으로 삼았다. 본조에서 그대로 따랐다. 장헌왕(莊憲王 세종) 12년(1430)에 강등하여 무진군으로 삼았다. 고을 사람 노흥준(盧興俊)이 목사를 구타한 일로 인해 강등하였다. 공순왕(恭順王 문종) 1년(1451)에 다시 광주로 삼았다. 강정왕(康靖王 성종) 20년(1489)에 또 강등하여 광산현(光山縣)으로 삼았다. 판관 우윤공(禹允功)이 날아온 화살에 맞았는데, 조정에서 고을 사람의 소행으로 여겨 현으로 강등하였다. 연산군 7년(1501)에 다시 광주로 삼았다. 관장하는 면은 40개이다.

관원

목사(牧使), 판관(判官), 교수(教授) 각 1인이다.

군명 郡名

무진(武珍), 무주(武州), 해양(海陽), 화평(化平), 광산(光山)

형승 形勝

왼쪽으로는 무등산(無等山)에 의지해 있어 큰 산이 진산(鎭山)이 되었고, 오른쪽으로는 금성(錦城)과 이웃하여 비옥한 들판이 지경에 이어져 있다. 왼쪽으로는 무등산에 의지해 있어 큰 산이 진산이 되었고, 오른쪽으로는 금성과 이웃하여 비옥한 들판이 지경에 이어져 있으며, 북쪽으로는 노령(蘆嶺)과 금성(金城)으로 길이 통하므로 산과 숲, 내와 들의 풍족한 혜택을 다 누리니, 나주와 함께 남방의 큰 고을로 나란히 일컬어진다.

한 도의 요충지에 해당한다. 본조 신숙주(申叔舟)의 〈희경루기(喜慶樓記)〉

전라도의 큰 고을이다. 《고려사》 〈악지(樂志)〉

높고 험준하여 진산이 되었다. 본조 정홍명(鄭弘溟)의 〈서석산부(瑞石山賦)〉에 "높고 험준하여 진산이 되니, 맑고 깨끗하여 영기가 모였네. 땅은 기름지기로 유명하고, 사람은 호걸스런 영웅이 나오누나.〔嵩高作鎭 淸淑鍾靈 地擅膏腴 人產豪英〕" 하였다.

풍속 風俗

민속이 강하고 사납다. 〈회토기(會土記)〉에 "무진의 풍속은 강하고 사납다." 하였다.

힘써 농사와 잠상(蠶桑)에 종사한다. 풍속이 무격(巫覡)을 좋아한다. 모두 주지(州志)에 있다.

백성과 선비들이 본업을 즐긴다. 광주와 나주 사이에는 예부터 호걸이 많고 백성과 선비들이 본업을 즐긴다.

산천 山川

무등산(無等山) 주 동쪽 10리에 있다. 진산이다. 일명 무진악(武珍嶽)이라고 하고, 일명 서석산(瑞石山)이라고 한다. 하늘로 우뚝 솟아 거대하고 웅장하게 60여 리에 걸쳐 자리 잡고 있으니, 제주의 한라산(漢拏山), 경상도 남해(南海)와 거제(巨濟) 등의 섬이 모두 눈 아래에 있다. 이 산 서쪽 양지바른 언덕에 돌기둥 수십 개가 우뚝 서 있는데 높이가 100자는 되니, 산 이름을 서석산이라 한 것은 이로 말미암았다. 날이 가물다가 비가 오려고 할 때나 오랫동안 비가 오다가 개려고 할 때면 문득 우는 소리가 나서 수십 리까지 들린다. 속악(俗樂)[140]에 〈무등산곡(無等山曲)〉이 있는데, 백제 때 이 산에 성을 쌓자 백성들이 여기에 의지하여 편안히 살게 되었으므로 노래를 지어 불렀다고 한다. ○ 본조 정홍명의 부(賦)[141]에,

기이하다, 서석산이여 異哉瑞石之爲山
웅장하게 주현에 자리 잡고서 雄蟠州縣
신기하게 우주에 우뚝 솟았네 奇挺宇宙
연이어 이어지고 이어져서 連延纚屬
높이 오르다가 멈추어 굽이지네 騰踔蹇嵼
울퉁불퉁 돌길은 비탈이 졌고 磈硍坻堮
평탄한 언덕배기 길게 뻗었으니 壇曼阜坂
효험 있는 약초가 번성하고 靈草斯蕃
아름다운 감목이 자라고 있네 甘木斯殖
높은 산꼭대기와 觀其峻危之巔
험한 절벽을 보니 修阻之隈
기암은 사람이 서 있는 모습이고 奇巖人立
괴석은 짐승이 웅크리고 있는 모양이네 怪石獸頹
비스듬히 큰 도끼로 깎아 낸 듯하고 曲加斤鉅
교묘하게 조각칼로 다듬은 듯하네 巧施剞劂
천 길 되는 기둥이 있는데 有千尋之莖
세 층씩 포개어져 몹시도 위태롭네 擢累三級而槷刖

140 속악(俗樂) : 《고려사》 권71 〈악지(樂志) 2 삼국속악(三國俗樂)〉이다.
141 정홍명의 부(賦) : 〈서석산부(瑞石山賦)〉이다. 《畸庵集 卷9》

바닥 모를 깊은 곳에 홀로 서 있어　臨無底而孑峙
아득하여 자로다가 잴 수가 없네　敻不准乎度尺
기둥을 떠받치고 있는 형세라 편안하지 못하니　勢撐柱而難安
신인이라도 두렵고 놀라서 오르지 못할 것이네[142]　神悚眙而不可升

하였다.

양림산(陽林山) 주 서쪽 2리에 있다.

삼각산(三角山) 주 북쪽 10리에 있다.

건지산(巾之山) 주 남쪽 25리에 있다. 비가 오려는 날씨에는 산이 울어서 그 소리가 몇 리까지 들린다.

어등산(魚登山) 주 서쪽 33리에 있다.

불대산(佛臺山) 주 서북쪽 30리, 장성부와의 경계에 있다.

광현(廣峴) 주 남쪽 21리, 화순현과의 경계에 있다. 바로 무등산 서쪽 줄기이다.

칠천(漆川) 칠수(漆水)라고도 칭하니, 바로 담양부(潭陽府)의 칠천 하류이다. 주 북쪽 지경을 지나 서쪽으로 흘러 주 서쪽 30리에 이르면 벽진(碧津)이라 칭한다. 또 서남쪽으로 흘러 나주 경계에 들어가 금수(錦水)가 된다.

황룡천(黃龍川) 주 서쪽 40리에 있다. 바로 장성의 황룡천 하류이다. 선암역(仙巖驛) 앞을 감싸고 흐르므로 선암수(仙巖水)라고도 칭한다. 남쪽으로

142 신인이라도……것이네 : 《기암집(畸庵集)》 권9 〈서석산부〉에는 "비록 백혼 같은 신왕이라도 오히려 두려워 떨며 오르기 어렵다.〔雖伯昏之神王, 猶悚眙而難升.〕"라고 되어 있다. 백혼은 열자(列子)의 스승인 백혼무인(伯昏無人)을 말한다. 그가 높은 산에 올라가 높이 치솟은 바위를 밟고는 100길 되는 못을 앞에 두고 뒷걸음쳐서 갔는데, 발의 3분의 2는 허공에 놓여 있었다는 고사가 있다. 《莊子 田子方》

흘러 주 서남쪽 30리, 극락평(極樂坪)에 이르러 칠천에 들어간다.

건천(巾川) 주 서쪽 5리에 있다. 무등산 서쪽 기슭에서 나와 서북쪽으로 흘러 칠천에 들어간다.

혈포(穴浦) 주 북쪽 30리에 있다. 바로 칠천의 동쪽 물줄기이다.

풍혈(風穴) 무등산 규봉사(圭峯寺) 옆 석벽 아래에 있다. 굴은 길이가 1자, 너비가 5치인데, 바람이 불었다가 멎었다가 한다. 세속에서는 그 석벽을 이름하여 풍혈대(風穴臺)라고 한다.

보지지(普智池) 주 남쪽 40리에 있다.

제지(梯池) 주 남쪽 5리에 있다. 금물제지(今勿梯池)라고도 칭한다.

용연(龍淵) 주 남쪽 25리에 있다. 가뭄이 들 때 비를 빌면 효험이 있다.

토산 土産

철(鐵), 무등산 장불동(長佛洞)에서 난다. 자기(磁器), 주 동쪽 석보리(石保里)에서 난다. 죽전(竹箭), 주 남쪽[143] 양림산에서 난다. 석회(石灰), 종이〔紙〕, 꿀〔蜂蜜〕, 황랍(黃蠟), 차〔茶〕, 감〔柹〕, 석류(石榴), 탱자〔枳實〕, 대추〔大棗〕, 호두〔胡桃〕, 매실(梅實), 밤〔栗〕, 붕어〔鯽魚〕, 쏘가리〔錦鱗魚〕

143 남쪽 : 본책 본목 산천에는 양림산이 주 서쪽 2리에 있다고 되어 있다. 근거가 불충분하여 그대로 번역하였다.

성곽 城郭

주성(州城) 돌로 쌓았다. 둘레가 8253자이다. 4개의 문을 세웠으니, 동문을 □□이라 하고, 남문을 □□이라 하고, 서문을 □□이라 하고, 북문을 □□이라 한다. 안에 우물이 100개 있다.

공서 公署

경양도 찰방사(景陽道察訪司) 주 동쪽 8리에 있다. 경양(景陽), 덕기(德奇), 가림(加林), 인물(人物), 검부(黔夫), 창신(昌新), 대부(大富) 등 7개 역을 관할한다. ○ 찰방 1인이 있다. 예전에는 승(丞)이라 하였는데, 지금은 참하 찰방(參下察訪)을 둔다.

학교 學校

향교(鄕校) 주 서쪽 2리에 있다. 예전에는 성안에 있었는데, 현감 권수평(權守平)이 이곳에 옮겨 지었다.

월봉서원(月峯書院) 주 서북쪽 30리에 있다. 사당을 세워 기대승(奇大升)을 향사하였다.

덕산서원(德山書院) 주 서북쪽 25리에 있다. 사당을 세워 박상(朴祥)을 향사하고 박순(朴淳)을 종향(從享)하였다.

궁실 宮室

객관(客館)

향사당(鄕射堂) 객관 동쪽에 있다.

연무당(鍊武堂) 객관 동쪽에 있다.

희경루(喜慶樓) 객관 북쪽에 있다. 옛 공북루(拱北樓)의 터였는데, 본조 문종 초에 군수 안철석(安哲石)이 세웠다. 당시 주를 강등하여 군으로 삼았는데, 누가 완성되고 마침 다시 주로 승격되었으므로 이름을 희경루로 고쳤다. 신숙주의 기문[144]이 있다.

황화루(皇華樓) 객관 북쪽에 있다.

봉생정(鳳笙亭) 황화루 동쪽에 있다.

절양루(折楊樓) 주 북쪽 3리, 사방으로 난 큰길 안에 있다.

북루(北樓) 바로 성의 북문 누각이다.

남루(南樓) 바로 성의 남문 누각이다.

서루(西樓) 바로 성의 서문 누각이다.

동루(東樓) 바로 성의 동문 누각이다.

풍영정(風詠亭) 주 서쪽 20리, 칠천 가에 있다. 주 사람인 교리 김언거(金彦琚)가 관직을 그만두고 돌아와 노년을 보내면서 이곳에 터를 잡아 지었다.[145] 집 앞에 큰 내가 흐르고 지세가 높아 청량한데, 뭇 산들이 다소곳이

144 신숙주의 기문 : 〈희경루기(喜慶樓記)〉이다. 《保閑齋集 卷14》

145 김언거(金彦琚)가……지었다 : 김언거(1503~1584)는 1560년 이후에 관직에서 물러나 귀향하였다. 《東國輿地志 卷5 全羅道 光州牧 人物》《明宗實錄 15年 11月 16日》 아래에 인용된 송인수(宋麟壽)의 시는 1545년 즈음에 지은 것이므로, 풍영정은 김언거가 노년에 관직을 그만두고 내려오기 전에 세운 것으로 보인다. 《圭菴集 卷4 年譜》

마주 보고 있고 들판이 평평하게 멀리 펼쳐져 있으니, 올라가서 바라보는 경치가 남방에서 승경이라 일컬어진다. 이를 두고 지은 시들이 거의 수백여 편이다. ○ 본조 송인수(宋麟壽)의 시[146]에,

한나절 여가 내니 만사가 다 편안한데	半日偸閑萬事休
하늘가 봄 풍경이 아득히 시름 보태네	天涯春色逈添愁
산이 원근을 둘러싸고 있으니 도화동[147]이요	山圍遠近桃花洞
물이 동서로 흩어져 흐르니 두약주[148] 같네	水散東西杜若洲
시종 자린 오래 비우고 유랑하기 어려우니[149]	侍從久虛難浪跡
임천이 비록 아름다워도 오래 머물 수 없지	林泉雖美莫淹留
나같이 머리 센 늙은이야 귀향이 늦었으니	白頭如我歸田晚
장한의 외로운 배 가을까지 기다릴 것 없다네[150]	張翰孤舟不待秋

하였다. ○ 본조 주세붕(周世鵬)의 시[151]에,

갈 만하면 가고 또 쉴 만하면 쉬는 거고	可行行又可休休
얻어도 안 기쁘고 잃어도 시름겹지 않아	得未爲欣失未愁

146 송인수(宋麟壽)의 시 : 〈계진의 풍영정에 제하다〔題季珍風詠亭〕〉이다. 《圭菴集 卷1》

147 도화동(桃花洞) : 진(晉)나라 도잠(陶潛)의 〈도화원기(桃花源記)〉에 나오는 도화원(桃花源)으로, 선경(仙境)을 지칭한다.

148 두약주(杜若洲) : 두약은 향초(香草)의 이름으로, 굴원(屈原)의 《초사(楚辭)》 〈구가(九歌) 상군(湘君)〉에 나온다. 은자의 거처나 은일하는 장소에 많이 인용된다.

149 시종(侍從)……어려우니 : 풍영정의 주인 김언거가 1545년 사헌부 장령에 제수되었으므로 이를 지칭하여 말한 것으로 보인다. 《明宗實錄 卽位年 10月 28日》 《圭菴集 卷1 贈別季珍》

150 장한(張翰)의……없다네 : 장한은 진(晉)나라 사람으로, 가을바람이 불자 고향의 순채국과 농어회가 생각나서 벼슬을 그만두고 귀향하였다는 고사가 있다. 《晉書 文苑列傳 張翰》

151 주세붕(周世鵬)의 시 : 〈풍영정에서 규암의 시운을 따라 짓다〔風詠亭用圭菴韻〕〉이다. 《武陵雜稿 卷4》

한낮에 이내 안개 서석산에 일어나고 白日煙霞生瑞石
봄날 해오라기 평평한 물가에서 즐기네 青春鷗鷺樂平洲
목욕하고 노래하며 돌아가는 곳에 바람이 먼저 이르고[152] 浴歸詠處風先至
취하여 잠이 들려는 때에 손님도 머물지 않네 醉欲眠時客不留
생각해 보네 이 호산의 무진장한 승경 두고 坐想湖山無盡藏
몇 사람이나 고운 시 지어 천추토록 울리려나 幾人佳句動千秋

하였다. ○ 본조 권필(權韠)의 시[153]에,

좋은 날 맑은 술에 취하면 그만 마시노니 勝日淸樽醉卽休
그대를 대하면 시름 말할 여지가 없네 對君無地可言愁
길은 그냥 그대로 복사꽃 핀 골짜기로 들어가고 依然路入桃花洞
시는 홀연 다시 방초 우거진 물가에서 지어진다 忽復詩成芳草洲
속세에서 오래도록 매인 신세 스스로 가련하니 塵土自憐長局促
여기 올라 잠시 머무는 것을 뭐 그리 아끼랴 登臨何[154]惜少遲留
이 세상의 좋은 기회 원래 얻기 어려운데 世間好會元難剋
게다가 어찌할꼬 나 이미 귀밑털이 세었으니 更奈吾生鬢已秋

하였다.

152 목욕하고……이르고 : 공자가 제자들에게 뜻하는 바를 묻자, 증점(曾點)이 "늦은 봄날 봄옷이 이루어지거든 어른 대여섯 사람, 동자 예닐곱 사람과 함께 기수에 목욕하고 무우에서 바람을 쐬고 시를 읊으면서 돌아오겠습니다."라고 한 데서 나온 말이다. 《論語 先進》

153 권필(權韠)의 시 : 〈풍영정 벽에 걸린 시에 차운하다〔次風詠亭壁上韻〕〉이다. 《石洲集 別集 卷1》

154 何 : 대본에는 '可'로 되어 있는데, 《석주집(石洲集)》 〈풍영정 벽에 걸린 시에 차운하다〔次風詠亭壁上韻〕〉에 근거하여 수정하였다.

우역 郵驛

경양역(景陽驛) 주 동쪽 8리에 있다. 찰방사(察訪司) 본역이다.

선암역(仙巖驛) 주 서쪽 40리에 있다.

수여원(水餘院) 주 서쪽 30리에 있다.

증원(甑院) 주 서쪽 45리에 있다.

최정원(崔鄭院) 주 남쪽 25리에 있다.

저원(猪院) 주 동쪽 20리에 있다.

보통원(普通院) 주 북쪽 2리에 있다.

분수원(分水院) 주 남쪽 5리에 있다.

장록원(長祿院) 주 서쪽 30리에 있다.

견암원(堅巖院) 주 남쪽 18리에 있다.

혈보원(穴洑院) 주 북쪽 25리에 있다.

누문원(樓門院) 주 북쪽 5리에 있다.

극락원(極樂院) 주 서남쪽 30리에 있다.

진국원(鎭國院) 주 북쪽 40리에 있다.

관량 關梁

사묘 祠廟

사직단(社稷壇) 주 서쪽에 있다.

문묘(文廟) 향교에 있다.

무등산사(無等山祠) 주 동쪽 10리에 있다. 신라에서 소사(小祀)로 지내다가 고려에서 국제(國祭)로 지냈고, 본조에서는 본 고을에서 봄가을로 제사를 지내게 하였다.

성황사(城隍祠) 주 남쪽 5리에 있다.

용진연소(龍津衍所) 주 서쪽 30리에 있다. 봄가을로 본 고을에서 제사를 지낸다.

포충사(褒忠祠) 주 서쪽 28리에 있다. 소경왕(昭敬王 선조)이 건립하도록 명하고 사액(賜額)하였다. 고경명(高敬命)을 향사하고, 유팽로(柳彭老)와 안영(安瑛)을 종향하였다.

여단(厲壇) 주 북쪽에 있다.

능묘 陵墓

박상(朴祥) 묘 주 서쪽 27리, 방하동(芳荷洞)에 있다.

사찰 寺刹

무량사(無量寺), **천복사**(薦福寺), **개룡사**(開龍寺), **원효사**(元曉寺) 모두 무등산에 있다.

성거사(聖居寺) 성거산(聖居山)에 있다.

증심사(證心寺) 무등산에 있다.

규봉사(圭峯寺) 무등산에 있다. 높이가 수백 자가 되는 3개의 바위가 곁에 있으니, 이름을 삼존석(三尊石)이라고 한다. 또 10개의 대(臺)가 있으니,

송하대(送下臺), 광석대(廣石臺), 풍혈대(風穴臺), 장추대(藏秋臺), 청학대(靑鶴臺), 송광대(松廣臺), 능엄대(楞嚴臺), 법화대(法華臺), 설법대(說法臺), 은신대(隱身臺)라고 한다. 세상에서 전하기를 도선(道詵)이 이들 대에 두루 앉아서 송광산(松廣山)의 형세를 살펴보고 여기에 절을 지었다고 한다. ○ 고려 권극화(權克和)의 기문에,

"광주의 진산을 무등산이라고 하는데, 일명 서석산이다. 그 산세가 웅장하고 광대하여 여느 산에 비길 바가 아니니다. 산 동쪽에 암자가 있으니 규봉암(圭峯菴)이라 한다. 곁에 서석(瑞石)이 빽빽이 서 있으니, 우러러보는 것, 굽어보는 것, 누워 있는 것, 일어난 것, 떼 지어 있는 것, 홀로 서 있는 것들이 있는데, 높이가 수백 자는 되고 사면이 옥을 깎은 듯하다. 그 서석이니 규봉이니 하는 이름은 여기서 뜻을 취한 듯하다. 물이 졸졸 돌 틈에서 솟아 나오는데, 아무리 가뭄이 들어도 마르지 않는다. 예전에 의상(義相)이 보고 기이하게 여겨 처음 정사(精舍)를 지었다. 이어 보조(普照), 진각(眞覺), 양진(養眞)이 득도하여 그 유적이 아직 남아 있으니, 그 삼존석과 12대를 보면 그 모습을 상상할 수 있을 것이다."

하였다.

금석암(錦石菴), 장불사(長佛寺) 모두 무등산에 있다. 규봉사 이하 세 절은 모두 화순현과의 경계에 자리 잡고 있다. 예전에는 화순에 예속시켰다가 뒤에 옮겨 본주에 예속시켰다.

여둔사(如芚寺) 어등산에 있다.

고적 古蹟

무진도독고성(武珍都督古城) 주 북쪽 5리에 있다. 흙으로 쌓았다. 둘레가 3만 2440자이다. 바로 신라에서 도독부를 설치했을 때 쌓은 성이다.

고내상성(古內廂城) 주 서쪽 30리에 있다. 돌로 쌓았다. 둘레가 1681자이다.

석서정(石犀亭) 주 남쪽 2리, 주의 치소에 있다. 세 방면이 모두 큰 산이고 오직 북쪽 면만이 평평하게 멀리 트여 있다. 남산(南山)의 두 물이 합류하여 큰 내를 이루니, 매년 여름마다 장맛비가 내리면 가옥이 파손되고 전답이 침식되었다. 고려 공민왕 때 지부(知府) 김상(金賞)이 두 물이 만나 충돌하는 지점에 돌을 쌓아 둑을 만들어 물의 흐름을 약간 서쪽으로 돌려 북쪽으로 흐르게 하였다. 그리고 물의 옛길에 정자를 지어 보(洑)의 물을 나누어 끌어들이니, 정자 사면을 에워싼 것이 흡사 벽수(壁水)의 체제[155]처럼 되었다. 정자의 앞뒤에는 흙을 쌓아서 자그마한 섬을 조성하고 꽃나무를 심었으며, 모두 두 곳에 부교(浮橋)를 설치하여 드나들도록 하였다. 이색(李穡)의 기문[156]이 있다. 지금은 없어지고 유지(遺址)만 남아 있다.

십신사(十信寺) 옛 기지가 주 북쪽 5리의 평지에 있다. 범자비(梵字碑)가 있다. 또 주 동쪽 2리의 평지에는 선원사(禪院寺) 옛 기지가 있다.

155 벽수(壁水)의 체제 : 물이 건물 벽의 사방을 둘러 있는 체제를 말한다. 벽수는 성균관의 이칭으로 쓰는데, 고대 천자의 나라에 세운 태학을 벽옹(辟雍)이라 하고 벽옹의 사면에 물이 벽처럼 둘러 있었던 데서 유래된 것이다.

156 이색(李穡)의 기문 : 〈석서정기(石犀亭記)〉이다. 《牧隱藁 牧隱文藁 卷5》

명환 名宦

신라

천훈(天訓) 문무왕 18년(678)에 아찬(阿飡)으로서 외직으로 나가 무주 도독(武州都督)이 되었다.

김양(金陽) 흥덕왕 때 무주 도독이 되었다. 영명(英明)하고 과감하여 정사를 행하는 데 탁월한 성적이 있었다.

고려

이성(李晟) 충숙왕 때 화평 부사(化平府使)가 되었다. 성품이 맑고 평소 학문을 좋아하여 이르는 곳마다 선비들을 모아 가르쳤다. 얼마 안 되어 사임하고 돌아갔다.

이서(李舒) 공양왕 2년(1390)에 좌사의(左司議)로서 좌천되어 광주 목사(光州牧使)가 되었다.

본조

권담(權湛) 세종조에 광주 목사가 되었다. 법을 준수하고 백성을 사랑하는 데에 힘썼고 부임하는 곳마다 잘 다스린다고 알려졌다.

이영구(李英耉) 성종조에 광주 목사가 되었는데, 정사에 남다른 공적이 있었다. 오래 재임하다가 나이가 많다는 이유로 사직하였는데, 주 사람들이 상언(上言)하여 유임해 주기를 청하니 명하여 특별히 가선대부로 올려 주었다.

권율(權慄) 소경왕(昭敬王 선조) 25년(1592)에 왜구가 국력을 다 기울여 침략해 오자 권율을 광주 목사로 삼았다. 권율은 즉시 말을 달려 부임하여 주 군사를 거느리고 순찰사 이광(李洸)을 따라 근왕(勤王)하기 위해 수원(水原)에 이르렀다. 여러 군대가 모두 패전하자, 권율은 고을로 돌아와 군사를 모집하여 천여 명을 얻어 남원(南原)과 이현(梨峴)에서 왜적을 방어하며 접전을 벌여 크게 격파하니, 적이 감히 영(嶺)을 넘지 못하고 남하하였다. 당시 임금이 서쪽으로 파천하여 의주(義州) 행조(行朝)에 있었는데, 멀리서 전라 순찰사에 제수하였다.

인물 人物

신라

염장(閻長) 문성왕 8년(846)에 장보고가 청해진을 점거하고 모반하자 조정에서 그를 토벌하려고 하였으나 혹여 이기지 못할까 염려하였다. 이에 염장이 말하기를 "다행히 신의 계책을 들어주신다면 한 명의 병졸도 쓰지 않고 장보고를 베어 바치겠습니다." 하므로 왕이 허락하였다. 염장은 거짓으로 배반한 체하고 청해진에 투항했다. 장보고는 그의 용맹함을 아껴 조금도 의심하지 않고 받아들여 상객(上客)으로 삼고, 그와 함께 술을 마시며 한껏 즐겼다. 마침내 장보고가 취하자 그의 칼을 빼앗아 베고 그 무리를 불러 타이르니 무리가 감히 동요하지 않았다. 왕이 기뻐하며 아간(阿干)의 관작을 하사하였다.

고려

김길(金吉) 태조를 보좌하여 공을 세우고, 관직이 사공(司空)에 이르렀다.

채순희(蔡順禧) 명종 때 조원정(曺元正) 등이 난을 일으켰는데, 채순희가 입시(入侍)하여 공이 있었다. 관직이 평장사(平章事)에 이르렀다.

김수(金須) 김길의 후손으로, 대장군 김경량(金鏡亮)의 아들이다. 담력과 지략이 남보다 뛰어났다. 과거에 급제하고, 감찰어사를 거쳐 외직으로 나가 지영광군(知靈光郡)[157]이 되었다. 종군하여 삼별초를 토벌하다가 죽었다.

김주정(金周鼎) 김수의 아우이다. 어려서부터 독서를 좋아하였으며 침착하고 과묵하였다. 처음에 부성현위(富城縣尉)에 조용되었는데, 당시 몽고 군대가 대거 이르렀다. 이때 김주정은 적을 방비하고 백성을 위무하여 위엄과 은혜가 아울러 드러났다. 원종조에 과거에 수석으로 뽑히고 여러 번 승진하여 이부 시랑(吏部侍郞)이 되었다. 충렬왕조에 좌부승지에 제수되었다. 원나라가 일본을 정벌하려고 할 때, 김주정이 장수의 재략이 있다고 하여 소용대장군 좌부도통(昭勇大將軍左副都統)에 선수(宣授)하고 호두금패(虎頭金牌)를 하사하였다. 일본을 정벌하러 가서 대명포(大明浦)에 이르렀을 때 큰바람이 불어 배가 전복되고 군사가 많이 빠져 죽었는데, 김주정이 계략을 써서 구제한 자가 매우 많았다. 관직은 지도첨의사(知都僉議事)에 이르렀다. 시호는 문숙(文肅)이다.

김태현(金台鉉) 김수의 아들이다. 어머니 고씨(高氏)가 명성(明星)이 품에 들어오는 꿈을 꾸고 김태현을 낳았다. 어려서부터 배움에 부지런하였고

157 지영광군(知靈光郡) : 《고려사》 권27 〈원종세가〉 12년에는 '영광 부사(靈光副使)'로 되어 있다. 근거가 불충분하여 그대로 번역하였다.

풍모가 아름다웠다. 일찍이 또래들과 함께 선진(先進)의 집에 가서 수업하였는데, 그 집에 갓 과부가 된 딸이 있었다. 그 딸이 시를 조금 지을 줄 알았는데, 하루는 창틈으로 시를 던져 넣으니 김태현은 이 일이 있고부터 두 번 다시 그 집에 가지 않았다. 충렬왕조에 과거에 급제하고 여러 번 승진하여 밀직부사(密直副使)가 되었다. 성절(聖節)을 축하하러 원나라에 갔는데, 마침 황제가 감숙성(甘肅省)에 행차하였으므로 조서를 내려서 여러 나라 사신들은 모두 경사(京師)에 도착하여 머물러 있으라고 하였다. 김태현이 중서성에 말하기를 "경사에 머물라고 하는 것은 황제의 명이요, 행재소까지 가라고 하는 것은 우리 임금의 명이니, 차라리 황제에게 죄를 지을지언정 감히 우리 임금의 명을 거역할 수 없다." 하니, 중서성에서 허락하였다. 마침내 행재소에 이르자, 황제가 크게 칭찬하고 포상하였다. 뒤에 여러 관직을 거쳐 첨의정승(僉議政丞)에 이르고 치사하였다. 충숙왕 때 원나라가 사신을 보내 국왕의 인장을 가져오게 하고 김태현으로 하여금 정동행성(征東行省)의 직책을 임시로 맡게 하였다. 이에 김태현이 가족을 데리고 동쪽으로 금강산(金剛山)을 유람하였으니, 이는 혐의스러운 일을 피하기 위한 것이다. 원나라가 또 역마로 급히 불러 김태현을 다시 정동행성의 인을 서리하게 하였는데, 얼마 안 되어 죽었다. 호는 쾌헌(快軒)이다. 세 조정을 두루 섬기면서 의리에 따라 나아가고 물러났으며, 재결이 치밀하고 민첩하였으며 전고(典故)에 밝았다. 일찍이 직접 우리나라 문인의 시문을 수집하고 이름을 《동국문감(東國文鑑)》이라 하였다. 시호는 문정(文正)이다. 아들 김광식(金光軾), 김광철(金光轍), 김광재(金光載), 김광로(金光輅)는 모두 문장과 행실로 이름을 날렸다. 김광철은 관직이 판밀직사사에 이르렀고 화평군(化平君)에 봉해졌으며, 아들 김회조(金懷祖)는 관직이 판도판서(版圖判書)에 이르렀다.

김심(金深) 김주정의 아들이다. 화평부원군(化平府院君)에 봉해졌다. 개성부(開城府)에 보인다.

김지숙(金之淑) 아버지 김련(金鍊)은 참지정사(參知政事)를 지냈다. 김지숙은 원종조에 장군이 되었는데, 삼별초 반군에게 잡혀 있으면서 몰래 적의 상황을 관군에게 알렸다. 이에 왕이 그 충성을 칭찬하여 관직을 내려 포상하였다. 충렬왕조에 판삼사사(判三司事)로서 원나라에 가서 성절(聖節)을 축하하였는데, 보는 이들이 그가 격식에 맞게 의례를 행하는 모습을 아름답게 여겼다. 첨의찬성사(僉議贊成事)를 지내고 중찬(中贊)에 오른 뒤에 치사하고 죽었다. 성품이 강건하고 청렴하였으며, 중외 관직을 두루 맡았는데 모두 명성과 공적이 있었다. 아들 김인연(金仁沇)은 충숙왕을 섬겨 찬성사가 되고 뒤에 광산군(光山君)에 봉해졌다.

정세운(鄭世雲) 공민왕을 따라 원나라에 들어가 숙위(宿衛)하였고, 여러 관직을 거쳐 대호군(大護軍)이 되었다. 왕이 즉위한 뒤에 군부 판서, 지문하성사(知門下省事)를 역임하였으며, 기철(奇轍)을 주벌한 공으로 일등공신에 녹훈되었다. 공민왕 10년(1361)에 홍적(紅賊 홍건적)이 서울을 함락하자 왕이 복주(福州 안동)로 파천하였는데, 이때 정세운이 추밀 겸 응양군상장군(樞密兼鷹揚軍上將軍)으로서 호종하였다. 그는 성품이 충직하고 청백하면서 강개하여 왜적을 소탕해서 나라를 회복하는 것을 자기의 소임이라고 여겼다. 왕이 그를 총병관으로 삼고 중서평장사(中書平章事)에 발탁하여 제수하니, 정세운은 모든 군대를 지휘하여 원수 안우(安祐), 김득배(金得培), 이방실(李芳實) 등과 함께 서울을 탈환하였다. 김용(金鏞)이 그의 공이 큰 것을 미워해서 교지를 날조하여 그를 죽이니, 듣는 자들이 모두 슬퍼하고 애도하였다. 첨의정승에 추증되었다.

김속명(金續命) 김인연의 아들이다. 성품이 맑고 곧았으며 언사에 과감하였다. 공민왕 초 감찰에 제수되었는데 법령을 시행할 때 편당함이 없었다. 뒤에 경상도 도순문사가 되었는데, 왜구가 진해현(鎭海縣)에 침입하자 김속명이 빨리 공격하여 크게 패배시켰다. 왕이 기뻐하여 의복, 술, 금대(金帶)를 하사하였다. 신우(辛禑) 때 삼사우부사(三司右副使)가 되었다가 문의현(文義縣)에 유배 가서 죽었다. 시호는 충간(忠簡)이다.

김정(金鼎) 김길의 후손으로, 조부 김진(金稹)은 정당문학(政堂文學)을 지냈다. 김정은 추성 보리 공신(推誠輔理功臣)으로서 중대광(重大匡) 광성군(光城君)에 봉해졌다.

노준공(盧俊恭) 신우 때 상제(喪制)가 무너져서 모두 100일만 복상하고 끝냈는데, 노준공은 3년 동안 여묘하였다. 이에 정려하였다.

본조

탁신(卓愼) 아버지 탁광무(卓光茂)는 고려 말에 간의대부(諫議大夫)를 지냈다. 탁신이 오로지 성리학에 전념하니, 탁광무가 일찍이 말하기를 "우리 집안의 증삼(曾參)이다." 하였다. 과거에 급제하고, 대성(臺省)의 관직을 두루 역임하였으며 참찬의정부사(參贊議政府事)에 이르렀다. 시호는 문정(文貞)이다.

정귀진(鄭龜晉) 아버지 정윤부(鄭允孚)는 개성 윤(開城尹)을 지냈다. 정귀진은 학문에 두루 통달하였고, 과거에 급제하여 여러 관직을 거쳐 강원도 관찰사에 이르렀다. 문장으로 세상에 이름이 났다. 아들 정지하(鄭之夏)는 관직이 사헌부 장령에 이르렀다.

김구경(金久冏) 과거에 급제하고, 문명(文名)으로 드러났는데, 일찍 죽었다.

김약채(金若采) 김정의 아들이다. 고려 공민왕 때 과거에 급제하였다. 성품이 강개하여 권세가를 두려워하지 않았다. 일찍이 좌사의(左司議)가 되어 조반(趙胖)의 옥사를 다스리는 데 참여하였는데, 염흥방(廉興邦)이 기필코 조반에게 허위 자백을 받으려고 극도로 참혹하게 치죄하였다. 이때 동석한 자들이 모두 함구하고 감히 구제하려는 자가 없었는데 김약채가 홀로 불가하다고 하여 고문을 멈추게 하였으므로 조반이 그 덕분에 화를 면하였다. 염흥방이 복주(伏誅)되자 조야(朝野)에서 환호하며 통쾌해하였다. 본조에 들어와 여러 관직을 거쳐 충청도 관찰사에 이르렀다.

김약항(金若恒) 김약채의 아우이다. 공민왕조에 과거에 급제하고 여러 관직을 거쳐 사헌부 장령이 되었다. 우리 태조 4년(1395)에 대사성에 제수되었다. 명나라 고황제(高皇帝)가 우리나라가 올린 진하 표문에 휘자를 범하였다고 하여 표문을 지은 자를 불러들였는데, 김약항이 방물표를 지었으므로 정총(鄭摠)과 함께 경사(京師)로 나아가니, 황제가 먼 변방 지역으로 유배를 보냈다. 태조가 멀리서 자헌대부(資憲大夫) 광산군(光山君)에 봉했으나 돌아오지 못하고 죽었다.

김청(金聽) 중국어를 잘하였다. 관직이 지중추원사에 이르렀다. 시호는 희정(僖靖)이다.

이선제(李先齊) 직제학 이홍길(李弘吉)의 손자이다. 과거에 급제하고, 장헌왕조(莊憲王朝 세종)에 관직이 예문관제학 동지춘추관사에 이르렀다.

김예몽(金禮蒙) 과거에 급제하고, 여러 관직을 거쳐 예조 판서에 이르렀다. 시호는 문경(文敬)이다. 문명(文名)이 있었다. 아들 김덕원(金德源)과 김성원(金性源)이 모두 문예로 이름을 날렸다.

노자형(盧自亨) 과거에 급제하고, 관직이 성균관 대사성에 이르렀다. 널리 묻고 힘써 배웠으며, 조정에서 절조 있게 처신하였다.

이형원(李亨元) 이선제의 아들이다. 사람됨이 단정하고 준수하였으며 풍도(風度)가 있었다. 과거에 급제하고 관직이 홍문관 부제학에 이르렀다. 강정왕(康靖王 성종) 10년(1479)에 통신사로 일본에 가다가 대마도에 이르렀을 때 병에 걸려 돌아와서 죽었다.

박상(朴祥) 선조는 충주(忠州) 사람인데, 아버지인 진사 박지흥(朴智興)이 광주로 옮겨 살았다. 박상은 어려서 아버지를 여의고 학문에 힘써서 경사(經史)에 널리 통달하였다. 문과에 급제하고 중종조에 여러 번 승진하여 홍문관 응교가 되었다. 일찍이 담양 부사(潭陽府使)를 지낼 때 김정(金淨)과 함께 상소하여 폐비 신씨(愼氏)를 복위하여 인륜을 바로잡을 것을 청하였다. 기묘사화가 일어나자 배척을 입어 현달하지 못하다가, 뒤에 품계가 통정대부에 오르고 관직이 목사에 이르고 죽었다. 박상은 어머니를 효성으로 섬겼고 성품이 강건하고 대범하였으며, 관직에 임해서는 청렴하고 정직하였으므로 이르는 곳마다 잘 다스린다고 일컬어졌다. 문장은 강경하면서도 웅혼하였으니 《눌재집(訥齋集)》이 남아 세상에 전해진다. 아우 박우(朴祐) 또한 문장과 행실이 있었고, 여러 관직을 거쳐 대사성이 되고 한성부 우윤에 이르렀다.

김언거(金彦琚) 김태현의 후손으로, 아버지 김정(金楨)은 관직이 집의에 이르렀다. 김언거는 중종조에 과거에 급제하고, 여러 번 승진하여 홍문관 교리가 되었다. 명종조에 승문원 판교로서 고향으로 돌아와 여생을 보냈다. 성품이 조용하고 대범하였으며, 젊어서는 이광(李洸) 등 여러 사람과 잘 어울려 지냈는데 늙어서는 오직 도서(圖書)로써 스스로 즐겼으니, 편찬서로《죽와휘언(竹窩彙言)》,《역대명신간소초(歷代名臣諫疏抄)》등의 책이 있다.

박순(朴淳) 박우(朴祐)의 아들이다. 공헌왕조(恭憲王朝 명종)에 과거에 급제하고, 여러 번 승진하여 대사간이 되었다. 이때 윤원형(尹元衡)을 탄핵하여 축출하였으므로 조야에서 서로 경하하였다. 대제학과 이조 판서를 역임하고 소경왕(昭敬王 선조) 초에 영의정에 제수되었다. 일찍이 진하사(進賀使)로 중국의 서울에 갔는데, 고사(故事)에 외국의 표문은 협문(夾門)을 통해 들어가도록 되어 있었다. 박순이 예부에 말하기를 "배신(陪臣)의 출입은 그럴 수 있지만 표문은 황상을 위한 것인데 어찌 협문으로 출입하겠는가." 하니, 예부에서 반박하지 못하고 정문으로 들어가도록 허락하고 마침내 정식으로 삼았다. 중국 사람이 개시(開市)에 대해 묻자, 박순이 행장 안에 매매할 물화가 없어서 개시할 필요가 없다고 사양하니, 중국 사람이 그 깨끗한 지조에 감탄하였다. 박순은 세 번 상부(相府 의정부)에 들어갔는데, 청렴하고 공평하며 선비를 좋아하였으므로 세상에서 어진 재상이라고 일컬었다. 일찍이 서경덕(徐敬德)에게 배웠고 뒤에 이이(李珥), 성혼(成渾)과 가장 깊이 교분을 맺었다. 책을 널리 읽고 명확하게 판단하였으며 시를 특히 잘하였으니,《사암집(思菴集)》이 남아 세상에 전해진다. ○ 명나라 학사 구희직(歐希稷)이 조사(詔使)로 왔을 때 박순이 빈상(儐相)이 되었는데, 구희직이 그를 칭찬하여 말하기를 "송대의 인물이요, 당대의 시조(詩調 시격(詩格))이다." 하였다.

기대승(奇大升) 기준(奇遵)의 형 기진(奇進)의 아들이다. 선조는 한성(漢城)에서 살았는데, 기묘사화 이후에 기진이 관직에 나아가지 않고 물러나 광주에 살았다. 기대승은 주의 고룡리(古龍里)에서 태어났다. 명종조에 과거에 급제하고, 여러 번 승진하여 의정부 사인이 되었다. 선조조에 직제학에 제수되고 관직이 사간원 대사간에 이르렀다. 기대승은 일찍부터 학문에 뜻을 두고 분발하여 경사에 널리 통달하였으며, 만년에는[158] 이황(李滉)을 뵙고 스승으로 삼아 가르침을 받았다. 일찍이 성정(性情)과 이기(理氣)에 관하여 이황과 논변하여 그 글이 수천만 마디에 이르렀다. 대관(臺館)에 있을 때 건의한 바가 많았다. 선조가 일찍이 이황에게 묻기를 "지금 세상에 학자가 몇이나 되는가?"[159] 하니 이황이 대답하기를 "기대승이 널리 알고 조예가 깊으니, 통유(通儒)라 이를 만합니다." 하였다. 호는 고봉(高峯)이고, 문집이 남아 세상에 전해진다. 사관이 그가 주대(奏對)한 말을 기록하여 이름을 《논사록(論思錄)》이라고 하였다.

고경명(高敬命) 아버지 고맹영(高孟英)은 대사간을 지냈다. 고경명은 풍모가 준수하고 헌칠하였으며, 어려서부터 문장으로 이름을 날렸다. 갑과에 1등으로 뽑히고, 선조조에 대원(臺院)의 관직을 역임하다가[160] 외직으로 나가 동래 부사(東萊府使)가 되었는데, 모두 청렴하고 정직하다고 일컬어졌다. 임진왜란이 일어났을 때, 고경명은 집에 있다가 도성이 함락되었다는 소식을 듣고 통곡하고는 의병을 일으켜 적을 토벌하자는 격문을 돌렸다. 행조(行朝)가 멀리서 조토사(招討使)에 제수하였다. 직과 금산(錦山)

158 만년에는 : 32세 때이다.《高峯集 高峯文集序》

159 지금……되는가 : 《고봉집》〈고봉문집서〉에는 "지금 세상에 누가 학문한 사람인가?(今世孰爲學問人?)"라고 되어 있다. 오류가 있는 듯하나 근거가 불충분하여 그대로 번역하였다.

160 선조조에……역임하다가 : 고경명이 사간원 관직을 역임한 것은 명종조이고, 선조조에는 사간원 관직을 맡은 기록이 없다.《明宗實錄 15年 2月 4日》 오류가 있는 듯하나 근거가 불충분하여 그대로 번역하였다.

에서 싸우다가 전사하였는데, 차자인 고인후(高因厚)도 아버지의 죽음을 보고 적에게로 달려나가 함께 죽었다. 장자인 현령 고종후(高從厚)는 흩어진 병사를 모아 아버지의 원수를 갚을 것을 맹세하고 영남 지역을 옮겨 다니며 싸우다가 진주가 함락될 때 또한 죽음을 맞았다. 세상에서 이르기를 "한 집안에 세 충신이 나왔다."라고 하였다. 고경명은 책을 널리 읽고 기억력이 뛰어났으며, 시를 특히 잘하였다. 《제봉집(霽峯集)》이 있다.

정철(鄭澈) 선조는 영일(迎日) 사람이다. 고조부 정연(鄭淵)은 판서를 지냈고, 아버지인 판관 정유침(鄭惟沈)이 광주가 그 어머니의 고향이므로 한성에서 내려와 우거하였다. 정철은 본주에서 태어났는데, 어려서부터 영민하고 사장(詞章)을 잘하였다. 과거에 1등으로 급제하고, 선조조에 여러 번 대각(臺閣)의 관직을 역임하였으며, 관직이 의정부 좌의정에 이르렀다. 저서에 《송강시고(松江詩稿)》가 있다. 아들 정홍명(鄭弘溟)은 대제학을 지냈고 역시 시(詩)로 명성이 있었다.

김덕령(金德齡) 석저촌(石底村) 사람이다. 비범한 용맹이 있어 맹호도 너끈히 맨손으로 죽이고, 달릴 때면 공중을 날아다니는 듯하였다. 성품은 강개하면서 책 읽기를 좋아하고, 기절(氣節)로써 자부하였다. 만력(萬曆) 연간에 일어난 왜구의 변란에 나라가 이산(離散)되는 것을 보고 의병을 일으켜 적을 격파하였다. 광해군이 세자로서 호남 군대를 통솔할 때 그를 불러서 보고 익호장군(翼虎將軍)에 제수하였고, 선조도 명하여 충용장군(忠勇將軍)의 호칭을 내렸다. 김덕령이 군사를 거느리고 영남에 들어가니, 왜인이 몹시 두려워하여 그를 석저 비장(石底飛將)이라 일컬으며 감히 접근하지 못하였다. 열장(列將) 이시언(李時言) 등이 그의 성공을 시기하여 그가 모반하였다고 무고하였는데, 당시 그의 위명(威名)을 두려워하여 참혹하게 국문하고 죽이니, 남쪽 사람들이 억울해하며 슬퍼하고 애석하게 여겼다.

정충신(鄭忠信) 처음에 본주의 소리(小吏)가 되었는데, 영특함이 남보다 뛰어났다. 만력 연간에 왜란이 일어났을 때 17세였는데, 권율이 목사가 되어 특별히 애중하였다. 권율이 관찰사로 승진하여 군사를 거느리고 근왕(勤王)할 때 정충신이 항상 군중(軍中)에서 호종하였다. 권율이 행재소에 일을 아뢰려고 하는데, 적병이 나라에 가득하였으므로 감히 가려고 하는 자가 없었다. 이에 정충신이 홀로 나서서 가기를 청하여 마침내 의주에 도착하자 선조가 불러서 보고는 매우 기특하게 여겼으니, 이로부터 이름이 알려졌다. 무과에 급제하여 여러 관직을 거쳐 평안도 절도사, 경상도 절도사가 되었는데, 모두 직무를 잘 수행하였다. 인조 초에 이괄(李适)의 난을 토벌하여 일등공신에 책훈되고 금남군(錦南君)에 봉해졌다. 관직이 부원수에 이르렀으며 당대의 명장(名將)이 되었다.

열녀 列女

문씨(文氏) 주의 갑향(甲鄕) 사람으로, 판전교시사 강호문(康好文)에게 시집왔다. 고려 신우 때 왜구가 갑자기 마을 안에 들어왔는데, 문씨에게 두 아이를 업고 달아나 숨었다가 사로잡혔다. 왜구가 그 목을 얽어매고 윽박지르며 앞서가게 하였는데, 문씨는 면하지 못할 것을 알고 몽불산(夢佛山)의 천 길 되는 바위 절벽에 이르자 함께 붙들려 가는 이웃 여자에게 말하기를 "적에게 더럽혀지고 목숨을 구하는 것은 몸을 깨끗이 하고 죽음에 나아가느니만 못하다." 하고는 바로 몸을 날려 떨어졌다. 적은 미처 잡지 못하자 그 아이를 죽이고 가 버렸다. 그런데 절벽 아래에는 댕댕이덩굴이 있어서 갈비뼈는 부러졌어도 목숨을 건질 수 있었다. 마침 마을의 노파가 앞서 절벽의 굴에 와 있었는데, 그를 발견하고 가엾게 여겨 죽을 끓여 먹이며 보살폈다. 3일이 지나 적이 물러갔다는 소문을 듣고 돌아오니, 이웃 마을까지 모두 놀라고 탄식하였다.

김씨(金氏) 서운관 정 김언경(金彦卿)의 처이다. 신우 때 왜구가 들이닥쳐 사로잡혔는데, 욕을 보이려고 하자 김씨가 말하기를 "만번 죽을지언정 욕을 당하지는 않겠다." 하고, 끝까지 굽히지 않으니 적이 살해하였다. 본조 공정왕조(恭定王朝 태종)에 정려하였다.

고씨(高氏) 부사 고경명의 딸로, 선비 노상룡(盧尙龍)의 처가 되었다. 본조 선조 때 왜구가 나라를 점거하자, 고경명이 의병을 일으켜 적을 토벌하였다. 고씨는 가족들을 따라 산중에 피란하다가 적을 만났는데, 소매로 얼굴을 가리고 땅에 엎드린 채 일어나지 않았다. 적이 칼날을 번뜩이며 위협하니, 고씨가 큰소리로 말하기를 "내가 어찌 너희를 따라 살 자이겠는가." 하고 꾸짖으며 굽히지 않다가 마침내 해를 당하였다. 고경명 부자가 이미 충효를 지키다 죽었는데 딸 또한 절개를 지키다 죽으니, 사람들이 말하기를 "고씨 일문(一門)은 삼강(三綱)을 모두 온전히 지켰다." 하였다. 광해군 때 정려하였다.

장성도호부長城都護府

동쪽으로 담양부(潭陽府) 경계까지 30리이다. 서쪽으로 고창현(高敞縣) 경계까지 30리, 영광군(靈光郡) 경계까지 22리이다. 남쪽으로 광주(光州) 경계까지 30리, 나주(羅州) 경계까지 27리이다. 북쪽으로 정읍현(井邑縣) 경계까지 40리이다. 서울과의 거리는 659리이다.

한전旱田

수전水田

건치연혁建置沿革

본래 백제의 고시이현(古尸伊縣)이다. 신라 경덕왕 때 고쳐 갑성군(岬城郡)으로 삼았다. 고려 초에 장성군으로 고치고 곧이어 영광군에 편입시켰으며, 명종 때 다시 장성현을 설치하였다. 본조에서 그대로 따랐다. 선조 34년(1601)에 진원현(珍原縣)을 편입시키고, 왜란을 거치면서 탕진되었으므로 편입시켰다. 효종 때 승격하여 도호부로 삼았다. 입암산성(笠巖山城)을 수축하였으므로 승격하였다. 관장하는 면은 12개이다.

관원

부사(府使), 판관(判官) 각 1인이다.

군명 郡名

고시이(古尸伊), 갑성(岬城) 별호는 이성(伊城)이다.

형승 形勝

북쪽은 긴 산맥에 막혀 있고, 남쪽은 광주와 나주에 인접해 있다.

입암(笠巖)의 험준한 관문을 차지하고 노령(蘆嶺)의 중요한 길목을 막고 있다.

산맥 아래의 요해지이다.

산이 험준하고 계곡 물살이 빠르다.

풍속 風俗

농사짓기에 힘쓰며 무격(巫覡)을 좋아한다.

선비들은 문학을 숭상한다.

산천 山川

불대산(佛臺山) 부 동남쪽 7리에 있다. 진산(鎭山)이다. 세속에서 진원산

(珍原山)이라고 칭한다. 술자(術者)가 "산에 달리는 용의 기세가 있다."라고 하니, 절을 지어 그 기세를 눌렀다. 또 산 동북쪽에 큰골〔大洞〕과 작은골〔小洞〕이 있는데, 신라 때 3개의 절을 세워 안룡사(安龍寺), 정룡사(定龍寺), 청룡사(青龍寺)라고 하였다. 지금은 모두 상고할 수 없다.

금오산(金鼇山) 고장성현(古長城縣) 북쪽에 있다. 옛 현의 진산이다.

취령산(鷲嶺山) 부 서쪽 25리에 있다.

백암산(白巖山) 부 북쪽 32리에 있다.

반등산(半登山) 부 서쪽 33리에 있다. 옛 이름은 방등산(方登山)이다. 《고려사》 〈악지(樂志)〉에 〈방등산곡(方登山曲)〉이 있다.[161] 신라 말에 도적들이 크게 일어나 방등산에 웅거하여 양갓집 자녀들이 많이 붙잡혀 갔다. 장일현(長日縣)의 여자도 그 가운데 있었는데 노래를 지어 그 지아비가 즉시 구하러 오지 않음을 풍자하였다. 이에 곡명(曲名)을 〈방등산〉이라 하였고, 방등(方登)이라는 말이 변하여 반등(半登)이 되었다. 장일현은 아마 지금의 장성(長城)인 듯하다.

입암산(笠巖山) 부 북쪽 40리에 있다. 산세가 높고 험하다. 서쪽 봉우리 위에 바위가 있는데, 불쑥 솟은 것이 마치 사람이 갓을 쓴 모양 같으므로 그렇게 이름하였다. 정읍현에도 보인다.

동산(桐山) 부 남쪽 30리에 있다.

죽림산(竹林山) 부 남쪽 15리에 있다.

삼성산(三聖山) 부 동남쪽 10리에 있다. 불대산과 서로 이어져 있다.

161 고려사(高麗史)……있다 : 《고려사》에는 '방등산(方等山)'으로 되어 있다. 《高麗史 卷71 樂志2 三國俗樂 百濟》

가리산(加利山) 부 동쪽 25리에 있다.

성산(筬山) 부 동쪽 20리에 있다.

노령(蘆嶺) 일명 위령(葦嶺)이라고 한다. 부 북쪽 35리, 입암산과 반등산 사이에 있다. 국방의 요해지이다. 정읍현과 흥덕현(興德縣)에도 보인다.

송현(松峴) 부 서쪽 30리에 있다. 반등산의 남쪽 줄기이다. 고창현에도 보인다.

처용암(處容巖) 입암산 남쪽에 바위가 있는데 그 형상이 완연히 처용의 얼굴 같으므로 그렇게 이름하였다.

황룡천(黃龍川) 부 서쪽 2리에 있다. 백암산에서 나와 단암역(丹巖驛) 동쪽 가를 지나면서 봉덕연(鳳德淵)이 되고, 부 남쪽 10리에 이르러 선연(船淵)이 되고, 남쪽으로 흘러 광주 지경에 들어가 칠천(漆川)에 합류한다.

가천(可川) 부 서쪽 10리에 있다. 노령에서 나온 물이 송현의 물과 합류하고, 남쪽으로 흘러 선연에 들어간다.

봉황지(鳳凰池) 황룡천(黃龍川) 서쪽에 있다. 못 좌우의 석벽은 높이가 10여 자이다.

율곡지(栗谷池) 부 남쪽 15리, 영신역(永申驛) 앞에 있다.

토산 土産

철(鐵), 위령 남쪽에서 난다. 석유황(石硫黃), 모시〔苧〕, 대나무〔竹〕, 죽전(竹箭), 가리산에서 난다. 생강〔薑〕, 비자(榧子), 백암산에서 난다. 감〔柹〕, 석류(石榴), 매실(梅實), 차〔茶〕, 석창포(石菖蒲), 백암산에서 난다. 작약(芍藥), 차조〔朮〕, 산무애뱀〔白花蛇〕, 꿀〔蜂蜜〕, 석회(石灰) 부 남쪽 율퇴(栗堆) 등지에서 난다.

성곽 城郭

입암산성(笠巖山城) 입암산 위에 있다. 부와의 거리는 북쪽으로 40리이다. 돌로 쌓았다. 둘레는 동편이 1300여 파(把), 서편이 1400파이며, 안에 시내가 하나 있다. 예전에 없어졌다가 소경왕(昭敬王 선조) 말년에 수축하였다. 효종 4년(1653)에 관찰사 심택(沈澤)이 고쳐 쌓으면서 영사(營舍)와 포루(砲樓)를 더 설치하고, 둑을 쌓아 물을 저장하였다. 동쪽·서쪽·남쪽에 장대(將臺)가 있고, 남쪽과 북쪽에 문이 있으며, 동쪽·서쪽·북쪽에는 또 암문(暗門)이 있다. ○ 살피건대 이 성은 둘레가 15리는 되고, 산세가 험하며 가파르다. 등마루가 구불구불한데 사면의 가운데가 움푹 들어가 있고 성은 그 산등성이를 따라 쌓았으므로 형상이 말구유와 같다. 밖에서 올려다보면 높이 솟아서 허공에 있는 것 같아 그 안을 헤아릴 수 없다. 성안은 주위가 막힌 데 없이 훤히 바라보이고, 동남쪽은 중첩한 산들이 얼기설기 둘러싸고 있으며, 입암 한쪽 면이 위령의 큰길을 내리누르고 있다. 성은 사면이 모두 절험한 곳이고 오직 남문이 공격을 받을 땅인데, 길이 한 가닥으로 나서 양쪽 절벽 사이로 지나니 적이 오더라도 감히 성에 근접할 수 없다. 남문과 북문은 인마(人馬)가 통행할 만하지만, 북문은 평지에서 성 아래까지 몇십리가 되는데 길이 험준한 비탈을 따라 구불구불 올라가므로 겨울철에는 우마(牛馬)가 다니기 어렵다. 성안을 통과하는 것은 단지 좁고 긴 계곡 하나뿐인데, 평탄한 곳을 재 보면 동서로 8, 9십 보 내지 100보 가까이 되고 남북으로 4, 5리는 된다. 한 계곡의 물줄기 중간에 둑을 쌓아 물을 저장하여 차례차례로 6개의 못을 만들었으니 마치 산골짜기의 논답 모양 같다. 성이 자리 잡은 곳이 산등성이 위쪽에 있어서 지형이 매우 높으므로 바람도 매섭게 부는 데다 서리가 일찍 내리고 얼음 어는 것이 평지와 다르다.

그리고 여름이 되면 운무가 항상 자욱하다. 대체로 이 성은 담양(潭陽)의 금성(金城)과 더불어 형세가 기이하고 험해서 얻기 힘든 곳이라 이를 만하다. 그러나 그 안은 좁고 평평하지 못하여 관사나 민가나 모두 편안히 안착할 곳이 없으니, 단지 산성을 변란을 대비하는 장소로 삼는 것은 가능하나 읍치를 옮겨 설치하는 것은 불가능하다. 성안은 본래 정읍현 지역이었는데, 지금은 본부의 소관이 되었으므로 여기에 실었다.

학교 學校

향교(鄕校) 예전에는 부 남쪽 10리에 있었다. 지금은 부 동쪽 3리로 옮겼다.

절효서원(節孝書院) 부 서쪽 25리에 있다. 서릉(徐稜)의 사당이 있다.

하서서원(河西書院) 부 서남쪽 15리에 있다. 광해군 때 고을 사람이 사당을 세워 김인후(金麟厚)를 향사하였다.

궁실 宮室

객관(客館)

우역 郵驛

단암역(丹巖驛) 부 북쪽 5리에 있다.

영신역(永申驛) 부 남쪽 15리에 있다.

득량원(得良院) 부 서쪽 10리에 있다.

가정원(可亭院) 부 북쪽 22리에 있다.

미륵원(彌勒院) 부 북쪽 29리에 있다. 원 북쪽에 돌미륵이 있는데 높이가 4, 5장(丈)은 되므로 그렇게 이름하였다.

보등원(寶燈院) 부 서쪽 9리에 있다.

목호원(木虎院) 부 남쪽 6리에 있다.

행인원(行人院) 부 남쪽 15리에 있다.

선원(禪院) 부 남쪽 18리에 있다.

관량 關梁

노령보(蘆嶺堡) 노령 위에 있다. 고갯길이 으슥하고 좁아서 도적들이 떼로 모여 행인들을 겁략하므로 중종 때 보(堡)를 설치하여 막아 지켰다. 지금 터가 남아 있다.

사묘 祠廟

사직단(社稷壇) 부 서쪽에 있다.

문묘(文廟) 향교에 있다.

성황사(城隍祠)

여단(厲壇)

능묘 陵墓

고경명(高敬命) 묘 부 남쪽 6리, 오동리(梧桐里)에 있다.

사찰 寺刹

취서사(鷲棲寺) 취령산에 있다. 석탑과 석종이 있다. 송나라 때 승려 운묵(雲默)이 있었는데, 중국에 외유하였고 글씨를 잘 써서 세상에 이름이 있었다. 그가 죽자 제자가 탑과 종을 세워서 유해를 안치하였다.

정토사(淨土寺) 백암산에 있다. 절에 쌍계루(雙溪樓)가 있다.

미타사(彌陀寺) 일명 운문사(雲門寺)라고 한다. 백암산에 있다.

영천굴(靈泉窟) 정토사 북쪽 암벽 중턱에 암자를 지었다. 샘이 굴 북쪽의 작은 틈새에서 솟아 나오는데 비 올 때나 가물 때나 한결같다. ○ 본조 정철(鄭澈)의 시[162]에,

만고토록 신비로운 이 영천굴은	萬古靈泉窟
삼천[163]으로 들어가는 작은 동문인데	三天小洞門
창 앞에는 비취새가 둥지 틀었고	窓前巢翠鳥
처마 끝엔 가던 구름 머물러 있네	簷際宿歸雲

하였다.

162 정철(鄭澈)의 시 : 〈영천굴(靈泉窟)〉이다. 《松江集 松江原集 卷1》

163 삼천(三天) : 불가에서 말하는 욕계 육천(欲界六天) 가운데 제이천(第二天)인 삼십삼천(三十三天)의 약칭이다. 삼십삼천은 범어 도리천(忉利天)의 역어로, 하늘의 가장 높은 곳이며 불가의 이상향을 가리킨다.

약사암(藥師菴) 백암산 중턱에 있다. 암자 북쪽에 약사대(藥師臺)가 있는데, 높이 자리하여 전망이 훤히 트여 있다. 그 북쪽에 또 물외암(物外菴)이 있으니 모두 가경(佳景)이다. ○ 정철의 시[164]에,

남쪽 시내에서 내 머리 감고	南溪沐余髮
다시 약사대에 올라가서는	更上藥師臺
저들 따라 머무르며 수양하면서	服食從渠住
때때로 신선도 만나 본다네	時看羽客來

하였다.

취봉사(鷲峯寺), **상청사**(上淸寺), **하청사**(下淸寺), **연화암**(蓮花菴) 모두 불대산에 있다.

안국사(安國寺), **장경사**(長慶寺), **옥정사**(玉井寺), **인경사**(仁慶寺), **홍경사**(興慶寺), **고경사**(高慶寺) 이상 6개 절은 모두 입암산성 안에 있다. 안국사는 주사(主寺)가 되고, 승장(僧將) 및 의승(義僧 승병)이 거주한다. 장경사 이하는 모두 작은 사찰로 장경사는 장성의 승려가 거주하고, 옥정사는 정읍(井邑)의 승려가 거주하고, 인경사는 태인(泰仁)의 승려가 거주하고, 홍경사는 흥덕(興德)의 승려가 거주하고, 고경사는 고창(高敞)의 승려가 거주하니, 모두 각 고을에서 절을 설치하고 본토의 승려가 와서 거주하게 한다.

164 정철의 시 : 〈만사대(萬師臺)〉이다. 《松江集 松江原集 卷1》 만사대는 약사대의 오기로 보인다.

고적 古蹟

진원폐현(珍原廢縣) 부 동남쪽 17리에 있다. 본래 백제의 구사진혜현(丘斯珍兮縣)인데, 신라에서 진원(珍原)으로 고치고 갑성군의 영현으로 삼았다. 고려 현종 때 나주에 편입시켰고, 명종 초에 다시 진원현을 설치하였다. 본조에서 그대로 따랐다. 소경왕 34년(1601)에 본부에 편입시켰다.

고장성(古長城) 지금 치소 서북쪽으로 15리에 있다. 소경왕 34년에 진원과 병합하고 중간 지역을 택하여 지금의 치소로 옮겼으므로 인하여 유허가 되었다.

망점산성(望岾山城) 부 북쪽 15리에 있다. 돌로 쌓았다. 둘레가 2600자이다. 안에 작은 못이 있다.

삼성산성(三聖山城) 돌로 쌓았다. 둘레가 550자이다. 안에 우물이 3개 있다. 지금은 허물어졌다.

구진성(丘珍城) 불대산 동쪽 기슭에 있다. 돌로 쌓았다. 둘레가 400자이다. 안에 우물 3개와 시내 3개가 있다. 지금은 무너져 없어졌다.

이척성(利尺城) 불대산 서쪽 기슭에 있다. 돌로 쌓았다. 둘레가 520자이다. 안에 우물 4개와 시내 6개가 있다. 지금은 허물어졌다.

인물 人物

고려

서릉(徐稜) 고종 때 사람이다. 관직에 나아가지 않고 어머니를 지극히 효성스럽게 봉양하였다. 어머니가 목에 종기가 나서 의원을 불러 진찰하게 하였더니, 의원이 말하기를 "만약 산 개구리를 얻지 못하면 고치기 어렵다." 하였다. 서릉이 말하기를 "지금 추위가 극심한데 산 개구리를 구할 수 있겠는가. 어머니의 병은 필시 나을 수 없겠다." 하고, 울부짖기를 그치지 않았다. 이에 의원이 말하기를 "비록 산 개구리는 없더라도 약을 만들어 시험해 보겠다." 하고, 나무 아래에서 약을 달이는데 갑자기 어떤 물체가 나무 위에서 솥 안으로 떨어졌다. 살펴보니 바로 산 개구리였다. 의원이 놀라서 말하기를 "당신의 효성이 하늘을 감동시켜 내려 준 것이니, 어머니의 병이 반드시 나을 것이다." 하였다. 약을 조제하여 붙였더니 과연 병이 나았다. ○ 지금 살피건대 박순(朴淳)이 지은 절효비(節孝碑)[165]에 "서릉은 자가 대방(大方)이다. 과거에 뽑히고 고종조에 벼슬하여 관직이 시중(侍中)에 이르렀다. 천성이 지극히 효성스러워 관직에서 물러나 어머니를 봉양하였다……"라고 하였으니, 《고려사》와 같지 않다. 《고려사》에 전해진 것[166]이 옳은 듯하다.

본조

김인후(金麟厚) 10세도 되기 전에 행동거지가 단아하고 비상하였으며 말을 하면 사람들을 놀라게 하였다. 관찰사 조원기(趙元紀)가 보고 칭찬하여 말하기를 "신동이다" 하였다. 자라서는 경술(經術)에 전념하여 학식이 해박하고 심오해졌다. 중종조에 과거에 급제하고, 홍문관에 뽑혀 들어가고

165 박순(朴淳)이 지은 절효비(節孝碑) : 〈고려 시중 절효 서공 정려비명(高麗侍中節孝徐公旌閭碑銘)〉이다. 《思菴集 卷4》

166 고려사에 전해진 것 : 《고려사》 권121 〈효우열전(孝友列傳) 서릉(徐稜)〉을 말한다.

세자시강원 설서를 겸하였다. 당시 인종이 동궁으로 있었는데, 보도(輔導)하여 도움 된 것이 많았다. 명종 초에 교리로 부름을 받았으나 병을 핑계하며 나아가지 않았다. 사망하자 원근에서 모두 탄식하고 애석하게 여겼다. 김인후는 충직하고 청렴하고 강개하였으며, 선을 좋아하고 남을 사랑하였다. 문사(文詞)는 거침이 없이 성대하였고 필법은 단정하며 엄숙하였다. 의약과 복서(卜筮)에도 모두 정밀하고 밝았다. 《하서집(河西集)》이 남아 세상에 전해진다.

영암군靈巖郡

동쪽으로 나주(羅州) 경계까지 14리이다. 북쪽으로 같은 주 경계까지 30리이다. 남쪽으로 강진현(康津縣) 경계까지 17리, 해남현(海南縣) 경계까지 75리이다. 서쪽으로 해안까지 50리이다. 서울과의 거리는 822리이다.

한전 旱田

수전 水田

건치연혁 建置沿革

본래 백제 월내군(月奈郡)이다. 신라 경덕왕 때 고쳐 영암군으로 삼았다. 고려 성종 때 낭주안남도호부(朗州安南都護府)로 고치고, 현종 때 다시 강등하여 영암군으로 삼았다. 본조에서 그대로 따랐다. 관장하는 면은 9개이다.

관원

군수(郡守), 훈도(訓導) 각 1인이다.

군명 郡名

월내(月奈), 낭주(朗州)

형승 形勝

남쪽으로 월악(月嶽 월출산(月出山))을 진산(鎭山)으로 삼고, 북쪽으로 금성(錦城 나주)에 닿아 있으며, 연안의 요해지이다. 남쪽으로 월출산에 의지하여 진산으로 삼고, 북쪽으로 금성의 들판에 잇닿아 있다. 진도(珍島), 제주(濟州), 해남(海南), 장흥(長興)으로 가는 길이 모두 여기에서 만나니, 실로 연안의 요해지이다.

너른 호수가 바다에 통하고, 긴 시내가 성을 감싸고 흐른다. 소호(蘇湖)의 큰 호수가 서쪽으로 바다에 통하며, 덕진(德津 덕진포)의 물이 성을 감싸고 흐른다. 본조 유관(柳觀)의 시에 "긴 내가 넘실넘실 성을 안고 흐른다.〔長川滚滚抱城流〕"라고 한 것이 이곳이다.

풍속 風俗

근검하며 사치가 없다. 군승(郡乘)에 "오로지 농업에 힘쓰며 근검하고 사치가 없다." 하였다.

산천 山川

월출산(月出山) 군 남쪽 5리에 있다. 신라에서 월내악(月奈嶽)이라 칭하였고, 고려에서 월생산(月生山)이라 칭하였다. 민간에서는 본국의 외화개산(外華蓋山)이라 칭하고 소금강(小金剛)이라고도 한다. 돌 봉우리가 우뚝 솟아 삼엄하게 늘어서 있는데 바라보면 옥을 깎아 놓은 것 같다. ○ 고려 김극기(金克己)의 시에 "푸른 벼랑과 붉은 골짜기엔 만 떨기가 솟아 있고, 첩첩한 산봉우리는 하늘을 찔러 웅장하고 기이함을 뽐내누나.〔蒼崖紫壑聳萬朶 疊嶂攙空誇雄奇〕" 하였다. ○ 본조 허목(許穆)의 유산기(遊山記)[167]에 "월악(月嶽)에 들어가 도갑사(道岬寺)를 지나 용암사(龍巖寺)에 오르고, 내처 구정봉(九井峯)에 오르니 봉 정상에 구룡정(九龍井)이 있다. 천황봉(天皇峯)을 보니 험고한 암벽이 더욱 신기하고 빼어났다. 구정봉 아래에 구절폭포(九折瀑布)가 있고, 물이 고여 깊은 못이 된 것이 일곱인데 그 또한 기이한 절경이어서 노닐 만하였다. 구정봉 남쪽에 한 쌍의 돌 봉우리가 나란히 있는데 그중 높은 것이 청청대(靑靑臺)이다. 그 남쪽에는 불정대(佛頂臺)가 있고 그 아래에는 백운사(白雲社)가 있다. 구정봉 북쪽 벼랑을 원효대(元曉臺)라고 하는데 감천(甘泉)이 있으니, 도선(道詵)의 산수기(山水記)에 이를 일컬었다. 용암사 아래에 3개의 석거(石車)가 있으니, 운거(雲車)라고 하는 것이 소년대(少年臺) 동쪽에 있으며, 마거(馬車)라고 하는 것이 운거 북쪽에 있으며, 녹거(鹿車)라고 하는 것이 맨 아래에 있고 크므로 그 골짜기를 녹거동(鹿車洞)이라고 한다. 그 동북쪽의 외딴 봉우리를 고산(孤山)이라 하는데, 남쪽으로 구정봉을 마주하고 있으며 석벽과 기암이 많다. 산중의 계곡과 암석 사이에는 손초(蓀草)가 무성한데 줄기와 잎이 모두 향기롭고 빙설 위에서도 오로지 푸르다." 하였다.

167 허목(許穆)의 유산기(遊山記) : 〈월악기(月嶽記)〉이다.《記言 卷28 山川下》

은적산(銀寂山) 군 서쪽 25리에 있다. ○ 이안눌(李安訥)의 서(序)[168]에 "월출산이 서쪽으로 달려 가학봉(駕鶴峯)이 되고, 가학봉의 기슭이 북쪽으로 달려 은적산이 된다." 하였다.

달마산(達摩山) 고송양현(古松陽縣)에 있다. 군과의 거리는 남쪽으로 124리이다. 해남현에도 보인다. ○ 고려의 승려 무외(無畏)의 기(記)에 "전라도 낭주(朗州 영암의 옛 이름)의 속현을 송양(松陽)이라고 하니, 실로 천하의 궁벽한 곳이다. 현의 지경에 달마산이 있는데, 북쪽으로 두륜산(頭輪山)에 인접해 있고 삼면은 모두 바다에 닿아 있다. 산 중턱에는 소나무가 높이 자라 모두 100여 자나 된다. 위에는 순백색의 돌이 험하게 우뚝 서 있는데 모양이 깃대 같고 벽 같다. 산 정상의 고개 동쪽에 천 길 되는 벽이 있고 그 아래에 미타혈(彌陀穴)이 있는데 마치 대패로 민 듯하고 칼로 깎은 듯한 것이 두세 사람이 앉을 만하다. 앞에는 층대(層臺)가 있어 끝없이 광활한 바다와 산들이 모두 가까이 한눈에 들어온다. 미타혈에서 남쪽으로 100보쯤 가면 높은 바위 아래에 바다와 통하는 작은 네모진 못이 있는데 깊어서 바닥을 알 수 없고, 물맛이 짜며 조수를 따라 불었다 줄었다 한다. 서남쪽에 도솔암(兜率菴)이 있는데, 그 형세는 요처(要處)를 얻었고 장관은 짝할 것이 없다. 이곳은 화엄조사(華嚴祖師) 상공(湘公)이 터 잡고 산 곳이다. 암자 북쪽에는 서굴(西窟)이 있는데, 신라 때 의조화상(義照和尙)이 처음에 잠시 기거하면서 낙일관(落日觀)을 지은 곳이다. 서쪽 골짜기에는 미황사(美黃寺)와 통교사(通敎寺)가 있고 북쪽에는 문수암(文殊菴)과 관음굴

168 이안눌(李安訥)의 서(序) : 〈소호정에 제하여 부치다. 찰방 서경추를 위해 짓다〔寄題蘇湖亭爲徐景推察訪作〕〉의 병서(幷序)이다. 《東岳集 卷10 錦溪錄》

(觀音窟)이 있는데, 그 통창하고 심원함이 참으로 인간 세계가 아니다. 또 수정굴(水精窟)이 있으니 수정이 난다." 하였다.

갈두산(葛頭山) 군 남쪽 100리에 있다.

구정봉(九井峯) 월출산의 최고봉이다. 정상에 바위가 우뚝 서 있는데 높이가 2장은 되고, 곁에 굴 하나가 있으니 겨우 한 사람만 들어갈 만하다. 그 굴을 따라 산꼭대기로 올라가면 20인이 앉을 수 있다. 그 평평한 곳에는 우묵하게 패여 동이처럼 물을 담을 수 있는 곳이 9개 있어서 구정봉이라 부른다. 민간에 전해지기를 아홉 용이 있던 곳이라 한다.

화현(火峴) 군 남쪽 28리에 있다.

가학현(駕鶴峴) 군 서쪽 30리에 있다. 바로 월출산 서쪽 줄기이다.

율현(栗峴) 군 서남쪽 25리에 있다.

영원현(嶺院峴) 군 동쪽 10리에 있다.

동음소현(冬音所峴) 군 동남쪽 25리에 있다.

동석(動石) 월출산 구정봉 아래에 3개의 돌이 층암(層巖) 위에 우뚝 서 있는데, 높이가 1장 남짓 되고 둘레가 10아름〔圍〕이며 서쪽은 산꼭대기에 붙어 있고 동쪽은 절벽에 임해 있다. 그 무게는 천백 사람으로도 움직일 수 없을 듯하지만, 한 사람이 흔들면 떨어질 듯하다가 종내 떨어지지 않는다. 그래서 또한 영석(靈石)이라고 칭하니, 군의 이름도 여기서 따왔다.

바다〔海〕 군 서남쪽에 있다.

서호(西湖) 군 서쪽 20리, 금강(錦江) 하류에 있다. 여러 물이 합해져서 바다 어귀로 통하다가 은적산 아래에 이르러 모여 호수가 되니, 이를 서호라 한다. 호수의 중앙에는 위아래로 2개의 섬이 있으니 대고산(大孤山)과 소고산(小孤山)이라 한다. 조수가 불어나면 바다가 되었다가 조수가 빠지면 절

반이 말라 버린다. 그 북쪽 수역을 소호(蘇湖)라고 한다.

덕진포(德津浦) 군 북쪽 5리에 있다. 월출산에서 나와 서호에 들어갔다가 바다까지 이른다.

노도(露島) 둘레가 40리이다. 목장이 있다.

달목도(達木島) 둘레가 56리이다. 목장이 있다.

보길도(甫吉島) 둘레가 63리이다.

여차라도(餘次羅島) 둘레가 30리이다.

화도(花島) 둘레가 50리이다.

백내리도(白乃里島) 둘레가 27리이다.

횡간도(橫看島) 둘레가 39리이다.

감물내리도(甘勿乃里島) 둘레가 44리이다.

어응포도(於應浦島) 둘레가 40리이다.

고도(羔島) 둘레가 29리이다.

죽청도(竹靑島) 둘레가 20리이다.

계화도(界火島) 둘레가 14리이다.

달도(達島) 둘레가 14리이다.

말응두도(末應豆島) 둘레가 53리이다.

말개도(末介島) 둘레가 19리이다.

어화도(於火島) 둘레가 24리이다.

거요도(居要島) 둘레가 17리이다.

가지도(可知島) 둘레가 18리이다.

내등도(內等島) 둘레가 25리이다.

장좌도(長佐島) 둘레가 27리이다.

좌지도(左只島) 둘레가 36리이다.

수덕도(愁德島) 둘레가 27리이다.

여작지도(餘作只島) 둘레가 27리이다.

소모도(小茅島) 둘레가 30리이다. ○ 이상은 군 남쪽 90리, 바다 가운데에 있다.

토산 土産

대나무〔竹〕, 죽전(竹箭), 감〔柹〕, 석류(石榴), 유자〔柚〕, 천초(川椒), 월출산에서 난다. 모과〔木瓜〕, 탱자〔枳實〕, 복령(茯苓), 안식향(安息香), 표고버섯〔香蕈〕, 미역〔藿〕, 가사리(加士里), 소금〔鹽〕, 굴〔石花〕, 새우〔蝦〕, 낙지〔絡締〕, 전복〔鰒〕, 붕어〔鯽魚〕, 홍합(紅蛤), 조개〔蛤〕, 숭어〔秀魚〕, 게〔蟹〕, 감태(甘苔), 김〔海衣〕, 우무〔牛毛〕, 황각(黃角), 매산(莓山)

성곽 城郭

군성(郡城) 돌로 쌓았다. 둘레가 4369자이다. 4개의 문을 세웠으니, 동문을 □□이라 하고, 남문을 □□이라 하고, 서문을 □□이라 하고, 북문을 □□이라 한다. 안에 샘이 4개 있다.

학교 學校

향교(鄕校) 군 남쪽 2리에 있다.

□□서원(□□書院)

궁실 宮室

객관(客館)

향사당(鄕射堂) 객관 서남쪽에 있다.

관덕루(觀德樓) 객관 남쪽에 있다.

배회루(徘徊樓) 객관 동쪽에 있다. 옛 이름은 양휘루(揚輝樓)이다. 군수 강삼(姜參)이 세웠으며, 뒤에 지금의 편액으로 고쳤다.

남루(南樓) 바로 성 남문 누각이다.

동루(東樓) 바로 성 동문 누각이다.

서루(西樓) 바로 성 서문 누각이다.

소호정(蘇湖亭) 군 -원문 3, 4자 결락- 소호(蘇湖) 가에 있다. 고을 사람 서희서(徐希恕)가 지은 별서이다. ○ 본조 이안눌(李安訥)의 시[169]에,

숲 정자가 해방의 으뜸이란 말은 들었거니와	聞說林亭擅海邦
고산[170]의 형승도 비할 데 없음을 또 알았구려	孤山形勝認無雙
구름 너머 먼 멧부리는 삼악[171]이 늘어선 것이고	雲頭遠岫排三嶽

169 이안눌(李安訥)의 시 : 〈소호정에 제하여 부치다. 찰방 서경추를 위해 짓다〔寄題蘇湖亭爲徐景推察訪作〕〉이다. 《東岳集 卷10 錦溪錄》

170 고산(孤山) : 소호 가운데 있는 섬을 말한다. 《東岳集 卷10 錦溪錄 寄題蘇湖亭爲徐景推察訪作》

171 삼악(三嶽) : 추월산(秋月山), 무등산(無等山), 금성산(錦城山)을 말한다. 이 세 산이 정자 동쪽에 솥발처럼 서 있다고 한다. 《東岳集 卷10 錦溪錄 寄題蘇湖亭爲徐景推察訪作》

들에 면한 평평한 호수는 구강[172]이 모인 것이네　野面平湖納九江
낚싯배에 비 개자 꽃이 섬을 빙 둘렀고　釣艇雨過花繞嶼
차 화로에 연기 피니 달빛이 창에 드네　茶爐煙起月侵窓
이웃이 되어 담 동쪽에 살게 해 준다면　卜隣儻許墻東住
곧장 식구들 끌고 와 노방을 배우고 싶네[173]　直欲携家學老龐

하였다.

봉수 烽燧

갈두산 봉수(葛頭山烽燧) 동쪽으로 강진현의 좌곡산(佐谷山)에 응하고, 서쪽으로 해남현의 관두산(館頭山)에 응한다.

우역 郵驛

영보역(永保驛) 군 북쪽, 성 아래에 있다.

청풍원(淸風院) 일명 청정원(淸淨院)이라고 한다. 군 남쪽 11리에 있다.

보현원(普賢院) 군 동쪽 7리에 있다.

수원(燧院) 군 북쪽 25리에 있다.

172 구강(九江) : 소호에 모여드는 여러 강과 내를 합하여 지칭한 것이다.

173 노방(老龐)을 배우고 싶네 : 은일지사(隱逸之士)의 삶을 배우고 싶다는 말이다. 노방은 후한 말엽의 은사(隱士) 방덕공(龐德公)을 가리킨다. 형주 자사(荊州刺史) 유표(劉表)의 간곡한 요청도 뿌리친 채 처자를 데리고 양양(襄陽)의 녹문산(鹿門山)에 들어가서 약초를 캐며 살았다고 한다. 《後漢書 逸民列傳 龐公》

관량 關梁

덕진교(德津橋) 덕진포(德津浦)에 놓여 있다.

관덕교(觀德橋) 관덕루 앞에 있다. 못에 걸쳐서 다리를 놓았다.

사묘 祠廟

사직단(社稷壇) 군 서쪽에 있다.

문묘(文廟) 향교에 있다.

성황사(城隍祠) 군 남쪽 3리에 있다.

월출산사(月出山祠) 본 고을에서 제사를 지낸다.

여단(厲壇) 군 북쪽에 있다.

사찰 寺刹

도갑사(道岬寺) 월출산 남쪽에 있다. 절이 매우 커서 낭료(廊寮)와 전우(殿宇)의 제도가 넓고 화려하다. 세상에서 전하기를 도선이 이곳에서 선(禪)을 배웠다고 한다. 본조 초에 승려 학조(學祖)가 거주하였으니 그의 불주(佛珠)와 철학(鐵鶴)이 아직 남아 있다. 옛 비석이 있는데, 글자가 깨져서 읽을 수 없다. 절 아래 골짜기 어귀에는 2개의 입석(立石)이 있는데, 그중 하나에 국장생(國長生) 3자가 새겨져 있고 또 하나에 황장생(皇長生) 3자가 새겨져 있으니 도선이 새긴 것이다. 만력(萬曆) 연간에 원수(元帥) 한준겸(韓俊謙)이 호남 지역을 순찰하던 중에 이곳을 들렀는데, 국장생이라고 새겨진 입석을 파내다 보니 그 아래에 석표사좌(石標四座)라고 새겨져 있었다. 돌이 깊이 박혀 있어서 그 밑까지 다 파내려고 하다가 무익하다고 여기고는 다시 묻었다. 절 뒤 서북쪽 돌 봉우리 사이에는 또 위아래에 견성암(見性菴)과 봉선암(奉仙菴)이 있다.

용암사(龍巖寺) 월출산 구정봉 아래에 있다. 9층 부도(浮圖)가 있다.

고산암(孤山菴), **몽령암**(夢靈菴) 모두 월출산에 있다.

통교사(通教寺), **미황사**(美黃寺), **도솔암**(兜率菴), **관음굴**(觀音窟), **서방굴**(西方窟), **수정굴**(水精窟) 모두 달마산에 있다.

고적 古蹟

곤미폐현(昆湄廢縣) 군 서쪽 30리에 있다. 본래 백제의 고미현(古彌縣)인데, 신라에서 곤미(昆湄)로 고치고 그대로 병합하였다. 고려와 본조에서 그대로 따랐다.

고진도(古珍島) 곤미현 서쪽에 있다. 고려 충정왕 때 진도현(珍島縣) 사람들이 왜구로 인해 땅을 잃고 이곳에 우거하였으므로 진도라고 칭하였다. 뒤에 본토로 돌아갔는데 고을 터는 여전히 남아 있다.

달량폐진(達梁廢鎮) 군 남쪽 90리에 있다. 예전에는 수군만호가 있었는데, 중종 16년(1521)에 혁파하고 강진(康津) 가리포(加里浦)에 병합하였다. 명종 10년(1555)에 왜선 60여 척이 침략하여 달량(達梁)을 함락하고 병사(兵使) 원적(元績)을 죽였다. 이어 난포(蘭浦), 마도(馬島), 장흥부(長興府) 병영, 강진현 가리포를 함락하고 살해와 약탈을 무수히 자행하니, 도원수 이준경(李俊慶)을 보내 격파하였다.

최씨원(崔氏園) 군 서쪽 15리에 있다. 민간에 전해지기를 "신라 사람 최씨

(崔氏)의 정원 안에 길이가 한 자 넘는 오이가 있어서 온 가족이 자못 이상하게 여겼다. 최씨 딸이 몰래 따서 먹었더니 신기하게 임신이 되어 달을 채우고 아들을 낳았다. 그 부모는 인도(人道 남녀의 교합)가 없이 태어난 것을 미워하여 대숲에 버려두었는데, 수 주일이 지나 딸이 가서 보았더니 비둘기와 수리새가 와서 날개로 덮어 주고 있었다. 돌아와서 부모에게 고하니, 부모도 괴이하게 여겨 데려다 키웠다. 성장하자 머리 깎고 중이 되어 이름을 도선(道詵)이라 하였다. 당나라에 들어가 일행 선사(一行禪師)의 지리법(地理法)을 전수받고 돌아왔으니, 무릇 산을 답사하고 물을 보는 데에 신통함이 많았다. 뒤에 그 땅을 이름 짓기를 구림(鳩林)이라 하고 또 비취(飛鷲)라고도 하였다." 하였다. ○ 살피건대 고려 최유청(崔惟淸)이 지은 광양(光陽)의 옥룡사(玉龍寺) 비문에는 도선의 어머니를 강씨(姜氏)라 하였는데, 여기에는 최씨라 하였으니 이 설이 의심스럽다.

심정부곡(深井部曲) 군 남쪽 120리에 있다.

귀인부곡(貴仁部曲) 군 남쪽 90리에 있다.

송정부곡(松井部曲) 군 남쪽 110리에 있다.

고장흥창(古長興倉) 군 -원문 3, 4자 결락-에 있다. 고려 초에 창고를 설치하고 부근 주현의 조세를 수합하여 서울까지 조운하였으니, 바로 십이창(十二倉)[174] 중의 하나이다. 지금 토성(土城) 기지가 남아 있다.

174 십이창(十二倉) : 고려 초에 조운을 위해 남도의 수군에 설치한 창고를 말한다. 충주(忠州)의 덕흥창(德興倉), 원주(原州)의 흥원창(興元倉), 아주(牙州)의 하양창(河陽倉), 부성(富城)의 영풍창(永豐倉), 보안(保安)의 안흥창(安興倉), 임피(臨陂)의 진성창(鎭城倉), 나주(羅州)의 해릉창(海陵倉), 영광(靈光)의 부용창(芙蓉倉), 영암(靈巖)의 장흥창(長興倉), 승주(昇州)의 해룡창(海龍倉), 사주(泗州)의 통양창(通陽倉), 합포(合浦)의 석두창(石頭倉)이다.

《高麗史 卷79 食貨志2 漕運》

명환 名宦

고려

유광식(柳光植) 영암군 원이 되었는데, 진중하고 검약하였으며 정사는 깨끗하고 엄정함을 중시하니, 아전들은 두려워하고 백성들은 고마워하였다. 고종 때 여러 번 승진하여 참지정사(參知政事)가 되었다.

유우 流寓

최덕지(崔德之) 본조 전주(全州) 사람이다. 남원 부사(南原府使)로 물러나 본군의 영보촌(永保村)에 거주하였는데, 그 집의 당호를 존양(存養)이라 지어 편액을 걸었다. 문종 1년(1451)에 부름을 받아 직제학에 제배되었는데, 이듬해에 연로함을 고하고 귀향하니 세상에서 그 뜻을 고상하게 여겼다. 세조 때에는 종신토록 나가지 않았으니, 사람들은 그가 현명하고 사리에 밝아 몸을 잘 보전하였다고 일컬었다.

인물 人物

고려

최지몽(崔知夢) 초명은 총진(聰進)이다. 경사(經史)를 널리 섭렵하였고, 천문(天文)과 복서(卜筮)에 특히 정통하였다. 태조가 그 명성을 듣고 해몽하게 하였는데, 최지몽이 길조의 점괘를 얻고는 말하기를 "필시 삼한을 통일하여 다스리실 것입니다." 하니, 태조가 기뻐하며 이름을 지몽이라 고쳐 주었다. 왕이 정벌을 나갈 때 항상 호종하여 고문(顧問)에 대비하였으며, 나랏일을 당할 때마다 아뢰는 말이 적중하지 않음이 없었다. 관직이 내사령 상주국(內史令上柱國)에 이르렀다. 시호는 민휴(敏休)이다. 경종 묘정에 배향되었다.

열녀 列女

최씨(崔氏) 진주 호장(晉州戶長) 정만(鄭滿)의 처이다. 진주(晉州)에 보인다.

영광군靈光郡

동쪽으로 장성부(長城府) 경계까지 59리이다. 남쪽으로 함평현(咸平縣) 경계까지 28리이다. 북쪽으로 무장현(茂長縣) 경계까지 24리이다. 서쪽으로 해안까지 28리이다. 서울과의 거리는 699리이다.

한전 **旱田**

수전 **水田**

건치연혁 **建置沿革**

본래 백제 시이군(尸伊郡)이다. 신라 경덕왕 때 고쳐서 무령군(武靈郡)으로 삼았다. 고려에서 영광군으로 고쳤다. 정주(靜州)라고도 칭한다. 본조에서 그대로 따랐다. 관장하는 면은 28개이다.

관원

군수(郡守), 훈도(訓導) 각 1인이다.

군명 郡名

무령(武靈) 별호는 오성(獒城)이다.

형승 形勝

산세(山勢)가 빙 둘러 있고 큰 바다에 인접해 있다. 본조 신숙주(申叔舟)의 객관기(客館記)에 "산세가 빙 둘러 있고 큰 바다에 인접해 있으니 남도의 중요 지역이다." 하였다.

동쪽으로 긴 산맥을 지고 서쪽으로 큰 바다에 닿아 있다. 동쪽으로 긴 산맥을 지고 서쪽으로 큰 바다에 닿아 있으며, 토지가 비옥하고 백성과 물산이 풍부하다.

풍속 風俗

풍속이 귀신을 신봉한다. 지지(地志)

농민과 상민이 섞여 산다. 농민과 상민이 섞여 살며 자못 호방하고 사치스럽다. 바닷가 백성들은 고기잡이를 생업으로 삼는다.

산천 山川

오산(獒山) 군 서쪽 25리에 있다. 진산(鎭山)이다.

모악산(母嶽山) 군 남쪽 20리에 있다. 함평현에도 보인다. 산속에 용추(龍湫)가 있는데, 넓이가 수십 평이고 그 깊이는 헤아릴 수 없다. 전해 오기를 신룡(神龍)이 사는 곳이라고 하여 가뭄이 들면 비를 빈다.

홍농산(弘農山) 군 북쪽 41리, 홍농부곡(弘農部曲)에 있다.

우와산(牛臥山) 군 서쪽에 있다.

구수산(九岫山) 군 서쪽 20리에 있다.

차음산(次音山) 군 서쪽 30리에 있다.

굴두산(屈頭山) 군 서쪽 15리에 있다.

수연산(隨緣山) 군 동쪽 45리에 있다. 본명은 영취산(靈鷲山)인데, 수연사(隨緣寺)가 있기 때문에 세속에서 수연산이라 칭한다.

고성산(高城山) 군 동쪽 35리에 있다. 위쪽에 옛 성터가 있는데, 여기서 산이 끊어졌다가 다시 일어나 남쪽으로 뻗어 나가서 마점산(磨岾山)이 된다.

마점산(磨岾山) 군 동쪽 10리에 있다. 산세가 마치 포백(布帛)을 펴 놓은 것처럼 높이 가로누워 있다. 봉정사(鳳停寺)가 있기 때문에 봉정산(鳳停山)이라고도 칭한다.

진하산(珍下山) 군 남쪽 100리에 있다. 둘레가 45리이다. 목장이 있다.

바다〔海〕 군 서쪽 30리에 있다. 7개의 섬이 있으므로 칠산(七山)이라 칭한다. 바다에서 조기〔石首魚〕가 잡히는데, 매년 봄철이면 원근의 상선(商船)들이 사방에서 모여들어 그물을 던져 고기를 잡느라 시장같이 시끄럽고 혼란스러우니 이를 파시전(波市田)이라 한다.

대서호(大西湖) 군 서쪽 25리에 있다. 일명 마성(馬城)이라고 한다. 어량(魚梁)이 있다.

망운도(望雲島) 고망운향(古望雲鄕)이다. 군 남쪽 105리에 있다. 어량 및 목장이 있다.

고이도(故耳島) 군 남쪽에 있다. 목장이 있다.

고도도(高道島) 군 서쪽 바다 가운데에 있다. 해안에서 100보 떨어져 있다.

성의도(省衣島) 고도도 서쪽에 있다. 둘레가 20리이다.

안마도(安馬島) 혹은 아비마도(阿比亇島)라고 한다. 둘레가 25리이다. 고도도 서쪽으로 물길 따라 150여 리에 있으며, 인가가 있다.

진월도(珍月島), 어배도(於背島), 보사도(寶沙島), 채운도(採雲島), 사곶도(沙串島), 둘레가 34리이다. 시아도(時兒島), 당사도(唐笥島), 모야도(毛也島), 선점도(蟬岾島), 대가지도(大加知島), 진인이도(珍人伊島) 이상은 모두 군 서쪽 바다 가운데에 있다.

유도(留島), 신위도(神葦島), 청도(青島), 독도(禿島), 백량도(白良島), 앵도(櫻島), 취도(鷲島), 내파도(乃破島) 이상은 모두 육창향(陸昌鄉)에 있다.

임치도(臨淄島) 둘레가 50리이다. 목장이 있다.

북사자도(北獅子島), 남사자도(南獅子島), 개요지도(開要只島), 마지도(亇知島) 이상은 모두 임치현(臨淄縣)에 있다.

토산 土産

자연동(自然銅), 읍성(邑城 군성(郡城)) 안에서 난다. 대나무〔竹〕, 죽전(竹箭), 대안향(大安鄉) 안에서 난다. 왕골자리〔莞席〕, 차〔茶〕, 생강〔薑〕, 천초(川椒), 홍농산에서 난다. 연실(蓮實), 복령(茯苓), 천문동(天門冬), 맥문동(麥門冬), 소금〔鹽〕, 조기〔石首魚〕, 광어(廣魚) 오징어〔烏賊魚〕, 부레〔魚鰾〕, 민어(民魚), 준치〔眞魚〕, 밴댕이〔蘇魚〕, 황어(黃魚), 조개〔蛤〕, 맛조개〔竹蛤〕, 낙지〔絡締〕, 미네굴〔土花〕, 굴〔石花〕, 쌀새우〔白蝦〕

성곽 城郭

군성(郡城) 돌로 쌓았다. 둘레가 1469자이다. 동쪽과 서쪽에 문이 있고, 성 안에 샘이 9개 있다.

공서 公署

다경포 만호진(多慶浦萬戶鎭) 군 남쪽 150리에 있다. 중종 때 석성(石城)을 쌓았는데 둘레가 980자이다. 수군만호 1인이 있다.

법성포 만호진(法聖浦萬戶鎭) 군 북쪽 30리에 있다. 중종 때 석성을 쌓았는데 둘레가 1688자이다. 수군만호 1인이 있다.

학교 學校

향교(鄕校) 군 동쪽 1리에 있다.

궁실 宮室

객관(客館) 예전에는 고을의 남쪽 산기슭에 있었다. 경태(景泰) 임신년(1452, 문종2)에, 산수가 등지고 떠나는 형세이고 성보(城堡)가 낮고 무너졌으므로 우와산 동쪽으로 옮기고 비로소 성곽과 공해(公廨)를 영건하였다.

군수 관아〔郡守衙〕 객관 서쪽에 있다. 근민당(近民堂)이 있다.

향사당(鄕射堂)

무학당(武學堂) 객관 서쪽에 있다.

운금정(雲錦亭) 관아 동남쪽에 있다. 좌우에 연못이 있고 못 안에 섬이 있으며, 섬 안에는 또 작은 정자가 있다.

남루(南樓) 바로 성 남문 누각이다.

만경루(萬景樓) 객관 동쪽에 있다. 군수 박항경(朴恒卿)이 세웠다.

망원루(望遠樓) 바로 군성 □문 누각이다. ○ 본조 성임(成任)의 시에,

성 아래 홍문은 백 자 되는 사립문 같고	城下虹門百尺扉
성 위의 높은 누각은 정말 나는 듯하네	城頭高閣正翬飛
아침마다 바다 기운 천 점이나 비껴 있고	朝朝海氣橫千點
보이는 곳마다 산 빛이 온 사방에 푸르네	面面山光碧四圍
군막에선 매양 주나라 예악을 말하고	戎幕每談周禮樂
여장엔 공연히 한나라 깃발 눕어 있네	女墻空偃漢旌旗
시절 태평하여 하청송[175]을 짓고자 하는데	時平欲賦河清頌
북녘 바라보니 붉은 구름이 대궐을 감쌌네	北望彤雲繞太微

하였다.

청풍루(清風樓) 객관 동쪽에 있다.

창고 倉庫

법성창(法聖倉) 법성포에 있다. 본군 및 흥덕(興德), 옥과(玉果), 부안(扶

175 하청송(河清頌) : 남조 송나라 원가(元嘉) 연간에 황하의 물이 맑아졌는데, 이는 천하가 태평해지는 상서로 여겼으므로 시인 포조(鮑照)가 이 노래를 지었다고 한다. 《宋書 鮑照列傳》 뒤에 태평성대를 찬송하는 노래로 범칭되었다.

安), 함평(咸平), 진원(珍原), 담양(潭陽), 무장(茂長), 장성(長城), 정읍(井邑), 곡성(谷城), 창평(昌平), 고부(古阜), 순창(淳昌), 고창(高敞) 등 관아의 전세(田稅)를 이곳에서 수합하여 서울까지 조운한다.

신증新增

중종 7년(1512)에 조정에서 논의하여, 나주(羅州)의 영산창(榮山倉)이 수로가 험난하여 배가 전복되는 일이 많으므로 영산창에서 수합하던 전세를 이곳으로 옮기고 또 이 창고에서 수합하던 흥덕, 부안, 고부, 정읍 등 관아의 전세는 군산창(群山倉)에서 나누어 수합하도록 결정하였다.

봉수烽燧

홍농산 봉수(弘農山烽燧) 군 북쪽 61리에 있다. 북쪽으로 무장현의 고리포(古里浦)에 응한다.

차음산 봉수(次音山烽燧) 군 서쪽 49리에 있다. 남쪽으로 함평현의 해제(海際)에 응하고, 북쪽으로 고도도에 응한다.

고도도 봉수(高道島烽燧) 군 서쪽 28리에 있다. 북쪽으로 홍농산에 응한다.

우역郵驛

녹사역(綠沙驛) 군 남쪽 5리에 있다.

가정원(可亭院) 군 남쪽 30리에 있다.

연덕원(延德院) 군 남쪽 20리에 있다.

도편교원(道鞭橋院) 군 북쪽 40리에 있다.

임계원(臨溪院) 군 북쪽 15리에 있다.

북원(北院) 군 북쪽 5리에 있다.

관량 關梁

반내교(磐乃橋) 군 북쪽 12리에 있다. 판자로 만들었다.

도편교(道鞭橋) 군 북쪽 17리에 있다. 판자로 만들었다.

사묘 祠廟

사직단(社稷壇) 군 서쪽에 있다.

문묘(文廟) 향교에 있다.

성황사(城隍祠) 오산에 있다.

여단(厲壇) 군 북쪽에 있다.

사찰 寺刹

불갑사(佛岬寺) 모악산에 있다. 골짜기가 깊고 경치가 좋으며, 절은 매우 크고 아름답다. 신라 때 창건하였다. 이달충(李達衷)이 비명(碑銘)을 지은, 승려 각진(覺眞)의 비가 있는데 글자가 깨졌다. 뜰 앞에 동백나무가 있는데 매우 기이하다.

자복사(資福寺) 군 남쪽 10리, 불덕산(佛德山)에 있다.

봉정사(鳳停寺) 마점산(磨岾山)에 있다.

수연사(隨緣寺) 수연산에 있다.

구수사(九岫寺) 구수산에 있다.

이흥암(利興菴) 불덕산에 있다.

고적 古蹟

삼계폐현(森溪廢縣) 군 동쪽 32리에 있다. 본래 백제 소비혜현(所非兮縣)으로, 일명 소을부(所乙夫)라고 한다. 신라에서 삼계(森溪)로 고치고 갑성군(岬城郡)의 영현으로 삼았다. 고려에 와서 본군에 병합하였고, 본조에서 그대로 따랐다. 지금 현 뒤쪽의 산 위에 흙으로 쌓은 옛 성이 있다. 중종 때 사창(社倉)을 설치하였다. 이는 관찰사 이사균(李思鈞)이, 군에 마점산이 있어 동서로 가로막고 있는데 돌길이라 험준하므로 현 백성들이 환곡을 수납하는 데 고초를 겪는다는 내용으로 계문을 올려 설치한 것이다.

임치폐현(臨淄廢縣) 군 서쪽 26리에 있다. 본래 백제 고록지현(古祿只縣)인데, 신라에서 염해(鹽海)로 이름을 고치고 압해군(壓海郡)의 영현으로 삼았다. 고려에서 임치(臨淄)로 고치고 그대로 본군에 병합하였다. 본조에서 그대로 따랐다.

육창향(陸昌鄕) 군 남쪽 25리에 있다. 본래 백제 아로현(阿老縣)으로, 일명 갈초(葛草)라고 하고 일명 가위(加位)라고 한다. 신라에서 갈도(碣島)로 이름을 고치고 압해군의 영현으로 삼았다. 고려에서 육창(陸昌)으로 고치고 본군에 편입시켰다.

망운부곡(望雲部曲) 군 남쪽 105리에 있다.

명환 名宦

고려

김진(金縝) 예종 때 지영광군사(知靈光郡事)가 되었는데, 청렴 정직하고 선정(善政)을 베풀었다. 안무사 최위(崔渭)가 충의와 청렴을 자부하면서 다른 사람을 인정하는 일이 적었는데, 유독 김진을 최고로 꼽았다. 임기를 마치고 조정에 들어가 우보궐(右補闕)이 되었다.

주열(朱悅) 고종 때 정주군(靜州郡) 원이 되었는데, 공정하고 청렴하며 엄격하고 진중하였으되 정사는 까다롭게 하지 않았다. 군에 재임할 동안 명성과 공적이 크게 있었다.

김수(金須) 원종 때 지영광군(知靈光郡)[176]이 되었다. 삼별초의 반란에 군사를 거느리고 가서 장군 고여림(高汝霖)을 따라 토벌하였는데, 선발로 나아가 목숨을 바쳐 싸웠다.[177]

본조

윤황(尹煌) 광해군 초에 영광 군수(靈光郡守)가 되었다. 군이 본래 일이 많아 다스리기 어려웠는데, 윤황이 부임하여 청렴하고 정직하게 다스리고 백성들의 이익과 폐해에 관련된 일은 모두 일으키거나 폐지하니, 1년 만

176 지영광군(知靈光郡) : 《고려사》 권27 〈원종세가〉 12년에는 '영광부사(靈光副使)'로 되어 있다. 근거가 불충분하여 그대로 번역하였다.

177 삼별초의……싸웠다 : 김수는 안찰사의 명을 받아 병사를 데리고 먼저 제주(濟州)에 들어가 지켰고 고여림이 뒤따라 들어왔는데, 삼별초 군사가 제주를 공격하자 함께 싸우다 죽었다고 한다. 《高麗史 卷103 金應德列傳》

에 장부와 문첩이 깨끗이 정리되었다. 고을 자제들을 이끌어 학문을 흥기시키고, 양로 잔치를 열어 친히 어머니와 형을 모시고서 신분 고하를 막론하고 함께 즐기니, 사람들이 크게 기뻐하였다. 떠나게 되자 백성들이 거사비(去思碑)를 세워 추모하였다.

인물 人物

고려

김심언(金審言) 처음에 상시(常侍) 최섬(崔暹)에게 수학하였다. 최섬이 앉아서 졸다가 김심언의 머리 위에 불기운이 생겨 하늘에 붙는 꿈을 꾸었는데, 속으로 기이하게 여겨 딸을 아내로 삼게 하였다. 성종조에 과거에 급제하고 승진하여 우보궐이 되었다. 봉사(封事)를 올려 진달하기를 "《설원(說苑)》의 육정(六正)과 육사(六邪)[178]에 관한 글과 한(漢)나라 때 자사(刺史)의 육조(六條)[179]를 내외 여러 관서와 주현 관아의 벽에 각각 베껴 써 붙이고 출입할 때마다 살펴보면서 감계(鑑戒)로 삼도록 하십시오." 하니, 왕이 따랐다. 뒤에 관직이 내사시랑평장사(內史侍郎平章事)에 이르렀다. 시호

178 육정(六正)과 육사(六邪) : 정도(正道)를 행하는 여섯 가지 유형의 신하와 사술(邪術)을 행하는 여섯 가지 유형의 신하를 말한다. 육정은 성신(聖臣), 양신(良臣), 충신(忠臣), 지신(智臣), 정신(貞臣), 직신(直臣)이고, 육사는 구신(具臣), 유신(諛臣), 간신(姦臣), 참신(讒臣), 적신(賊臣), 망국신(亡國臣)이라고 하였다. 《說苑 臣術》

179 자사(刺史)의 육조(六條) : 한나라 때 자사가 관할 고을을 돌며 관리들의 정사 현황을 살피기 위해 중점적으로 다루었던 여섯 가지 조항이다. 토호들의 횡포, 관리들의 사익 추구나 상벌 남발, 뇌물 청탁 등의 부정 행위를 살필 것을 말하고 있다. 《漢書 百官公卿表》

는 문안(文安)이다.

전공지(田拱之) 성종조에 과거에 급제하고, 관직이 중추원부사 이부시랑(中樞院副使吏部侍郎)에 이르렀다. 사명(辭命)을 잘하였고, 중외 관직을 두루 역임하는 동안 근면하고 성실하다고 일컬어졌다.

김행경(金行瓊) 어려서부터 박학하였고 글을 잘 지었다. 과거에 급제하고, 한림학사(翰林學士)를 지냈으며 관직이 평장사(平章事)에 이르렀다.

김극검(金克儉) 김행경의 손자이다. 음보(蔭補)로 관직에 나아갔다. 숙종조에 안동부(安東府) 원이 되고 조정에 들어가 감찰어사(監察御史)가 되었다. 인종조에 관직이 사공 태자소사(司空太子少師)에 이르렀다. 공평하고 부지런하여 게으르지 않았으며, 맡은 관직에서 모두 과단성 있게 처리한다고 일컬어졌다. 시호는 기열(祁烈)이다.

본조

유두명(柳斗明) 관직이 대언(代言)에 이르렀다.

정극인(丁克仁) 학문에 힘쓰고 행실을 돈독히 하였다. 태인현(泰仁縣) 유우(流寓)에 보인다.

송흠(宋欽) 과거에 급제하고, 대각(臺閣)에 들어갔다. 어머니가 연로하다는 이유로 남쪽 고을 수령으로 나가기를 계속 청하였으니, 순천(順天), 전주(全州), 장흥(長興), 광주(光州), 나주(羅州), 담양(潭陽)이 모두 그가 재임한 곳이다. 중종은 그가 청렴하고 성실하다 하여 여러 번 책을 하사하여 포상하였다. 전라도 관찰사를 지내고 여러 관직을 거쳐 이조 판서가 되었다. 연로하여 물러나 고향으로 돌아가니, 판중추부사에 승질(陞秩)되었다. 어머니는 101세로 장수하고 송흠도 89세에 죽으니, 당시 사람들이 영화롭게 여겼다.

강항(姜沆) 선조는 진주(晉州) 사람이고, 찬성 강희맹(姜希孟)의 후손이다. 중세에 영광으로 유배된 사람[180]이 있어 인하여 본군 사람이 되었다. 강항은 어려서부터 영민하고 글을 잘 지었다. 선조조에 과거에 급제하고, 형조 좌랑이 되었다. 왜란 때 군량을 운송하는 일을 맡아 운송을 감독하다가[181] 왜적에게 잡혀 일본으로 끌려갔다. 강항은 억류된 중에도 누차 간사(間使)를 만나 적의 정황을 진달하였으니, 그가 한 말은 모두 재난을 극복할 긴요한 계책이었다. 왜인 중에도 강항의 의지를 보고서 감동하고 존경하는 이들이 많았다. 3년 만에 포로로 잡힌 여러 사람들과 약정하여 배를 사서 탈출하여 돌아왔다. 나라로 돌아온 뒤에 당시 정계에서 배척을 받게 되자, 물러나 향리에 기거하며 서사(書史)에 흠뻑 빠져 즐기고 후배들을 훈도하는 일로 여생을 마쳤다. 《간양록(看羊錄)》이 남아 세상에 전해진다.

180 중세에……사람 : 성종조 때 사건에 연루되어 무장(茂長)에 부처된 강학손(姜鶴孫)을 말한다. 강학손은 강희맹의 차자로, 귀양 갔다가 그대로 영광에 눌러살았다고 한다. 《明齋遺稿 卷36 宗簿寺正姜公墓誌銘》

181 왜란……감독하다가 : 강항은 1597년(선조30) 정유재란 때 분호조 참판(分戶曹參判) 이광정(李光庭)의 낭청으로서 호남에서 명나라 총병(總兵) 양호(楊鎬)의 군량 운송을 감독하였다. 《看羊錄 賊中封疏》

함평현咸平縣

동쪽으로 나주(羅州) 경계까지 32리이다. 서쪽으로 해안까지 41리이다. 남쪽으로 무안현(務安縣) 경계까지 4리이다. 북쪽으로 영광군(靈光郡) 경계까지 35리이다. 서울과의 거리는 762리이다.

한전 旱田

수전 水田

건치연혁 建置沿革

본래 백제의 굴내현(屈乃縣)이다. 신라 경덕왕 때 함풍(咸豐)으로 고치고 무안군(務安郡)의 영현으로 삼았다. 고려에서 영광군에 편입시켰다. 명종 초에 다시 함풍현을 설치하고, 공양왕 때 영풍(永豐), 다경(多景),[182] 해제(海際)의 권농방어사(勸農防禦使)를 겸임하게 하였다. 본조 태종 9년(1409)에 모평현(牟平縣)을 병합하고 함평현으로 고쳤다. 관장

182 다경(多景) : 본책 본현 고적에는 '景'이 '慶'으로 되어 있다.

하는 면은 14개이다.

관원

현감(縣監), 훈도(訓導) 각 1인이다.

군명 郡名

함풍(咸豐)

산천 山川

군니산(君尼山) 현 북쪽 30리에 있다. 진산(鎭山)이다.

옹산(甕山) 현 서쪽 41리에 있다.

모악산(母嶽山) 현 북쪽 30리에 있다.

기산(箕山) 현 북쪽 5리에 있다.

바다〔海〕 현 서쪽에 있다.

정포(鼎浦) 현 서쪽 20리에 있다.

굴내포(屈乃浦) 현 서쪽 15리에 있다.

대교천(大橋川) 현 동쪽 2리에 있다.

저천(猪川) 현 동쪽 30리에 있다.

신지(新池) 현 동쪽 40리에 있다.

저도(楮島) 황저도(荒楮島)와 독저도(禿楮島) 두 섬이 있다.

두지도(豆知島), 율도(栗島), 맥도(麥島) 모두 해제폐현(海際廢縣)에 있다.

토산 土産

모시〔苧〕, 닥나무〔楮〕, 왕골자리〔莞席〕, 대나무〔竹〕, 죽전(竹箭), 현 북쪽 기산성(箕山城) 밑에서 난다. 수철(水鐵), 현 서쪽 해제리(海際里)의 양반교(兩班橋) 해안에서 난다. 철(鐵), 현 서쪽 사내포(沙乃浦)와 옹암포(甕巖浦)에서 난다. 자기(磁器), 석류(石榴), 감〔柹〕, 연실(蓮實), 비자(榧子), 현 북쪽 가을고지리(加乙古之里)에서 난다. 차〔茶〕, 소금〔鹽〕, 황각(黃角), 감태(甘苔), 조기〔石首魚〕, 쌀새우〔白蝦〕, 민어(民魚), 밴댕이〔蘇魚〕, 숭어〔秀魚〕, 낙지〔絡締〕, 굴〔石花〕, 소합(小蛤), 준치〔眞魚〕, 오징어〔烏賊魚〕

공서 公署

임치 첨절제사진(臨淄僉節制使鎭) 현 서쪽 77리에 있다. 영광군 임치도(臨淄島)와 서로 마주하고 있다. 진에서 관할하는 곳은 검모포(黔毛浦), 법성포(法聖浦), 다경포(多慶浦), 목포(木浦), 어란포(於蘭浦), 군산포(郡山浦), 남도포(南桃浦), 금갑도(金甲島)이다. ○ 수군첨절제사 1인이 있다.

학교 學校

향교(鄕校) 예전에는 현 서쪽 1리에 있었는데, 지금은 현 동쪽 8리로 옮겼다.

궁실 宮室

객관(客館)

봉수 烽燧

옹산 봉수(甕山烽燧) 남쪽으로 무안현의 고림산(高林山)에 응하고, 서쪽으로 해제현에 응한다.

해제 봉수(海際烽燧) 현 서쪽 68리에 있다. 북쪽으로 영광군의 차음산(次音山)에 응한다.

우역 郵驛

가리역(嘉里驛) 현 북쪽 22리에 있다.

사기원(四岐院) 현 동쪽 50리에 있다.

옹산원(甕山院) 현 서쪽 30리에 있다.

유현원(杻峴院) 현 북쪽 35리에 있다.

사묘 祠廟

사직단(社稷壇) 현 서쪽에 있다.

문묘(文廟) 향교에 있다.

성황사(城隍祠) 현 북쪽 5리에 있다.

여단(厲壇) 현 북쪽에 있다.

사찰 寺刹

고산사(高山寺), 월량사(月良寺), 용천사(龍泉寺) 모두 모악산 서쪽에 있다.

서상사(瑞祥寺) 군니산에 있다.

죽림사(竹林寺) 모악산에 있다.

고적 古蹟

모평폐현(牟平廢縣) 현 동쪽 30리에 있다. 본래 백제의 다지현(多只縣)인데, 신라 경덕왕 때 다기(多岐)로 고치고 무안군의 영현으로 삼았다. 고려에서 모평(牟平)으로 고치고 영광군에 편입시켰다. 본조 태종 9년(1409)에 본현에 병합하였다.

해제폐현(海際廢縣) 현 서쪽 70리에 있다. 본래 백제의 도제현(道際縣)으로, 일명 음해(陰海)라고 한다. 신라 경덕왕 때 해제(海際)로 고치고 무안군의 영현으로 삼았다. 고려 때 영광군에 편입시켰다. 본조 초에 본현에 병합하였다.

다경부곡(多慶部曲) 현 서쪽 20리, 영광군과의 경계에 있다.

영풍향(永豐鄕) 현 서쪽 10리에 있다. ○ 다경(多慶)과 영풍(永豐)은 예전에는 나주 지역으로 삼았는데, 본조 태조 초에 본현의 부근이라 하여 떼어 편입시켰다.

기산성(箕山城) 현 북쪽 5리에 있다. 돌로 쌓았다. 둘레가 1850자이다. 안에 샘 6개와 못 1개가 있다. 예전에는 군창이 있었는데 지금은 없어졌다.

금성산성(金城山城) 현 북쪽 15리에 있다. 돌로 쌓았다. 둘레는 1300자이다. 안에 작은 시내가 있다. 지금은 모두 퇴락하여 무너졌다.

명환 名宦

본조

이계번(李係蕃) 함평 현감(咸平縣監)이 되었는데, 청렴하고 차분하며 욕심이 적었고 백성을 자식처럼 아꼈다.

인물 人物

본조

이긍(李兢) 문과에 급제하고, 관직은 이조 참판에 이르렀다.

열녀 列女

박씨(朴氏) 학생 서윤중(徐允中)의 처이다. 지아비가 죽자 슬픔을 극진히 하였고 복상이 끝나서도 여전히 상복을 벗지 않았다. 어머니가 그 뜻을 꺾으려 하자 머리를 깎고 중이 되었고, 어머니가 죽자 도로 머리를 길렀는데 나이가 이미 60세였다. 본조 성종조에 그 마을에 정려하였다.

고창현高敞縣

동쪽으로 장성부(長城府) 경계까지 10리, 흥덕현(興德縣) 경계까지 17리이다. 북쪽으로 같은 현 경계까지 7리이다. 남쪽으로 무장현(茂長縣) 경계까지 19리이다. 서쪽으로 같은 현 경계까지 22리이다. 서울과의 거리는 628리이다.

한전旱田

수전水田

건치연혁建置沿革

본래 백제의 모량부리현(毛良夫里縣)이다. 신라 경덕왕 때 고창(高敞)으로 고치고 무령군(武靈郡)의 영현으로 삼았다. 고려 초에 고부군(古阜郡)에 편입시켰다가 뒤에 떼어 내 상질현(尙質縣)에서 겸관하도록 하였다. 본조 태종 초에 또 떼어 내 고창현을 설치하였다. 관장하는 면은 4개이다.

관원

현감(縣監), 훈도(訓導) 각 1인이다.

군명 郡名

모량부리(毛良夫里)

산천 山川

반등산(半登山) 현 동쪽 5리에 있다. 진산(鎭山)이다. 용추(龍湫)가 있다. 산 동쪽은 바로 장성부 경계이다. 장성부에 자세히 보인다.

구왕산(九王山) 현 남쪽 25리에 있다.

취령산(鷲嶺山) 현 남쪽 13리에 있다. 혹 우리산(牛里山)이라고 칭하고 문수산(文殊山)이라고도 칭한다. 서쪽으로 무장현의 고산(高山)에 이어진다.

화시산(火矢山) 현 서쪽 15리에 있다.

송현(松峴) 현 동쪽 10리, 장성부와의 경계에 있다. 바로 반등산의 남쪽 줄기로서 서쪽으로 취령산에 이어진다.

용혈(龍穴) 현성(縣城)의 북쪽 벼랑 아래 계곡 가에 있다. 예전에 성을 쌓을 때 용이 솟아 나왔는데, 그 구멍이 아직 남아 있다. 그 북쪽에 반룡원(盤龍院)이 있다. 뒤에 용혈이 메워졌는데, 금상 계묘년(1663, 현종4) 4월에 그 땅의 계곡물이 갑자기 100여 장이나 높이 솟구치니, 그 모습이 흰 무지개 같았고 물이 흩어져 근처 민가까지 적셨다. 사람들은 용이 그 안에 칩거해 있다고 의심하였다.

죽천(竹川) 원류는 둘인데, 하나는 구왕산에서 나오고 하나는 취령산에서 나와 현 서쪽 10리에 이르러 합해진 다음 서쪽으로 흘러가 무장현 지경에 이르러 선운천(仙雲川)이 된다.

토산 土産

석유황(石硫黃), 석회(石灰), 꿀〔蜂蜜〕, 황랍(黃蠟), 대나무〔竹〕, 석류(石榴), 자기(磁器), 차〔茶〕, 조협(皁莢), 승마(升麻), 독활(獨活), 작약(芍藥), 은구어(銀口魚 은어)

성곽 城郭

현성(縣城) 돌로 쌓았다. 둘레가 3080자이다. 북쪽으로 문 하나가 나 있다. 성안에 못 2개와 샘 4개가 있다.

학교 學校

향교(鄕校) 예전에는 현 남쪽 4리에 있었는데, 지금은 옮겨 현 북쪽 2리에 있다.

궁실 宮室

객관(客館)

향사당(鄕射堂) 객관 북쪽에 있다.

빈풍루(豳風樓) 객관 북쪽에 있다. 현감 이종문(李種文)이 옛터에 그대로 누각을 세우고 정이오(鄭以吾)가 이름을 지었는데, 누각이 밭과 들판을 향해 탁 트여 있어 농사를 살필 수 있어 빈풍이라 하였다고 한다.

청절당(淸絶堂) 관아 서쪽에 있다. 앞에 작은 못이 있고 연을 심었다.

우역 郵驛

반룡원(盤龍院) 현 북쪽 2리에 있다.

인계원(仁戒院) 현 서쪽 20리에 있다. 혹은 태천원(苔川院)이라고 칭한다.

사묘 祠廟

사직단(社稷壇) 현 서쪽에 있다.

문묘(文廟) 향교에 있다.

성황사(城隍祠) 현성(縣城) 안에 있다.

여단(厲壇) 현 북쪽에 있다.

능묘 陵墓

김빈길(金贇吉) 묘 현 서남쪽 7리에 있다.

사찰 寺刹

상원사(上院寺) 반등산에 있다. 11층 청석탑(青石塔)이 있다.

문수사(文殊寺) 취령산에 있다. 절 뒤의 산 중턱에 우대굴(牛大窟)이 있으니, 석굴이 기이하다. 안에 작은 암자를 지었다.

안덕사(安德寺) 화시산에 있다.

임공사(臨邛寺) 반등산에 있다.

고적 古蹟

서산고성(西山古城) 현 서쪽 15리에 있다. 바로 화시산의 남쪽 줄기이다. 산 중턱에 옛 성이 있으니 둘레가 2리이다. 전해 오기를 삼국 시대에 쌓은 것이라고 한다. 지금은 다 허물어졌다.

명환 名宦

본조

이최(李漼) 청렴하고 정사를 잘한다는 명성이 있었다.

인물 人物

고려

오학린(吳學麟) 진사과에 급제하고, 관직은 한림학사에 이르렀다. 손자인 오세문(吳世文)은 문재(文才)가 있어 한림을 지냈고, 오세재(吳世才)는 박학하고 시문을 잘하여 이인로(李仁老), 이규보(李奎報) 무리와 망년우를 맺었다.

본조

김빈길(金贇吉) 선조는 낙안(樂安) 사람인데, 뒤에 이사하여 본현 사람이 되었다. 재력이 남보다 뛰어나서, 군졸로 출신하였으나 누차 승진하여 수군절도사에 이르렀다. 왜적과 여러 번 싸워 이기고 관직이 검교정승(檢校政丞)에 이르렀다. 시호는 양혜(襄惠)이다.

무장현茂長縣

동쪽으로 고창현(高敞縣) 경계까지 14리이다. 서쪽으로 해안까지 29리이다. 남쪽으로 영광군(靈光郡) 경계까지 23리이다. 북쪽으로 고창현 경계까지 16리이다. 서울과의 거리는 653리이다.

한전 旱田

수전 水田

건치연혁 建置沿革

본래 백제의 상로현(上老縣)이다. 신라 경덕왕 때 장사(長沙)로 고치고 무령군(武靈郡)의 영현으로 삼았다. 고려 초에 그대로 영광군에 편입시켰다가 뒤에 다시 장사현(長沙縣)을 설치하고 무송(茂松)을 겸관하게 하였다. 본조 태종 17년(1417)에 무송을 병합하고 무장현으로 고쳤으며 병마사진(兵馬使鎭)을 그대로 설치하였다. 세종 때 진을 파하고 다시 현으로 삼았다. 관장하는 면은 16개이다.

관원

현감(縣監), 훈도(訓導) 각 1인이다.

군명 郡名

상로(上老), 장사(長沙)

형승 形勝

서북쪽으로 큰 바다를 지고 있고, 동남쪽으로 긴 산맥을 마주하고 있다.

풍속 風俗

풍속은 고기잡이와 사냥을 숭상한다. 지지(地志)

귀신을 신봉한다.

산천 山川

선운산(禪雲山) 선(禪) 자는 한편 '선(仙)'으로도 쓴다. 현 북쪽 20리에 있다. 기암(奇巖)과 심곡(深谷)이 많다. 《고려사》 〈악지(樂志)〉에 〈선운산곡(禪雲山曲)〉이 있는데, 백제 때 장사 사람이 부역을 나가서 기한이 지나도 돌아오지 않자 그 처가 그리워하여 이 산에 올라 바라보며 노래하였다고 하였다.

화산(花山) 현 북쪽 20리에 있다.

고산(高山) 현 남쪽 25리에 있다. 산 위에 옛 성이 있다. 또 용못〔龍池〕이 있어 가뭄이 들 때마다 비를 빌면 효험이 있으니, 그 산 아래 사람들은 흉년이 들더라도 굶주리지 않았다. 남쪽으로 영광(靈光)의 고성산(高城山)에 이어진다.

바다〔海〕 현 서북쪽에 있다.

선운천(仙雲川) 원류는 둘인데, 하나는 고창현의 죽천(竹川), 하나는 고산에서 나와 현 동쪽 20리에 이르러 합해진 다음 북쪽으로 흐르다가 선운산(仙雲山) 아래를 지나 제안포(濟安浦)에 들어간다.

제안포(濟安浦) 현 북쪽 35리에 있다. 바로 바다 포구〔海浦〕이다. 물이 10리까지 퍼져 있는데, 그 북쪽은 부안현(扶安縣) 지경이고 남쪽은 본현 지역이며, 서쪽으로 큰 바다에 잇닿아 있다. 그 물굽이 주변 해안가에 서시포(西施浦), 검당포(黔堂浦), 금물여포(今勿礜浦) 등이 있는데 모두 어량(魚梁)과 염분(鹽盆)이 있다.

경포(景浦) 현 서쪽 30리에 있다.

장사저(長沙渚) 현 서북쪽 28리, 고장사현(古長沙縣) 바닷가에 있다. 흰모래가 쌓여서 마치 한 필의 누인 비단 같은데, 길이가 20리이다. 현 이름을 장사라 한 것이 이 때문이다. 남방의 해안은 다 소금 갯벌〔鹽鹵〕이고 모래가 없는데 오직 여기에만 모래가 있다.

염정(鹽井) 현 서쪽 35리, 검당포에 있다. 바다로 2리쯤 들어가면 우물이 있는데, 그 물이 희고 짜다. 그곳 사람들은 조수가 물러가기를 기다렸다가 앞다투어 두레박틀을 써서 물을 길어다가 끓여 소금을 만드니, 걸러 내고 햇볕에 말리는 수고를 하지 않고도 이익을 많이 거둔다.

죽도(竹島) 크고 작은 섬이 2개 있는데 모두 현 북쪽 바다 가운데에 있다. 해마다 죽전(竹箭)을 채취한다.

토산 土産

연석(硯石), 현 북쪽 30리, 궁산(弓山)에서 난다. **수정**(水精), 현 남쪽 20리, 비어천(飛於川)에서 난다. **대나무**〔竹〕, **죽전**(竹箭), 현 북쪽의 대죽도와 소죽도에서 난다. **닥나무**〔楮〕, **천초**(川椒) 선운산에서 난다. **차**〔茶〕, **방풍**(防風), **천문동**(天門冬), **맥문동**(麥門冬), **소금**〔鹽〕, **조기**〔石首魚〕, **숭어**〔秀魚〕, **홍어**(洪魚), **준치**〔眞魚〕, **광어**(廣魚), **민어**(民魚), **상어**(鯊魚), **오징어**〔烏賊魚〕, **삼치**〔麻魚〕, **은구어**(銀口魚 은어), **부레**〔魚鰾〕, **게**〔蟹〕, **조개**〔蛤〕, **맛조개**〔竹蛤〕, **새우**〔蝦〕, **낙지**〔絡締〕, **굴**〔石花〕

성곽 城郭

현성(縣城) 돌로 쌓았다. 둘레는 2639자이다. 남쪽으로 문이 하나 나 있다. 성안에 샘이 2개 있다.

학교 學校

향교(鄕校) 현 동쪽 5리에 있다.

궁실 宮室

객관(客館)

향사당(鄕射堂) 남문 밖에 있다.

연무당(鍊武堂) 객관 동쪽에 있다.

아관정(迓觀亭) 객관 북쪽에 있다. 세종조에 절제사 송유인(宋有仁)이 세워 빈객을 맞이하고 활쏘기를 익히는 곳으로 삼았으므로 빈객을 맞이하고〔迓賓〕 덕을 살펴본다〔觀德〕[183]는 뜻을 취하여 명명하였다. 정곤(鄭坤)의 기문이 있다.

읍취루(挹翠樓) 객관 동쪽에 있다. 현감 최검(崔儉)이 중수하였다.

동백정(冬柏亭) 현 북쪽 30리에 있다. 끊어진 언덕이 해만으로 휘어져 들어갔는데 그 위는 평탄하며 삼면이 모두 물이다. 앞에 큰 바다가 있어 끝없이 광활하고, 바다 가운데에는 섬들이 점점이 박혀 마치 떠 있는 것 같으며, 언덕 위에는 동백나무가 울창하게 숲을 이루고 있으니 호남의 절경이다. ○ 본조 기준(奇遵)의 시[184]에,

향기로운 나무 우거진 천 길 언덕에	芳樹千尋岸
오뚝 서 있어 사방이 탁 트여 있네	亭亭四望通
고래 파도는 바다 위 해를 뒤집어 놓고	鯨瀾翻海日
소라 섬들은 하늘 구름에 점점이 박혀 있네	螺嶼點雲空
기운은 삼신산 밖까지 쌓여 있고	氣積三山外

183 덕을 살펴본다〔觀德〕: 활쏘기를 일컫는다. 《예기(禮記)》 〈사의(射義)〉에 "활쏘기를 통해 성대한 덕을 살펴볼 수 있다."라고 한 데서 나온 말이다.

184 기준(奇遵)의 시 : 〈동백정(冬柏亭)〉이다. 《德陽遺稿 卷1》

하늘마저 한 물 속에 돌아왔는데 天回一水中
아스라이 안개 낀 달 져 가려 하니 蒼茫煙月暮
홀로 서서 어느 누굴 따르려 하나 獨立欲誰從

하고, 또

자라 등[185]에 파도 층층이 쌓이고 鼇背層瀾積
푸른 물가엔 가을빛 아련한데 滄洲秋色遐
돛배는 하늘가 섬으로 돌아가고 歸帆天際島
기러기는 해 지는 사구에 내려앉네 落雁日邊沙
바다는 뭇 산봉 안개에 어둑해지고 海暗群峯霧
조수는 만 리 창파에 흘러드는데 潮通萬里波
봉래산 어디 있나 찾아보려니 蓬山何處望
창공의 노을만 눈앞에 가득하네 目斷碧空霞

하였다.

봉수 烽燧

고리포 봉수(古里浦烽燧) 현 남쪽 20리에 있다. 남쪽으로 영광군의 홍농산(弘農山)에 응하고, 북쪽으로 소응포(所應浦)에 응한다.

소응포 봉수(所應浦烽燧) 현 북쪽 20리에 있다. 남쪽으로 고리포에 응하

185 자라 등 : 섬을 가리킨다. 발해의 동쪽에 다섯 선산(仙山)이 있는데, 상제(上帝)가 사방으로 떠내려갈까 걱정스러워서 열다섯 마리의 자라로 하여금 머리를 들어 떠받치고 있게 하였다고 한다. 《列子 湯問》

고, 북쪽으로 부안현(扶安縣)의 월고리산(月古里山)에 응한다.

우역 郵驛

청송역(青松驛) 현 동쪽 25리에 있다.

사신원(四信院) 현 북쪽 18리에 있다.

청계원(淸溪院) 현 남쪽 25리에 있다.

요광원(要光院) 현 서쪽 18리에 있다.

동원(東院) 현 동쪽 5리에 있다.

사묘 祠廟

사직단(社稷壇) 현 서쪽에 있다.

문묘(文廟) 향교에 있다.

성황사(城隍祠) 하나는 고무송(古茂松)에 있고, 하나는 고장사(古長沙)에 있다.

충현사(忠賢祠) 현 동쪽 5리에 있다. 이존오(李存吾)와 유희춘(柳希春)을 향사하였다. 선조조에 사액하였다.[186]

여단(厲壇) 현 북쪽에 있다.

186 선조조에 사액하였다 : 후대의 기록에 충현사는 선조조에 건립하고 광해군 1년(1609)에 사액하였다고 되어 있다.《眉巖集 卷20 忠賢祠請額上疏》《燃藜室記述 別集 卷4 祀典典故》

사찰 寺刹

선운사(禪雲寺) 선운산에 있다. ○ 고려 윤진(尹珍)의 시에,

숲 사이에 난 옛길은 온통 자갈밭이고　古逕穿林石墝确
절을 두른 층층 산엔 물길이 오르락내리락　層巒擁寺水沿洄
양쪽 벼랑에 나무 빽빽하여 평상에 바람 이니　兩崖樹密風生榻
시냇가 누각에 잠깐 올라 한바탕 웃어 보네　暫上溪樓一笑開

하였다.

중애사(重愛寺) 선운산에 있다. ○ 본조 기준의 시[187]에,

돌길은 샘 이끼 끼어 축축하고　石逕泉苔濕
깊은 숲엔 푸른 산 빛만 가득한데　幽林山翠空
흰 구름은 먼 골짜기로 돌아가고　白雲歸遠壑
파랑새는 층층 산봉에 깃들어 자네　青鳥宿層峯
밤 든 법당에서 남은 스님 이야기하고　夜殿殘僧語
가을바람이 옛 절 종소리 실어 오는데　西風古寺鍾
나그네가 절방에서 잠 좀 청하다 보니　客窓聊寄夢
가는 달[188]이 옥 봉오리 동쪽에 떠 있네　微月玉岑東

하였다.

참당사(懺堂寺), 도성암(道成菴), 천등암(天登菴) 모두 선운산에 있다.

도솔암(兜率菴) 선운산에 있다. 암벽이 100장(丈)이고, 바위틈을 따라 돌을 포개 층계를 만들었다. 층계를 딛고 기어 올라가면 암자가 암벽 위에 있으

187 기준의 시 : 〈중애사(重愛寺)〉이다. 《德陽遺稿 卷1》
188 가는 달 : 새벽녘에 동쪽에서 볼 수 있는 그믐달을 지칭한 것으로 보인다.

니 참으로 절경이다. 암자 북쪽에 또 바위가 있는데, 동쪽으로 깊은 계곡에 임해 있고 그 위는 평평하여 수십 인이 앉을 만하니, 이름이 만월대(滿月臺)이다. 가뭄이 들면 여기서 비를 빈다.

기출암(起出菴) 도솔전(兜率殿) 서쪽 벼랑에 있다. 암자가 석굴에 기대어 있는데, 옛날에 여기서 신룡(神龍)이 살고 있다가 바위를 쪼개고 나가 하늘로 올라갔으므로 그렇게 이름하였다. ○ 기준의 시[189]에,

한 물은 산을 감돌아서 멀어지고	一水回山遠
두 바위는 절을 끼고 높이 서 있네	雙巖夾寺高
돌문에는 굴이 뚫려서 어둑하고	石門穿竇暗
구름 길은 벼랑 곁이라 수고롭네	雲逕傍崖勞
오래된 법당엔 몇몇 스님 남아 있고	古殿棲殘釋
높은 숲엔 저물녘 잔나비 매달려 있네	危林掛暮猱
작은 창 너머로 솔과 대 청정하니	小窓松竹淨
그저 우리들이 몸 부칠 만은 하네	聊亦寄吾曹

하였다.

서봉사(瑞峯寺) 고산에 있다.

수고암(水庫菴) 서봉사 남쪽 용못〔龍池〕 가에 있다. 그 이름이 못으로 인해 붙여졌다.

189 기준의 시 : 〈기출암(起出菴)〉이다. 《德陽遺稿 卷1》

고적 古蹟

무송폐현(茂松廢縣) 현 남쪽 20리에 있다. 본래 백제 송미지현(松彌知縣)인데, 신라 경덕왕 때 무송으로 고치고 무령군의 영현으로 삼았다. 고려에서 그대로 영광(靈光)에 편입시켰다. 본조 태종 때 본현에 병합하였다. 지금 토성(土城) 터가 남아 있다.

고장사현(古長沙縣) 현 서북쪽 20리에 있다. 본조 태종 때 무송에 병합하고 중간 지역을 택하여 지금 치소로 옮기니, 그로 인하여 유허가 되었다. 석성(石城) 터가 남아 있다.

고산성(高山城) 고산 위에 있다. 돌로 쌓았다. 둘레가 8100자이다. 가운데에 샘이 3개 있다. 전해 오기를 삼국 시대의 옛 성이라 한다.

명환 名宦

고려

최해(崔瀣) 장사 감무(長沙監務)가 되었다.

이존오(李存吾) 공민왕 때 우정언으로서 상소하여 신돈의 죄악을 직론하였는데, 왕이 노하여 장사 감무로 폄출하였다.

본조

한권(韓卷) 태종조에 감무가 되었다.

유희춘(柳希春) 무장 현감(茂長縣監)이 되었는데, 요역을 균등하게 하고 농사를 권면하였으며 교화를 우선시하여 솔선수범하였으므로 온 경내가 흡

족해하였다.

인물 人物

고려

유녹숭(庾祿崇) 유술(儒術)로 관직에 나아가 직임을 행함이 공정하고 진심을 다하며 일찍이 자기 소신을 굽혀 남을 따른 적이 없다. 숙종조에 여러 관직을 거쳐 추밀원사(樞密院使), 상서 우복야(尙書右僕射)를 역임하였다. 예종 때 참지정사(參知政事)에 올랐는데 의(義)에 따라 곧이곧대로 행하였으므로 세도가나 친척이 감히 흔들지 못하였고, 신분이 귀해지고 현달한 뒤에도 의복과 집은 포의(布衣) 때와 같았다. 시호는 안정(安貞)이다.

유필(庾弼) 문장과 행실로 드러났고, 성질이 강직하여 아부하지 않았다. 의종조에 여러 관직을 거쳐 문하시랑평장사(門下侍郎平章事)에 이르렀다. 시호는 공숙(恭肅)이다.

유응규(庾應圭) 유필의 아들이다. 성품이 영특하고 글을 잘 지었다. 두 번 과거를 보았으나 급제하지 못하고, 의종조에 조정에 들어가 내시(內侍)에 보임되었다가 효공랑(孝功郎)으로 승진하였다. 정중부(鄭仲夫)가 의종을 폐위하고 명종을 세웠을 때 표문을 받들고 금나라에 가서 고하였는데, 금나라는 왕위를 찬탈한 것으로 의심하여 회답을 내리지 않았다. 이에 유응규가 조복을 갖추고 뜰에 서서 7일간 단식을 하니, 금나라 군주가 감동하여 가엾게 여기고 회답 조서를 내려 주어 돌려보냈다. 관직이 공부 시랑(工部侍郎)에 이르렀다.

유자량(庾資諒) 유응규의 아우이다. 엄중하고 과묵하였다. 처음에 음보(蔭補)로 관직에 나아가 중외 관직을 역임하였는데 모두 명성과 공적이 있었다. 고종 때 여러 관직을 거쳐 상서 좌복야에 제수되었다. 은퇴하여서는 물러나 한가로이 지내는 자들과 함께 기로회를 만들었으며, 편안히 노닐며 본성을 기른 것이 수십 년이다.

윤해(尹諧) 무송(茂松) 사람이다. 처음에 현리(縣吏)가 되었는데, 과거에 급제하고 관직이 국학 대사성에 이르렀다. 청렴결백하고 스스로 지조를 지켰으니, 집이 가난해서 죽으로도 끼니를 잇지 못하여 콩을 삶아 공복을 채웠다. 또 성품이 강경하고 곧아서 호강하고 권세 있는 이를 두려워하지 않았고, 일에 임해서는 과감하게 처리하였으므로 사람들이 감히 속이지 못하였다.

윤택(尹澤) 윤해의 손자이다. 충숙왕 7년(1320)에 수재과(秀才科)에 합격하여 검열로서 연경(燕京) 관저에서 왕을 알현하였다. 충숙왕이 그 인품을 중히 여겼으므로 그에게 어린 아들을 부탁하는 말을 하였으니, 바로 공민왕이다. 우부대언(右副代言)을 지내고 전선(銓選)을 관장하였다. 공민왕 1년(1352)에 발탁되어 밀직제학이 되었는데, 개연히 당세 일을 자임하여 건의한 바가 많았다. 13년(1364)에 물러나 금산(錦山)으로 돌아갔다. 시호는 문정(文貞)이다. 《율정시집(栗亭詩集)》이 있다.

남평현南平縣

동쪽으로 능성현(綾城縣) 경계까지 18리, 화순현(和順縣) 경계까지 14리이다. 남쪽으로 나주(羅州) 경계까지 36리이다. 서쪽으로 같은 주 경계까지 24리이다. 북쪽으로 광산현(光山縣) 경계까지 10리이다. 서울과의 거리는 763리이다.

한전 旱田

수전 水田

건치연혁 建置沿革

본래 백제의 미동부리현(未冬夫里縣)이다. 신라 경덕왕 때 현웅(玄雄)으로 고치고 무주(武州)의 영현으로 삼았다. 고려 초에 남평군으로 고치고 일명 영평(永平)이라 한다. 곧이어 나주에 병합하였다. 명종 초에 다시 남평현을 설치하였다가 공양왕 때 폐하고 화순현(和順縣)에서 겸관하게 하였다. 본조 태조 때 다시 떼어 내 현을 설치하였다. 관장하는 면은 12개이다.

관원

현감(縣監), 훈도(訓導) 각 1인이다.

군명 郡名

현웅(玄雄)

산천 山川

풍산(楓山) 현 남쪽 10리에 있다.

덕룡산(德龍山) 현 남쪽 30리에 있다.

중봉산(中峯山) 현 동쪽 10리에 있다.

정광산(淨光山) 현 동북쪽 13리, 광주(光州)와의 경계에 있다.

능천(綾川) 혹 성탄(城灘)이라고 칭한다. 현 북쪽 3리에 있다. 바로 능성현의 능천(綾川) 하류이다. 현 북쪽을 지나 서쪽으로 흘러 나주의 금수(錦水)에 들어간다.

화제(花堤) 현 서남쪽 10리에 있다.

마지(馬池) 현 북쪽 10리에 있다. 그 위를 마산(馬山)이라 한다.

장자지(長者池) 현 동쪽 8리에 있다.

토산 土産

자기(磁器), 도기(陶器), 차〔茶〕, 대나무〔竹〕, 죽전(竹箭), 현 동쪽의 성산(城

山) 및 장자산(長者山)에서 난다. 매실(梅實), 석류(石榴), 쏘가리〔錦鱗魚〕

학교 學校

향교(鄕校) 현 동쪽 1리에 있다.

궁실 宮室

객관(客館)

향사당(鄕射堂) 객관 서쪽에 있다.

무학당(武學堂) 객관 동북쪽에 있다.

영취루(映翠樓) 객관 동쪽에 있다.

운영당(雲影堂) 관아 북쪽에 있다. 당 좌우에 연못이 있다.

우역 郵驛

광리역(光利驛)[190] 현 북쪽 5리에 있다.

오림역(烏林驛) 현 남쪽 40리에 있다.

저포천원(猪浦川院) 현 동쪽 20리에 있다.

광통원(廣通院) 현 서쪽 28리에 있다.

190 광리역(光利驛) : 《신증동국여지승람》 권36 〈전라도 남평현〉 역원 및 《세종실록》 〈지리지〉에는 '광리역(廣里驛)'으로 되어 있다. 근거가 불충분하여 그대로 번역하였다.

하천원(蝦川院) 현 동쪽 2리에 있다.

사묘 祠廟

사직단(社稷壇) 현 서쪽에 있다.

문묘(文廟) 향교에 있다.

성황사(城隍祠) 현 남쪽 2리에 있다.

여단(厲壇) 현 북쪽에 있다.

사찰 寺刹

불호사(佛護寺), **웅점사**(熊岾寺) 모두 덕룡산에 있다.

주송암(朱松菴), **봉산사**(蓬山寺) 모두 풍산에 있다.

죽림사(竹林寺) 중봉산에 있다.

고적 古蹟

철야폐현(鐵冶廢縣) 현 남쪽 30리에 있다. 본래 백제의 실어산현(實於山縣)인데, 신라에서 철야(鐵冶)로 고치고 나주의 영현으로 삼았다. 고려 초에 그대로 나주에 편입시켰다가 뒤에 능성현에 편입시켰다. 본조 공정왕(恭定王 태종) 때 옮겨 본현에 편입시켰다.

성산고성(城山古城) 현 남쪽 1리에 있다. 돌로 쌓았다. 둘레가 5리이다. 지금은 퇴락하여 무너졌다. 전해 오기를 삼국 시대에 쌓은 것이라고 한다. 그 서쪽 끝 정상을 월연대(月延臺)라고 하는데, 고을 민가를 굽어보고 있다.

명환 名宦

본조

이전수(李全粹)

백인걸(白仁傑) 공희왕(恭僖王 중종) 말기에 예조 낭관으로서 봉양을 이유로 외직을 청하여 남평 현감(南平縣監)이 되었는데, 학교를 일으켜 선비를 기르는 것을 급선무로 삼았으며 부역을 균등하게 하고 세금을 박하게 거두어서 경내가 크게 기뻐하였다. 5년 동안 다스린 행적이 제일이라 하여 부름을 받아 지평에 제수되었다.

인물 人物

고려

문공유(文公裕) 관직은 지문하성사 집현전대학사에 이르렀다. 시호는 경정(敬靖)이다.

문극겸(文克謙) 문공유의 아들이다. 처음에는 음보로 관직에 나아갔고, 의종조에 과거에 급제하였다. 여러 번 승진하여 정언이 되었는데, 직간(直諫)으로 인해 황주 판관(黃州判官)으로 폄출되었다가 다시 진주 판관(晉州判官)으로 좌천되었다. 유사(有司)가 아뢰기를 “문극겸은 직언하는 신하인데, 연달아 지방관으로 폄출하여 언로를 막는 것은 옳지 않습니다." 하니, 드디어 승진시켜 전중 내급사(殿中內給事)에 제수하였다. 정중부(鄭仲夫)의 난 때에는 명망(名望) 덕분에 화를 면할 수 있었으며, 뒤에 관직이 중서문하[191] 판병부사에 이르렀다. 시호는 충숙(忠肅)이고, 명종의 묘정에 배향되었다.

문달한(文達漢) 문극겸의 6대손이다. 신우(辛禑) 때 대호군(大護軍)에 제수되고, 여러 번 승진하여 문하평리(門下評理)에 이르고 순평군(順平君)에 봉해졌다.

191 중서문하 : 동중서문하평장사(同中書門下平章事)이다.《高麗史 卷128 叛逆列傳2 宋有仁》

무안현務安縣

동쪽으로 나주(羅州) 경계까지 33리이다. 서쪽으로 해안까지 7리이다. 남쪽으로 해안까지 30리이다. 북쪽으로 함평현(咸平縣) 경계까지 22리이다. 서울과의 거리는 788리이다.

한전 旱田

수전 水田

건치연혁 建置沿革

본래 백제의 물아혜군(勿阿兮郡)이다. 신라 경덕왕 때 무안군(務安郡)으로 고쳤다. 고려 혜종 초에 물량군(勿良郡)으로 고쳤고, 성종 때 다시 무안이라 칭하고 그대로 나주에 편입시켰다. 명종 초에 다시 무안현을 설치하고, 공양왕 때 성산(城山)과 극포(極浦)의 방어사(防禦使)[192]를

192 방어사(防禦使) : 《고려사》에는 '권농방어사(勸農防禦使)'라고 되어 있다. 《高麗史 卷57 地理志2 全羅道 羅州牧 務安郡》

겸임하게 하였다. 본조에서 그대로 무안현으로 삼았다. 관장하는 면은 12개이다.

관원

현감(縣監), 훈도(訓導) 각 1인이다.

군명 郡名

물량(勿良) 별호는 면주(綿州)이다.

형승 形勝

바다를 등지고 있으며 토지가 비옥하다. 산세가 굽이져 뻗어 나가고 너른 들판이 구불구불 둘러 있다.[193] 지지(地誌)

풍속 風俗

근검하며 사치가 없다. 농업에 힘쓰고 근검하며 사치가 없다.

193 바다를……있다 : 《신증동국여지승람》에는 이 내용이 권36 〈전라도 함평현(咸平縣)〉 형승에 실려 있고, 그 전거로 제시한 정인지(鄭麟趾)의 기문이 〈함평현〉 누정 관정루(觀政樓) 항목에 실려 있다. 여기서 전거로 제시한 지지를 확인하지 못하여 그대로 번역하였다.

산천 山川

승달산(僧達山) 현 남쪽 20리에 있다. 진산(鎭山)이다. 세상에서 전하기를 "원나라 임천사(臨川寺)의 승려 원명(圓明)이 바다를 건너와서 이 산에 터를 잡고 풀을 엮어 암자를 지었다. 임천사에 있던 승도(僧徒) 500인이 원명을 찾아와서 함께 깨달음을 얻어 이름을 승달산이라고 하였다."라고 한다.

유달산(鍮達山) 현 남쪽 66리에 있다.

고림산(高林山) 현 서쪽 25리에 있다.

함박산(含朴山) 현 남쪽 60리에 있다.

바다〔海〕 서남쪽이 모두 바다이다.

금수(錦水) 일명 금강(錦江)이라고 하고 혹 목포(木浦)라고 칭한다. 바로 나주의 금수 하류로 조수가 서로 통한다. 현 동쪽 20리를 지나는데 이곳을 대굴포(大堀浦)라 칭하고, 두령량(頭靈梁)에 이르러 바다에 들어간다. 고려 때 이 강을 '거슬러 흐르는 3대강〔背流三大水〕'의 하나라고 하였다.[194]

○ 본조 박상(朴祥)의 〈금강요(錦江謠)〉에,

금강의 물이 굽이굽이 돌아 흘러서	錦江之水流彎環
물놀이하기 좋거니 어찌 아니 가볼손가	詢于且樂盍往觀
방주 둥둥 띄워 가을바람 타고 가니	方舟汎汎駕秋風
십 리 길 바다 문은 한없이 넓디넓어라	十里海門寬復寬

하였다.

194 고려……하였다 : 《고려사》 권57 〈지리지 2 양주(梁州)〉 연혁 원주(原註)에 "황산강(黃山江)은 무안의 용진강, 광양의 섬진강과 함께 '거슬러 흐르는 3대강'이라고 일컬었다."라고 하였다. 여기서 무안의 용진강이 곧 금수로, 고려 때의 명칭이다. 금수는 지금의 영산강이다.

두령량(頭靈粱) 현 남쪽 60리에 있다. 금수가 여기에 이르러 서쪽으로 흘러 바다에 들어간다. 그 동쪽은 바로 영암군(靈巖郡) 지경이다.

정족포(鼎足浦) 현 남쪽 30리에 있다.

이제포(泥梯浦) 현 동쪽 15리에 있다. 원류는 함평현 수산(水山)에서 나와 남쪽으로 흘러 금수에 들어간다.

탄도(炭島) 현 서쪽 30리에 있다. 인가가 있다.

독도(獨島) 현 남쪽 35리에 있다. 인가가 있다.

윤지(潤池) 세속에서 부로제지(夫老梯池)라고 칭한다. 현 북쪽 2리에 있다. 둑 길이는 200보이고, 둘레는 6리이다. 그 아래 관개(灌漑)하는 밭이 매우 많다.

토산 土産

대나무〔竹〕, 죽전(竹箭), 현 남쪽 함박산에서 난다. 철(鐵), 현 동쪽 철소리(鐵所里)에서 난다. 차〔茶〕, 석류(石榴), 감초(甘草), 철소리에서 재배한다. 비자(榧子), 연실(蓮實), 소금〔鹽〕, 오징어〔烏賊魚〕, 숭어〔秀魚〕, 게〔蟹〕, 조개〔蛤〕, 낙지〔絡締〕, 굴〔石花〕, 감태(甘苔)

성곽 城郭

현성(縣城) 돌로 쌓았다. 둘레가 3700자이다. 사방에 문이 있고, 성안에 우물이 11개 있다.

공서 公署

목포 만호진(木浦萬戶鎭) 현 남쪽 68리, 금수가 바다에 들어가는 곳에 있다. 금수를 혹 목포라고 칭하므로 그렇게 이름하였다. ○ 수군만호 1인이 있다. ○ 궁예 때 고려 태조가 군사를 거느리고 나주 포구에 이르자, 후백제의 견훤이 직접 군사를 거느리고 와서 전함을 벌여 놓았는데 이 포에서 영암군 덕진포(德津浦)에 이르기까지 배의 수미(首尾)가 서로 잇닿았으며 군대의 기세가 매우 강성하였다. 그러나 태조가 진군하여 급히 공격하고 풍향을 타서 불을 놓아 500여 명을 베거나 사로잡으니, 견훤은 작은 배를 타고 달아나 돌아갔다.

학교 學校

향교(鄕校) 현 서쪽 2리에 있다.

서원(書院) 현 동쪽 10리에 있다. 정개청(鄭介淸)을 향사하였다.

송림서원(松林書院) 현 서쪽 1리에 있다. 사당을 세워 김권(金權)을 향사하였다.

궁실 宮室

객관(客館)

향사당(鄕射堂) 객관 서쪽에 있다.

남루(南樓) 바로 성 남문 누각이다.

봉수 烽燧

유달산 봉수(鍮達山烽燧) 현 남쪽 63리에 있다. 남쪽으로 해남현(海南縣)의 황원(黃原)에 응하고, 북쪽으로 나주의 군산(群山)에 응한다.

고림산 봉수(高林山烽燧) 남쪽으로 나주의 군산에 응하고, 북쪽으로 함평현의 옹산(甕山)에 응한다.

우역 郵驛

경신역(景申驛) 현 서쪽 3리에 있다.

고막원(古幕院) 현 동쪽 30리에 있다.

고철소원(古鐵所院) 정족포에 있다.

평제원(平梯院) 현 북쪽 8리에 있다.

관량 關梁

이제(泥梯) 현 동쪽 18리에 있다.

사묘 祠廟

사직단(社稷壇) 현 서쪽에 있다.

문묘(文廟) 향교에 있다.

성황사(城隍祠) 현성(縣城) 안에 있다.

용진명소(龍津溟所) 두령량 서쪽에 돌산이 우뚝 서 있는데, 그 아래를 용진명소라 한다. 본 고을에서 봄가을로 제사를 지낸다.

여단(厲壇) 현 북쪽에 있다.

사찰 寺刹

법천사(法泉寺) 승달산에 있다. 세상에서 전하기를 원나라 승려 원명이 거주한 곳이라 한다.

총지사(摠持寺) 승달산에 있다.

대굴사(大堀寺) 현 동쪽 20리, 대굴산(大堀山)에 있다. 일명 복정사(福正寺)라고 한다.

석수사(石秀寺) 현 북쪽 40리에 있다.

고적 古蹟

옛 수영〔古水營〕 현 동쪽 20리, 대굴포에 있다. 지금은 해남현으로 옮겼다.

남산성(南山城) 현 남쪽 2리에 있다. 돌로 쌓았다. 둘레가 2300자이다. 안에 샘이 3개 있다.

명환 名宦

본조

권렬(權挒) 강정왕(康靖王 성종) 초에 무안 현감이 되었는데, 정사를 가장 잘했다는 평가를 받았으며, 지평이 되었다.

유옥(柳沃) 무안 현감이 되었는데, 아전들은 두려워하고 백성들은 사모하였다.

유우 流寓

김권(金權) 대사성 김식(金湜)의 손자이다. 본조 광해군조에 관직이 호조참판에 이르렀다. 당시 모비(母妃 인목대비)를 폐위하려 하므로 김권이 헌의하여 직간하였는데, 이 일로 본현에 유배되었다가 죽었다.

인물 人物

고려

박섬(朴暹) 현종 때 여러 관직을 거쳐 좌복야(左僕射)에 이르렀다. 문종이 시종 절의를 한결같이 지켜 사직을 안정시켰다고 하여 공신당 벽에 초상화를 그리도록 하였다.

본조

정개청(鄭介淸) 어려서 집안이 한미하였는데, 학문을 독실히 하고 행실에 힘썼으며 명성이나 영달을 구하지 않았다. 그 문하생 나덕윤(羅德潤) 등과 함께 대안동(大安洞)에 서재를 짓고 강론하며 학업을 닦았다. 일찍이 향음주례를 설행하였는데, 나주 목사(羅州牧使) 유몽정(柳夢鼎)이 가서 보고는 그 성대한 예용(禮容)에 감탄하여 소장을 올려 주(州) 교수로 삼기를 청하였다. 정개청은 스승과 제자의 예를 엄격히 하였고, 《소학(小學)》과 사서(四書)로 교육하였다. 소경왕(昭敬王 선조)이 여러 번 관직에 제수하였으나 모두 왕명에 사은(謝恩)하고 즉시 돌아와서는 글을 올려 도덕을 밝히고 큰 근본을 세워야 한다는 말을 진달하였다. 상이 곡성 현감(谷城縣監)에 제수하였으나 또한 그 관직을 오래 맡지 않았다. 정여립(鄭汝立)의 옥사가 일어나자 무함을 입어 국문을 받고 경원(慶源)에 유배되어 죽으니, 듣는 자들이 애통해하였다. 호는 곤재(困齋)이다. 《우득록(愚得錄)》이 있다.

장흥도호부長興都護府

동쪽으로 보성군(寶城郡) 경계까지 48리이다. 서쪽으로 강진현(康津縣) 경계까지 12리이다. 북쪽으로 나주(羅州) 경계까지 50리, 능성현(綾城縣) 경계까지 40리이다. 남쪽으로 해안까지 15리이다. 서울과의 거리는 886리이다.

한전 旱田

수전 水田

건치연혁 建置沿革

본래 백제 오차현(烏次縣)이다. 신라 경덕왕 때 오아(烏兒)로 이름을 고치고 보성군의 영현으로 삼았다. 고려 초에 고쳐 정안현(定安縣)으로 삼았다가 얼마 안 되어 영암군(靈巖郡)에 편입시켰다. 인종 때 승격하여 장흥부로 삼았고, 공예태후(恭睿太后) 임씨(任氏)의 본향이라 하여 승격하였다. 원종 때 또 회주목(懷州牧)으로 승격하였다. 충선왕 때 다시 장흥부로 삼았는데, 뒤에 왜구로 인해 그 땅을 비우고 내지 고을에서 임시로 거주하였다. 공양왕 말에 중녕산(中寧山)에 성을 쌓고 도로 장흥부를 설치하였다. 본조 공정왕(恭定王 태종) 13년(1413)에 도호부로 삼고, 이듬해에 성이 좁다는 이유로 치소를 수령현(遂寧縣)으로 옮겼다. 혜장왕(惠莊王 세조) 때 처음 진(鎭)을 설치하였다. 관장하는 면은 16개이다.

진관

군(郡) 1개 진도(珍島)

현(縣) 2개 강진(康津), 해남(海南)

관원

부사(府使), 교수(教授) 각 1인이다.

군명 郡名

오아(烏兒), 정안(定安), 회주(懷州), 수령(遂寧)

형승 形勝

높은 산이 북쪽에서 누르고 있고, 큰 바다가 남쪽에 접해 있다. 부지(府志)

땅이 큰 바다에 닿아 있다. 본조 임종선(任從善)의 〈청화루기(淸和樓記)〉

풍속 風俗

예전에는 낙토(樂土)라고 일컬었으며, 백성들이 순박하고 정사가 간소

하다. 고려 이색(李穡)의 〈황보성기(皇甫城記)〉

풍속이 질박하고 소략하면서도 사납다. 풍속이 활을 다루는 것을 일삼고, 문자는 소홀히 한다. 백성의 풍속이 질박하고 소략하면서도 사나우며, 예양과 공경을 익히지 않는다.

산천 山川

수인산(修因山) 부 북쪽 10리에 있다. 진산(鎭山)이다. 위에 석성(石城)이 있다. 강진현 고적에 자세히 보인다.

천관산(天冠山) 부 남쪽 52리에 있다. 예전에는 천풍산(天風山)이라 불렀고 혹 지제산(支提山)이라고도 한다. 매우 높고 험하며 때때로 흰 연기 같은 이상한 기운이 있다. ○ 고려의 승려 정명(靜明)의 기문에 "천관산은 꼬리는 궁벽한 구석에 도사리고 있고 머리는 큰 바다에 담근 채 기복을 이루며 높고 거대한 모습으로 여러 고을의 땅에 걸쳐 있다." 하였다. ○ 본조 허목(許穆)의 기문[195]에 "그 꼭대기를 구룡봉(九龍峯)이라 하는데, 보통 홍수나 가뭄이 들면 제사를 지낸다. 서쪽에 통령대(通靈臺)가 있고, 그 동쪽 언덕에 큰 석탑이 있으므로 탑산(塔山)이라고 칭한다. 또 그 동쪽을 청포봉(靑蒲峯)이라 하는데, 봉우리에 솥 모양의 우묵한 바위가 3개 있으니 이를 포천(蒲泉)이라 하며, 구절포(九節蒲 창포(菖蒲))가 자란다. 동쪽 기슭 종봉(鍾峯)에서 금수굴(金水窟)을 내려다보니, 굴은 석벽 사이에 있었다. 굴 안에는 찬 샘이 있는데 황금빛이 가득 서려 있어서 바위굴을 환히 비추니,

195 허목(許穆)의 기문 : 〈천관산기(天冠山記)〉이다. 《記言 卷28 山川下》

참으로 천하의 기이한 광경이다. 탑산 위의 봉우리에는 모두 돌이 첩첩이 쌓여 있는데, 돌이 모두 네모지게 돌함〔石函〕의 형태로 되어 있고 세속에서 석대장(石大藏)이라고 칭한다. 그 옆에 돌배〔石舟〕라는 것이 있고, 돌배 위에는 엉겨붙은 돌〔凝石〕이 있는데 모양이 손과 같다." 하였다.

중녕산(中寧山) 부 동쪽 5리에 있다.

억불산(億佛山) 부 동쪽 7리에 있다.

사자산(獅子山) 부 동쪽 9리에 있다.

가지산(迦智山) 부 북쪽 20리에 있다.

용두산(龍頭山) 부 북쪽 20리에 있다.

착두산(錯頭山) 부 동쪽 10리에 있다.

장원봉(壯元峯) 읍성(邑城 부성(府城)) 서쪽에 있다.

웅점(熊岾) 착두산 동쪽 5리에 있다.

부암(婦巖) 혹은 망부석(望夫石)이라 칭한다. 억불산 중턱에 있다.

바다〔海〕 부 동남쪽 16리에 있다.

작천(鵲川) 영암군 월출산(月出山)에서 나와 남쪽으로 흘러 강진현 북쪽의 내상(內廂 병마절도사영(兵馬節度使營)) 서남쪽을 경유하고, 부 남쪽 6리에 이르러 수령천(遂寧川)과 합류한 다음 강진현의 구십포(九十浦)에 들어간다.

수령천(遂寧川) 가지산에서 나와 부 북쪽 2리에 이르고, 돌아서 동쪽으로 흘러 부성 동문 밖을 경유하니 예양강(汭陽江)이라 칭한다. 또 서남쪽으로 흘러 성암(省巖)에 이르고 강진현의 구십포에 들어간 다음 바다에 다다른다.

죽포(竹浦), **관음방포**(觀音方浦), **돈도두포**(豚道頭浦) 모두 고장흥(古長興)에 있다.

천포(泉浦) 부 동쪽 40리에 있다. 어량(魚梁)이 있다.

금당도(金堂島) 둘레가 24리이다.

동도(童島) 둘레가 2리이다.

득량도(得良島) 둘레가 10리이다. ○ 이상은 모두 부 동쪽 바다 가운데에 있다.

횡간도(橫看島)

벌라도(伐羅島) 둘레가 60리이다.

산도(山島) 둘레가 90리이다.

소랑도(小狼島) 둘레가 1리이다.

대랑도(大狼島) 둘레가 6리이다.

대화도(大花島) 둘레가 42보(步)이다.

대저도(大猪島) 둘레가 3리이다.

우도(牛島) 둘레가 4리이다.

화도(花島) 둘레가 12리이다.

내덕도(來德島) 둘레가 30리이다. 목장이 있다. ○ 이상은 모두 부 남쪽 바다 가운데에 있다.

토산 土産

생강〔薑〕, **옻**〔漆〕, **유자**〔柚〕, **비자**(榧子), **치자**(梔子), **석류**(石榴), **탱자**〔枳實〕, **석창포**(石菖蒲), 천관산에서 난다. **당귀**(當歸), **오매**(烏梅), **죽전**(竹箭), 부 동쪽 정화리(丁火里) 및 부내(府內) 남산(南山)에서 난다. **표고버섯**〔香蕈〕, **송이버섯**〔松蕈〕, **꿀**〔蜂蜜〕 **수달**(水獺) **소금**〔鹽〕, **농어**〔鱸魚〕 **숭어**〔秀魚〕, **전복**〔鰒〕, **굴**〔石花〕, **오징어**〔烏賊魚〕, **은구어**(銀口魚 은어),

감합(甘蛤 맛), 홍합(紅蛤), 낙지〔絡締〕, 우무〔牛毛〕, 참가사리〔細毛〕, 미역〔藿〕, 김〔海衣〕, 감태(甘苔), 매산(莓山), 황각(黃角)

성곽 城郭

부성(府城) 돌로 쌓았다. 둘레가 904자이다. 동쪽, 남쪽, 북쪽에 문이 있고, 안에 샘 17개와 못 3개가 있다. 예전에는 장녕성(長寧城)이라고 칭했으니, 장흥(長興)과 수령(遂寧)에서 글자를 취하여 이름 지은 것이다.

공서 公署

회령포 만호진(會寧浦萬戶鎭) 부 남쪽 72리에 있다. 석성(石城)이다. 둘레가 1990자이다. 안에 샘이 1개 있다. ○ 수군만호 1인이 있다.

벽사도 찰방사(碧沙道察訪司) 부 동쪽 5리에 있다. 벽사(碧沙), 가신(可申), 파청(波靑), 양강(楊江), 낙승(洛昇), 진원(鎭原), 통로(通路), 녹산(綠山), 별진(別珍), 남리(南利) 등 10개 역을 관할한다. ○ 찰방 1인이 있다. 예전에는 승(丞)이라 하였는데, 지금은 참하 찰방(參下察訪)을 둔다.

학교 學校

향교(鄕校) 부 남쪽 3리에 있다.

궁실 宮室

객관(客館)

향사당(鄕射堂) 객관 동북쪽에 있다.

동루(東樓) 바로 성 동문 누각이다.

청화루(淸和樓) 객관 북쪽에 있다.

동정(東亭) 동문 밖 예양강 언덕에 있다. 부사 변포(卞袍)가 세웠다.

봉수 烽燧

억불산 봉수(億佛山烽燧) 동쪽으로 전일현(全日峴)에 응하고, 남쪽으로 천관산에 응하고, 북쪽으로 강진현의 수인산에 응한다.

전일현 봉수(全日峴烽燧) 부 동쪽 36리에 있다. 동쪽으로 보성군의 정흥사(正興寺)에 응하고, 남쪽으로 천관산에 응하고, 서쪽으로 억불산에 응한다.

천관산 봉수(天冠山烽燧) 동쪽으로 전일현에 응하고, 서쪽으로 강진현의 남원포(南垣浦)에 응하고, 북쪽으로 억불산에 응한다.

우역 郵驛

벽사역(碧沙驛) 부 동쪽 5리에 있다. 찰방사 본역이다.

만수원(滿水院) 부 동쪽 25리에 있다.

장릉원(長綾院) 부 동쪽 60리에 있다.

서덕원(西德院) 부 남쪽 13리에 있다.

비자원(榧子院) 부 북쪽 45리에 있다.

동덕원(東德院) 부 동쪽 40리에 있다.

성암원(省巖院) 부 남쪽 10리에 있다.

사묘 祠廟

사직단(社稷壇) 부 서쪽에 있다.

문묘(文廟) 향교에 있다.

성황사(城隍祠) 부 북쪽 2리에 있다.

천관산사(天冠山祠) 봄가을로 본 고을에서 제사 지낸다.

신잠(申潛) 사당

여단(厲壇) 부 북쪽에 있다.

사찰 寺刹

보림사(寶林寺) 가지산에 있다. 절이 매우 크다. 동쪽과 서쪽에 2층 전각이 있고, 또 사마(司馬) 김영(金穎)이 지은 〈보조선사탑비명(普照禪師塔碑銘)〉이 있다. ○ 본조 박상(朴祥)의 시[196]에,

가지산이 높이 솟아 주작궁[197]에 들어가고 迦智高入朱雀宮

196 박상(朴祥)의 시 : 〈고풍 1수 20운(古風一首二十韻)〉이다. 《訥齋集 卷2》 총 40구의 칠언고시로 인용된 시는 3~11구에 해당하는데, 생략과 착간이 있다.

197 주작궁(朱雀宮) : 남방 하늘을 가리킨다. 주작은 일명 주조(朱鳥)로, 이십팔수 중 남방에 자리한 일곱 개 별자리의 총칭이다.

교인[198]의 굴집인 듯 서남쪽 골 깊숙한데 鮫人窟宅西南幽
그 안에 절집으로 보림사가 있으니 其中伽藍有寶林
건물은 처음 동경 그 시절에 지어졌다네[199] 棟宇始自東京脩
비바람에 낡은 비는 글자 반이 망가졌고 風雨荒碑字半非
보조 국사 사후 유적 구름처럼 아득할 뿐 普照逝迹雲悠悠
안개 노을 자욱하여 몇 천 리 되겠으나 煙霞滃滃幾千里
험한 돌길 나고 들며 끝까지 찾아보리 出入危磴窮冥搜

하였다.

수정암(修淨菴) 천관산에 있다. 구정암(九井菴)이라고도 칭한다.

옥룡사(玉龍寺) 천관산에 있다. ○ 고려 김극기(金克己)의 시에,

구름 속에 우뚝 선 누각 한 채 倚雲樓一簇
허공에 단청이 환히 빛나는데 空畔煥丹青
일월은 천연의 험지에 나직하고 日月低天險
산천은 지상의 영험에 장하구나 溪山壯地靈
비 올 때는 용이 바리때에 내려오고[200] 雨來龍降鉢

198 교인(鮫人) : 전설 속의 인어를 말한다. 남해 물속에 사는 교인이 비단을 잘 짰는데, 물 밖으로 나와 인가에 머물면서 매일 비단을 짜다가 작별할 무렵에 눈물을 흘려서 구슬을 만들어 주인에게 주었다는 고사가 있다. 《太平御覽 卷803》

199 건물은……지어졌다네 : 신라 때 창건되었다는 것을 말한다. 보림사는 신라 경덕왕 연간에 원표대덕(元表大德)이 초창하였고, 헌안왕 때 다시 창건하여 보조 선사(普照禪師) 체징(體澄)이 주지가 되었다. 《長興寶林寺普照禪師彰聖塔碑文》

200 비……내려오고 : 진(晉)나라 때의 고승 섭공(涉公)이 부견(苻堅)의 요청으로 기우를 행할 때 한 용을 굴복시켜 자신의 바리때 속으로 들어오게 해서 큰비를 쏟아 내리게 했다는 고사가 있다. 《高僧傳》

바람 불면 범도 독경 들을 터[201] 風起虎聽經
온갖 잡념 일체 식어 썰렁해지면 百念渾衰冷
홀로 오뚝 마른나무 형상이 되리[202] 塊然槁木形

하였다.

금장사(金藏寺) 용두산에 있다.

탑산사(塔山寺) 천관산 꼭대기 아래에 있다. 절 서쪽에 큰 석탑이 있으므로 그렇게 이름하였다.

일임사(日臨寺) 사자산에 있다.

고적 古蹟

고장흥(古長興) 천관산 남쪽에 있다. 바로 고려 정안현(定安縣)으로, 뒤에 승격하여 장흥부(長興府)로 삼았다. 본조 초에 치소를 지금 부로 옮겨 설치하였다. 그래서 지금 그 지역을 고장흥이라 일컫는다.

회령폐현(會寧廢縣) 부 동쪽 32리에 있다. 본래 백제 마사량현(馬斯良縣)인데, 신라에서 대로(代勞)로 고치고 보성군의 영현으로 삼았다. 고려 초

201 바람……터 : 진(晉)나라 때의 고승 축담유(竺曇猷)가 풍성(豊城) 적석산(赤石山) 석실에서 경을 외웠는데 맹호 수십 마리가 축담유 앞에서 쭈그리고 앉아 듣고 있었다는 고사가 있다. 《孤雲集 眞監和尙碑銘 小註》 육귀몽(陸龜蒙)의 〈고원사(孤園寺)〉에 "암석 위에는 진리 깨친 사람이요, 창문 앞에는 불경 듣는 범이로다.〔石上解空人, 窓前聽經虎.〕" 하였다. 《全唐詩 陸龜蒙4》 앞 구절과 함께 모두 고승과 관련된 불가의 신통한 법력을 의미한다.

202 마른나무 형상이 되리 : 마음이 외물(外物)에 전혀 동요되지 않음을 의미한다. 《장자(莊子)》 〈제물론(齊物論)〉에 "형체를 진실로 말라 죽은 나무처럼 할 수 있으며, 마음을 진실로 불 꺼진 재처럼 할 수 있겠는가?"라고 한 데서 나온 말이다.

에 회령으로 고치고 뒤에 장흥부에 편입시켰다. 본조에서 그대로 따랐다.

수령폐현(遂寧廢縣) 본래 백제 고마미지현(古馬彌知縣)인데, 신라에서 마읍(馬邑)으로 고치고 보성군의 영현으로 삼았다. 고려 초에 수령으로 고치고 영암군에 편입시켰다가 뒤에 장흥부에 병합하였다. 본조 초에 부의 치소를 이곳에 옮겼다. 지금 부성(府城)이 바로 그 옛터이다.

장택폐현(長澤廢縣) 부 동북쪽 41리에 있다. 본래 백제 계천현(季川縣)인데, 신라에서 계수(季水)로 고치고 보성군의 영현으로 삼았다. 고려 초에 장택으로 고치고 뒤에 본부에 편입시켰다.

황보성(皇甫城) 중녕산 동쪽 5리에 있다. 고려 말에 황보덕(皇甫德)이 쌓았으므로 그렇게 이름하였다. 토성(土城)의 유지(遺址)가 남아 있다. ○ 이색(李穡)의 기문[203]에 대략 말하기를 "지정(至正) 경인년(1350, 충정왕2) 이후로 일본 섬 오랑캐가 몰래 도발하니 바닷가의 민가가 피폐해졌다. 조정에서는 사세가 절박해지자 백성들을 이주시키라는 영을 내렸다. 이에 장흥 치소를 옮겨 철야현(鐵冶縣)에 임시로 둔 것이 기미년(1379, 우왕5)이고, 보성군에 합쳐진 것이 기사년(1389, 공양왕1)이다. 제후가 나라를 잃으면 다른 제후에게 붙어사는 것은 비록 예법으로는 그러하다고 말하지만, 지현(支縣)에 기탁하여 마치 사마귀나 혹처럼 달라붙어 있는 꼴이 되었다.[204]

203 이색(李穡)의 기문 : 〈중녕산 황보성기(中寧山皇甫城記)〉이다. 《東文選 卷76》

204 지현(支縣)에……되었다 : 지현은 장흥부 관할 내의 군현을 말한다. 이색의 기문에는 이 부분이 장흥부의 부로(父老) 등이 한 말로, "우리 장흥부는 은대(銀帶) 이상의 관원이 다스리는 곳인데, 지현의 수령에 붙어서 머리가 도리어 아래에 있고, 사마귀나 혹처럼 달려 있으니 너무나 부끄럽지 않은가."라고 되어 있다. '은대'는 종6품에서 정3품까지의 문무관이 차던 띠이다. 《東文選 卷76 中寧山皇甫城記》

금년 봄에 부사 황보공(皇甫公 황보덕)이 부임해 오자 부로들이 그 사정을 진달하니, 공이 안렴사 이원(李原)에게 자세히 고하였다. 이에 이원이 이웃 고을의 장정을 징발해서 들여보내 함께 공사를 시작하여 9월에 완공하니, 성의 두께는 6자이고 둘레는 1500자이며 동쪽과 서쪽에 2개의 문을 세웠다. 이때부터는 북쪽으로 달아나야 하는 폐해가 없어졌다."라고 하였다.

명환 名宦

고려

한문준(韓文俊) 인종 때 장흥 부사(長興府使)가 되었는데,[205] 은혜로운 정사가 있었다.

주열(朱悅) 고종 때 지장흥부사(知長興府事)가 되었는데, 다스림이 엄중하되 가혹하지 않아서 명성과 공적이 있었다.

윤해(尹諧) 충렬왕 때 지장흥부사가 되어 왜구를 정벌하는 전함을 만드는 일을 감독하였다. 순찰사 홍자번(洪子藩)이 천거하여 흥위위 장사(興威衛長史)가 되었다. 성품이 청백하고 스스로 지조를 지켰으며, 뒤에 전라도 안렴사가 되었다.

채홍철(蔡洪哲) 충렬왕 때 수령으로 나갔는데, 은혜로운 정사가 있었다.

김이(金怡) 충렬왕조에 장흥부 원이 되었다. 당시 합단(哈丹)이 침략하니

205 인종……되었는데 : 《고려사》에 의하면, 장흥부의 부사(副使)에 제수되었다. 《高麗史 卷99 韓文俊列傳》

나라에서 주현에 영을 내리기를, 험지에 웅거하여 스스로 보전하고 백성들이 나가서 농사짓는 것을 금하도록 하였다. 김이가 안렴사 강취(姜就)에게 말하기를 "황제의 군대가 이렇게 작은 도적 떼를 제압하는 것은 마치 도마 위에 올라와 있는 고기를 상대하는 것과 같을 뿐이니, 어찌 변방 고을까지 이를 수 있겠습니까. 게다가 식량은 백성에게는 하늘이고, 밭 갈고 파종하는 것은 때가 있어서 때를 놓치면 안 되니, 나가서 농사짓도록 해 주십시오." 하니, 강취가 말하기를 "만일 영을 어겼다가 견책을 받는다면 어찌할 것이오." 하였다. 김이가 물러나 탄식하기를 "한 농부가 밭을 갈지 않으면 천하가 굶주리게 된다. 영을 따라 밭을 갈지 않으면 굶어 죽는 자가 무수히 많을 터이나, 영을 따르지 않고 밭을 간다면 죄를 받는 자는 나 하나다." 하고는 백성들에게 나가 농사짓도록 하였는데, 적이 과연 연기(燕岐)에 이르러 섬멸되었다. 다른 고을은 모두 수확이 없었고 오직 이 부만 크게 풍작을 거두어 원근에서 그 혜택을 입었다. 임기가 차자 부름을 받고 들어가 내시가 되었다.

황보덕(皇甫德) 공양왕 때 장흥 부사가 되었는데, 성을 쌓아 고을을 회복하였다. 앞에 자세히 보인다.

본조

안종약(安從約) 장흥 부사가 되었다.

강삼(姜參), **김연수**(金延壽) 모두 장흥 부사가 되었는데, 정사는 간명하고 청렴함을 중시하였다.

한온(韓蘊) 공헌왕(恭憲王 명종) 때 장흥 부사가 되었다. 왜구가 남쪽 변방을 함락하니, 한온이 순찰사의 영을 받아 가리포(加里浦)에서 적을 막으려다가 도중에 병사 원적(元績)을 만나 함께 달량성(達梁城)을 지켰다. 적에게 포위당하자 원적은 두려워 벌벌 떨기만 하였는데, 한온이 질책하여 말하기를 "주장(主將)이 한번 흔들리면 누가 해이해지지 않겠습니까." 하고, 북문에서 전투를 지휘하다가 성이 함락되어 전사하였다.

인물 人物

고려

임의(任懿) 어려서부터 학문에 힘썼다. 과거에 급제하고, 숙종 초에 간의대부(諫議大夫)로 승진되었다. 송나라 철종이 붕어하자 임의가 사명을 받들어 진위사(進慰使)로 갔는데, 일행이 모두 탐오하여 부당하게 재화를 취했으나 임의만 홀로 청렴하고 삼가니, 송나라 사람들이 칭찬하였다. 예종조에 여러 관직을 거쳐 중서문하평장사(中書門下平章事)에 이르렀다. 시호는 정경(貞敬)이다.

임원후(任元厚) 임의의 아들로, 초명(初名)은 원애(元敱)이다. 딸이 인종의 비(妃)가 되었으며, 관직은 태사 중서령(太師中書令)에 이르고 안정공(安定公)에 봉해졌다. 기량이 크고 깊으며 경사에 널리 통달하였고, 근검하고 청백하였다. 묘청(妙淸)의 요망한 말을 당시 사람들이 모두 믿었으나, 임원후만 홀로 배척하였다. 일찍이 판이부사(判吏部事)가 되었는데 전주(銓注)가 매우 공정하였으므로 사람들이 산도(山濤)[206]라고 일컬었다. 시호는

206 산도(山濤) : 진(晉)나라 때의 명신이다. 일찍이 이부 상서(吏部尙書)로 있을 때 결원이

문충(文忠)이다.

조정통(曺精通) 문과에 수석으로 급제하고, 관직이 시중에 이르렀다.

위문개(魏文凱) 문과에 수석으로 급제하고, 관직이 지평양군사(知平陽郡事)[207]에 이르렀다. 형 위원개(魏元凱) 또한 장원 급제하고 관직이 한림에 이르렀다. 뒤에 위원개는 출가하여 법명을 충지(沖止)라 하였다.

본조

마천목(馬天牧) 어려서 집안이 한미하였는데, 용력(勇力)이 있었다. 공정왕조(恭定王朝 태종)에 좌명 공신(佐命功臣)이 되고 장흥부원군(長興府院君)에 봉해졌다.

김필(金璭) 문과에 급제하고, 관직이 관찰사에 이르렀다.

열녀 列女

조씨(曺氏) 수령(遂寧) 사람이다. 아버지는 자비(子丕)로, 고려 원종 때 대위(隊尉)가 되어 싸우다가 죽었다. 조씨는 타고난 성품이 총명하고 지혜로웠다. 13세 때 대위 한보(韓甫)의 처가 되어 딸 1명을 낳았는데, 한보도 그 아버지와 같이 모두 군진(軍陣)에서 죽었다. 조씨는 지조를 지키기로 내심 맹세하고 그 여동생에게 의지하여 살았다. 여동생이 출가하게 되자 딸에

생기면 여러 명의 명단을 올렸는데, 그 인물에 대한 품평이 매우 정확하여 당시 사람들이 이를 '산공계사(山公啓事)'라 일컬었다는 고사가 전한다.《晉書 山濤列傳》

207 지평양군사(知平陽郡事) : 평양은 순천(順天)의 옛 이름이다.

게 의지하여 살았는데, 딸이 일찍 죽으니 또 손녀에게 의지하여 살았다. 과부로 50년을 수절하면서 길쌈이나 바느질 같은 부녀자의 일을 매우 열심히 하여 딸과 손녀까지 먹이고 입히며 살아갈 터전을 잃지 않게 하였고 상례나 제례에 소요되는 비용을 조달하니, 향리에서 감탄하였다. 이곡(李穀)이 전(傳)을 지었다.[208]

208 이곡(李穀)이 전(傳)을 지었다 : 〈절부 조씨전(節婦曺氏傳)〉이다. 《稼亭集 卷1》

진도군珍島郡

해도(海島) 가운데에 있다. 동쪽으로 벽파나루〔碧波渡〕 해안까지 27리이다. 남쪽으로 금갑도(金甲島)까지 30리이다. 서쪽으로 남도포(南桃浦) 해안까지 47리이다. 북쪽으로 대사읍곶(大沙邑串) 해안까지 30리이다. 서울과의 거리는 1020리이다.

한전 旱田

수전 水田

건치연혁 建置沿革

본래 백제 인진도군(因珍島郡)이다. 신라 경덕왕 때 진도(珍島)로 고치고 무안군(務安郡)의 영현으로 삼았다. 고려 초에 나주(羅州)에 병합하였다가 뒤에 다시 진도현(珍島縣)을 설치하였다. 충정왕 때 왜구로 인해 그곳 백성들을 철수시켜 내지에 임시로 살게 하였다. 본조 공정왕(恭定王 태종) 9년(1409)에 해남현(海南縣)에 병합하였고, 장헌왕(莊憲王 세종) 19년(1437)에 복구하여 진도군으로 삼았다. 관장하는 면은 6개이다.

관원

군수(郡守), 훈도(訓導) 각 1인이다.

군명 郡名

인진도(因珍島) 별호는 옥주(沃州)이다.

형승 形勝

외로운 성이 험지에 걸터앉아 있고, 집들이 벼랑을 따라 늘어서 있다.

고려 김극기(金克己)의 시에 "외로운 성이 험지에 걸터앉아 산등성이를 삼키고, 집들은 벼랑 따라 늘어서서 파도 머리를 베고 있네.〔孤城跨險呑山脊 比屋緣崖枕浪頭〕" 하였다.

바다가 사면을 둘러 있고, 토지가 비옥하고 풍요롭다.

해남현과 서로 마주 보고 있어 해로(海路)의 요해지이다.

풍속 風俗

백성들이 어염(魚鹽)의 이익을 믿고 농사에 그다지 힘쓰지 않는다. 고려 이규보(李奎報)의 지(志)[209]

209 이규보(李奎報)의 지(志) : 〈등사랑 검교상서호부시랑 행상서도관원외랑 사자금어대 윤공 묘지명(登仕郎檢校尙書戶部侍郎行尙書都官員外郎賜紫金魚袋尹公墓誌銘)〉이다. 《東國

지역이 외지고 민심이 순박하다. 본조 이석형(李石亨)의 시[210]에 "지역이 외지고 민심이 순박하여 풍속을 다스리기 쉽네.〔地僻民淳俗易治〕" 하였다.

산천 山川

가흥산(嘉興山) 군 동쪽 15리에 있다. 군 치소가 바로 가흥(嘉興) 지역이므로 그 산을 그렇게 이름하였다.

점찰산(占察山) 군 동쪽 20리에 있다.

여귀산(女貴山) 군 남쪽 30리에 있다.

지력산(智力山) 군 서쪽 48리에 있다. 둘레가 75리이다. 목장이 있다.

부지산(富之山) 군 서쪽 10리에 있다. 둘레가 32리이다. 목장이 있다.

금골산(金骨山) 군 서쪽 20리에 있다. ○ 본조 이주(李冑)의 기록[211]에 "가운데 봉우리가 높고 사면이 모두 바위인데, 바라보면 옥부용(玉芙蓉) 같다. 서북쪽은 바다에 닿고, 서남쪽 줄기는 구불구불 이어져 남쪽으로 2리를 내달려서 간재(艮岾)가 되고, 또 동쪽으로 2리를 가서 용장산(龍莊山)이 되고 벽파나루에 이르러 멈춘다. 산의 둘레가 총 30여 리이다." 하였다.

바다〔海〕 군의 사면이 모두 바다이다. 동쪽으로 해남현 지경까지의 거리가 10리이고 서쪽, 남쪽, 북쪽이 큰 바다에 연해 있다.

임성포(臨城浦) 군 동쪽 30리에 있다. 염분(鹽盆)이 있다.

李相國集 卷35》

210 이석형(李石亨)의 시 : 〈진도 동헌 시에 차운하다〔次珍島東軒韻〕〉이다. 《樗軒集 卷上》

211 이주(李冑)의 기록 : 〈금골산록(金骨山錄)〉이다. 《忘軒遺稿 拾遺》

소가포(所可浦) 군 서쪽 15리에 있다. 염분이 있다.

대사읍곶(大沙邑串) 군 북쪽 41리에 있다.

사월곶(沙月串) 군 동쪽 30리에 있다.

요곶(蓼串) 군 남쪽 30리에 있다.

가서도(加西島), **응골도**(鷹鶻島), **미포도**(米浦島), **월량도**(月良島) 모두 가흥폐현(嘉興廢縣) 바다 가운데에 있다.

양도(壤島)

팟마도(毘亇島) 둘레가 30리이다. ○ 모두 임회폐현(臨淮廢縣) 바다 가운데에 있다.

목지도(目只島), **가아도**(加兒島), **주마도**(走馬島), **학도**(鶴島) 모두 군 서쪽 바다 가운데에 있다.

수충도(水衝島) 군 북쪽 바다 가운데에 있다.

감배도(甘排島) 군 동쪽 바다 가운데에 있다.

금도(金島)

모도(茅島) 군 남쪽 바다 가운데에 있다.

율도(栗島), **송도**(松島), **마비도**(磨飛島), **저도**(楮島), **주도**(注島), **접배도**(接盃島), **석남도**(石南島) 모두 둘레가 10리이다.

쟁도(錚島), **고도**(鼓島) 모두 작은 섬이다.

노면도(蘆面島) 둘레가 15리이다.

평도(坪島) 둘레가 30리이다.

흑길도(黑吉島) 둘레가 15리이다.

마월도(磨月島) 둘레가 10리이다. ○ 이상은 모두 군 서쪽 바다 가운데에 있다.

거추리도(巨趨里島) 둘레가 30리이다.

매응골도(每應骨島) 둘레가 15리이다.

대마월도(大磨月島) 둘레가 20리이다.

죽항도(竹項島) 둘레가 10리이다.

도거유도(道巨有島) 둘레가 20리이다. ○ 이상은 모두 군 남쪽 바다 가운데에 있다.

토산 土產

석류(石榴), 유자〔柚〕, 비자(榧子), 표고버섯〔香蕈〕, 자단향(紫檀香), 죽전(竹箭), 군 북쪽 가흥리(加興里) 및 군 동쪽 용장리(龍藏里)에서 난다. 치자(梔子), 소금〔鹽〕, 숭어〔秀魚〕, 대하(大蝦), 굴〔石花〕, 홍합(紅蛤), 해삼(海蔘), 황각(黃角), 김〔海衣〕, 전복〔鰒〕, 낙지〔絡締〕, 감태(甘苔), 매산(莓山), 참가사리〔細毛〕, 우무〔牛毛〕, 미역〔藿〕

성곽 城郭

군성(郡城) 돌로 쌓았다. 둘레가 3400자이다. 문이 있으며, 성안에 샘 9개와 못 1개가 있다.

공서 公署

금갑도 만호진(金甲島萬戶鎭) 군 남쪽 30리에 있다. 석성(石城)이다. 둘레가 1153자이다. ○ 수군만호(水軍萬戶) 1인이 있다.

남도포 만호진(南桃浦萬戶鎭) 군 서쪽 47리에 있다. 석성이다. 둘레가 1220자이다. ○ 수군만호 1인이 있다.

학교 學校

향교(鄕校) 군 북쪽 2리에 있다.

궁실 宮室

객관(客館)

망해루(望海樓) 군 남문 누각이다.

주변루(籌邊樓) 객관 남쪽에 있다.

벽파정(碧波亭) 군 동쪽 27리, 벽파나루〔碧波渡〕 어귀에 있다. 나루를 건너 출입하는 사객(使客)들이 이곳에서 유숙한다. ○ 고려 김신윤(金莘尹)의 시에,

아득한 마음 끝내 진정하기 어려워	杳杳情難極
일렁이는 작은 배인 양 서성대는데	盤桓漾小船
비 오려나 구름이 섬을 감추고	雨來雲沒島
바람 불어 물이 하늘을 띄우네	風動水浮天
부끄럽다, 노을 먹는 이도 아닌 몸이	愧匪餐霞客
지금 두우성 범하는 신선이 되었다니[212]	今爲犯斗仙

212 부끄럽다……되었다니 : "노을 먹는 이"는 신선을 가리킨다. 두우성은 북두(北斗)와 견

저기는 어느 나라 어느 고을인고 不知何郡國
섬 너머로 파란 연기 피어오르네 島外碧生煙

하였다. ○ 본조 장유(張維)의 시[213]에,

조각배 매어 놓고 홀로 선 정자에 올라 보니 扁舟繫纜上孤亭
눈 아래엔 망망대해 물결이 뜨락에 들이치네 眼底茫茫水拍庭
동쪽 나라 풍운 일어 북녘 하늘 혼미한데 東國風雲迷北望
남쪽 지방 분야에는 남극성이 비추누나 楚天分野照南星
찬 조수는 비를 불러 소리 유독 요란하고 寒潮帶雨聲偏急
독기 낀 바다는 서리 맞아 비린내가 사라졌네 瘴海含霜氣不腥
상투 모양 산들 겹쳐 섬들 나뉜 사이로 螺髻重重分島嶼
검은 돛배 가물가물 푸른 바다 지나는데 烏檣隱隱過滄溟
내 낀 포구 질러가는 학 한 마리 바라보다 閑看獨鶴橫煙浦
저녁 물가 조는 듯한 갈매기 따라 걸어 보네 暫伴眠鷗步晚汀
이로부터 봉래섬에 이를 수만 있다면 從此蓬萊如可到
예주경의 자금단[214] 비결 얻을 수 있으련만 紫金丹訣蕊珠經

우(牽牛) 두 별로, "두우성 범하는 신선"은 한(漢)나라 장건(張騫)을 지칭한다. 장건이 대하(大夏)에 사자로 갈 때, 뗏목을 타고 하수(河水)의 근원을 찾아가다가 베를 짜는 한 부인을 만나 여기가 어디냐고 묻자, 그 부인이 천하(天河)라고 하면서 돌 하나를 주었다. 그 돌을 가지고 돌아와 엄군평(嚴君平)에게 물으니, 엄군평이 "이것이 바로 직녀의 지기석(支機石)이다. 아무날 객성(客星)이 두우성을 범하더니 그대가 은하에 올랐었군." 했다는 고사가 있다. 《博物志》

213 장유(張維)의 시 : 〈벽파정에서 제공의 시에 차운하다〔碧波亭次諸公韻〕〉이다. 《谿谷集 卷32》

214 자금단(紫金丹) : 방사(方士)가 복용하는 장생의 단약이다.

하였다.

동백정(冬柏亭) 군 남쪽 15리에 있다. 동백나무 수백 그루가 있다.

봉수 烽燧

점찰산 봉수(占察山烽燧) 남쪽으로 여귀산에 응하고, 북쪽으로 해남현의 황원(黃原)에 응하고, 동쪽으로 같은 현의 관두산(館頭山)에 응한다.

여귀산 봉수(女貴山烽燧) 북쪽으로 점찰산에 응한다.

우역 郵驛

녹진원(鹿津院) 군 북쪽 30리에 있다.

관량 關梁

벽파나루〔碧波渡〕 군 동쪽 27리에 있다. 해남현에서 본군에 들어오는 바다나루〔海津〕이다. 옛 이름은 대진(大津)이다. 물길로 6리이다. 해남현에도 보인다.

사묘 祠廟

사직단(社稷壇) 군 서쪽에 있다.

문묘(文廟) 향교에 있다.

성황사(城隍祠) 가흥산에 있다.

여단(厲壇) 군 북쪽에 있다.

사찰 寺刹

죽림사(竹林寺), 봉성암(鳳城菴) 모두 여귀산에 있다.

사나사(舍那寺) 지력산에 있다.

삼굴(三窟) 모두 금골산에 있다. 본조 때 이주(李胄)가 본섬에 유배 와서 일찍이 상굴(上窟)에 거처하였다. ○ 이주의 기록[215]에 "금골산 아래에 큰 절의 옛터가 있으니 해원사(海院寺)라고 한다. 9층 석탑이 있고, 그 위에 굴 3개가 있다. 맨 아래에 있는 것을 서굴(西窟)이라고 하는데 산의 서쪽 기슭에 있고 창건한 연대는 알 수 없다. 굴의 곁에 고찰 6, 7칸이 있다. 맨 위에 있는 상굴은 중봉의 동쪽 꼭대기, 비탈지고 가파른 절벽에 있어 그 높이를 헤아릴 수 없다. 동쪽에서는 부여잡고 오르거나 발을 붙일 곳이 없어 서굴을 거쳐 동쪽으로 올라가야 하는데 길이 극히 위험하다. 벼랑을 따라 험난한 돌길로 한 치 한 치 전진하여 1리쯤 가면 돌 봉우리가 우뚝 솟아 있는데, 넘어갈 수가 없어 돌을 포개서 13개의 층계를 만들었다. 아래를 내려다보면 바닥이 안 보인다. 여기를 오르면 꼭대기가 되고, 꼭대기에서 동쪽으로 내려가는 곳에는 곧추선 바위를 오목하게 파서 발을 붙이고 오르내리게 하였는데 오목한 곳이 12군데나 된다. 여기서 내려가면 상굴이 나온다. 다시 그 북쪽 바위로 몇 보 가면 또 곧추선 암벽을 파서 허공에 시렁

215 이주의 기록 : 〈금골산록(金骨山錄)〉이다. 《忘軒遺稿 拾遺》

을 걸쳐 놓았고, 동쪽을 향하여 곧장 8, 9보를 내려가면 동굴(東窟)이 나오는데, 앞 기둥과 주사(厨舍)가 모두 비바람에 허물어졌다. 굴 북쪽 암벽에는 미륵불(彌勒佛)이 양각되어 있다." 하였다. ○ 이주의 시[216]에,

하늘이 두세 칸의 보찰을 열었는데	天開寶刹三兩間
선업 쌓은 호승은 문을 걸지 않았네	白業胡僧門不關
백 층의 석탑은 반공에 들었고	石塔百層半空入
만 길의 철봉은 천고에 꿋꿋하다	鐵峯萬丈千古頑
찬 조수가 새벽에 빠지자 염정이 드러나고	寒潮曉落出鹽井
검은 구름이 저녁에 사라지매 해산이 많구나	黑雲晩消多海山
하늘가로 눈을 돌리니 구름이 더욱 먼데	游目天涯雲更遠
북쪽 편지 오지 않거니 내 어찌 돌아갈꼬	北書不至吾得還

하였다.

고적 古蹟

용장성(龍藏城) 군 동쪽 35리에 있다. 돌로 쌓았다. 둘레가 3만 8740자이다. 고려 원종 때 삼별초가 반란을 일으켜 강화부(江華府)에서 이 섬에 들어와 자리 잡고 궁전을 크게 지었는데, 김방경(金方慶)이 토벌하여 평정하였다. 이곳이 그 옛 기지이다.

고진도성(古珍島城) 군 동북쪽 15리에 있다. 돌로 쌓았다. 둘레가 3870자이다. 안에 샘이 3개 있다. 지금은 모두 퇴락하였다. 장헌왕 19년(1437)에

216 이주의 시 : 〈요체를 본떠 즉흥으로 짓다(卽事效拗體)〉이다. 《忘軒遺稿 拾遺》

해남현에서 본섬 외이리(外耳里)로 돌아오고 4년이 지나 지금 치소로 옮겼는데, 지금까지 외이를 새 성〔新城〕이라고 부른다.

가흥폐현(嘉興廢縣) 본섬 안에 있다. 군과의 거리는 북쪽으로 10리이다. 본래 백제 도산현(徒山縣)으로 일명 원산(猿山)이라고 한다. 신라에서 뇌산군(牢山郡)으로 고쳤다. 고려에서 가흥으로 고치고 그대로 병합하였다. 본조에서 그대로 따랐다.

임회폐현(臨淮廢縣) 본섬 안에 있다. 군과의 거리는 남쪽으로 35리이다. 본래 백제 매구리현(買仇里縣)인데, 신라에서 첨탐(瞻耽)으로 고치고 뇌산군(牢山郡)의 영현으로 삼았다. 고려에서 임회로 고치고 그대로 병합하였다. 본조에서 그대로 따랐다.

명환 名宦

고려

윤승해(尹承解) 진도 현령(珍島縣令)이 되었는데, 정사를 청렴하고 검소하게 행하였고 위엄과 은혜가 아울러 미쳤다. 처음에는 백성들이 농사에 힘쓰지 않았는데, 윤승해가 권면하고 독려하여 흉년이 들더라도 창고가 비지 않았다.

본조

이순신(李舜臣) 소경왕(昭敬王 선조) 24년(1591)에 진도 군수(珍島郡守)가 되었다. 재능을 인정받아 바로 가리포 첨절제사에 오르고 좌도 수군절제사로 발탁되었다.

유우 流寓

이주(李胄) 본조 고성(固城) 사람이다. 과거에 급제하고 □□이 되었다. 기절(氣節)과 문장으로 당시에 중망을 받았다. 연산군 무오년(1498, 연산군4)에 김종직(金宗直)의 문도(門徒)라는 이유로 사화에 걸려 본섬에 유배되어 7년을 거주하였는데, 마침내 죽임을 당하니[217] 듣는 이들이 모두 슬퍼하고 마음 아파하였다. 일찍이 금골산에 들어가 꼭대기에 있는 석암(石菴)에서 거처하였는데, 수십 일 동안 시를 읊으며 바다를 바라보면서 나라를 걱정하고 부모를 사모하는 회포를 부쳤다. 〈금골산록(金骨山錄)〉이 있다.

노수신(盧守愼) 본조 상주(尙州) 사람이다. 공헌왕(恭憲王 명종) 때 관직에 나아가 이조 좌랑이 되었는데, 사화에 걸려 본섬에 유배되었다. 본섬에 무릇 19년을 사는 동안, 암실(暗室)이라 자호하고 독서를 멈추지 않았으며 〈숙흥야매잠(夙興夜寐箴)〉을 주해(註解)하였다.[218] 선조가 즉위하자 소환되고 뒤에 재상에 제배되었다.

217 마침내 죽임을 당하니 : 이주는 연산군 10년(1504) 갑자사화 때 서울로 이송되어 효수되었다. 《燕山君日記 10年 6月 26日》

218 숙흥야매잠(夙興夜寐箴)을 주해(註解)하였다 : 〈숙흥야매잠〉은 송나라 때 남당(南塘) 진백(陳柏)이 지은 글인데, 아침 일찍 일어나고 밤늦게 자며 부지런히 학문을 닦고 심신을 수양하는 내용이다. 노수신은 진도 유배 중인 1551년(명종6)에 이를 주해하였다. 《穌齋集 內集 草創錄2 夙興夜寐箴解初本》

강진현康津縣

동쪽으로 장흥부(長興府) 경계까지 24리이다. 남쪽으로 해안까지 7리이다. 서쪽으로 해남현(海南縣) 경계까지 25리이다. 북쪽으로 영암군(靈巖郡) 경계까지 44리이다. 서울과의 거리는 902리이다.

한전 旱田

수전 水田

건치연혁 建置沿革

본래 백제 동음현(冬音縣)이다. 신라 경덕왕 때 탐진(耽津)으로 고치고 양무군(陽武郡)의 영현으로 삼았다. 고려 초에 영암군에 편입시켰다가 뒤에 장흥부에 편입시켰다. 본조 공정왕(恭定王 태종) 17년(1417)에 병마도절제사영을 도강현(道康縣) 치소로 옮기고 인하여 도강현을 편입시켜 강진현으로 삼았다. 관장하는 면은 18개이다.

관원

현감(縣監), 훈도(訓導) 각 1인이다.

군명 郡名

탐진(耽津)

산천 山川

보은산(寶恩山) 현 동쪽 7리에 있다. 진산(鎭山)이다.

월출산(月出山) 현 북쪽 40리, 영암(靈巖)과의 경계에 있다.

만덕산(萬德山) 현 남쪽 15리에 있다. 산 정상은 모두 돌 봉우리이다. ○ 고려 승려 혜일(慧日)의 시에 "앞 봉우리는 돌 곳집 같고, 뒤 봉우리는 부용 같네.〔前峯如石廩 後峯如芙蓉〕" 하였다.

좌곡산(佐谷山) 현 서남쪽 65리에 있다.

수인산(修因山) 도강(道康)에 있다. 현과의 거리는 동쪽으로 30리이다.

연기산(煙氣山) 현 남쪽 20리에 있다.

이발산(離鉢山) 현 동쪽 20리에 있다.

주작산(朱雀山) 현 서쪽 25리에 있다.

불용산(佛涌山) 현 동쪽 30리에 있다.

마재(馬岾) 현 북쪽 20리에 있다.

양자암(養子巖) 월출산 동쪽에 있다. 바위가 높이 치솟아 있고 그 위는 평평하고 넓다. 옛날 왜구의 난리 때에 근처 고을의 백성이 5명의 자식을 끌고 바위를 타고 올라가 난리를 피하여 모두 죽음을 면하였다. 이로 인하여 양자암이라 이름하였다.

바다〔海〕 현 서남쪽이 모두 바다이다.

작천(鵲川) 일명 송계(松溪)이다. 원류는 월출산에서 나와 현 북쪽 15리의 고도강현(古道康縣) 서남쪽을 경유하여 장흥부에 흘러 들어간다. 장흥부에 자세히 보인다.

금천(錦川) 현 동쪽 20리에 있다.

구십포(九十浦) 현 남쪽 6리에 있다. 원류는 월출산에서 나와 남쪽으로 흘러 현 서쪽의 물과 합해져 구십포가 된다. 탐라(耽羅)의 성자(星子)가 신라에 조회하러 갈 때[219] 이곳에 배를 정박하였으므로 이름을 탐진(耽津)이라 하였다.

남원포(南垣浦) 현 남쪽 57리에 있다.

용하지(龍下池), **합지**(蛤池) 모두 현 동쪽 20리에 있다.

완도(莞島) 현 남쪽 바다 가운데 60리에 있다. 둘레가 290리이다. 해남현(海南縣)에 자세히 보인다.

219 탐라(耽羅)의……때 : 탐라 시조 고을나(高乙那)의 15대손인 고후(高厚), 고청(高淸) 등이 바다를 건너 신라에 조회하러 간 것을 말한다. 《고려사》 권57 〈지리지 2〉에 "신라 때 탐라 시조 고을나의 후손인 고후가 그 두 아우와 함께 바다를 건너 내조(來朝)하니, 신라의 왕이 기뻐하여 고후를 성주라 칭하고 그 가운데를 왕자라 하고 막내를 도내(徒內)라 하였다." 하였는데, 이로 보면 여기서 성자는 성주와 왕자를 병칭한 것으로 보인다.

고이도(古爾島)[220] 둘레가 105리이다. 목장이 있다.

조약도(助藥島) 둘레가 95리이다. 목장이 있다.

신지도(新知島) 둘레가 90리이다. 목장이 있다.

가배도(加背島) 둘레가 30리이다.

소흘도(所訖島) 둘레가 20리이다.

다야도(多也島), **동량도**(銅梁島) 모두 둘레가 4리이다.

부인도(富仁島) 둘레가 5리이다.

은파도(恩波島) 둘레가 6리이다.

벽랑도(碧浪島) 둘레가 4리이다.

죽도(竹島) 둘레가 6리이다.

재마도(載馬島) 둘레가 15리이다. ○ 이상 여러 도는 모두 현 남쪽 바다 가운데에 있다.

선산도(仙山島) 현 남쪽 바다 가운데에 있다.

토산 土産

자연동(自然銅), **대나무**〔竹〕, **죽전**(竹箭), 죽도(竹島)에서 난다. **황칠**(黃漆), **천초**(川椒), 모두 완도에서 난다. **인삼**(人蔘), **지치**〔紫草〕, **석류**(石

220 고이도(古爾島) : 사적과 문헌에 대부분 고금도(古今島)로 쓰여 있고, 현재 지명도 고금도이다. 지명을 고증한 기록에 "고금도는 본래 고이도(皐夷島)인데, 글자를 줄여서 고이도(古尒島)로 쓰고……이(尒) 자가 또 금(今) 자로 바뀌어서 마침내 고금도가 되었다." 하였다.《與猶堂全書 附 雜纂集1 文獻備考刊誤》이를 근거로 후대에 이름이 바뀐 것으로 보아 그대로 번역하였다.

榴), **유자**〔柚〕 **비자**(榧子), **차**〔茶〕, **탱자**〔枳實〕, **방풍**(防風), **치자**(梔子), **안식향**(安息香), **송이버섯**〔松蕈〕, **표고버섯**〔香蕈〕, **생강**〔薑〕, **소금**〔鹽〕, **김**〔海衣〕, **감태**(甘苔), **매산**(莓山), **미역**〔藿〕, **황각**(黃角), **참가사리**〔細毛〕, **은구어**(銀口魚 은어), **오징어**〔烏賊魚〕, **황어**(黃魚), **숭어**〔秀魚〕, **낙지**〔絡締〕, **조개**〔蛤〕, **해삼**(海蔘), **홍합**(紅蛤), **굴**〔石花〕, **전복**〔鰒〕

성곽 城郭

현성(縣城) 돌로 쌓았다. 둘레가 6800자이다. 사방에 문이 있으며, 성안에 우물 8개와 못 1개가 있다. 성종 6년(1475)에 축성하였다.

공서 公署

병마절도사영(兵馬節度使營) 고도강현(古道康縣)에 있다. 현과의 거리는 북쪽으로 27리이다. 석성(石城)이다. 둘레가 2820자이다. 문 4개를 세웠으니, 동문은 □□이라 하고, 남문은 □□이라 하고, 서문은 □□이라 하고, 북문은 □□이라 한다.

가리포 첨절제사진(加里浦僉節制使鎭) 완도에 있다. 석성이다. 둘레가 3리이다. 공희왕(恭僖王 중종) 16년(1521)에 왜구를 막는 요로(要路)라 하여 처음 진을 설치하고 달량진(達梁鎭)의 수군을 이곳에 합하였다. ○ 수군첨절제사 1인이 있다.

마도 만호진(馬島萬戶鎭) 고탐진현(古耽津縣)에 있다. 현과의 거리는 남쪽으로 64리이다. ○ 수군만호 1인이 있다.

학교 學校

향교(鄕校) 현 동쪽 2리에 있다.

궁실 宮室

객관(客館)

향사당(鄕射堂) 객관 동쪽에 있다.

남루(南樓) 바로 성 남문 누각이다.

동루(東樓) 바로 성 동문 누각이다.

연희당(燕喜堂) 병영(兵營)에 있다. ○ 본조 남곤(南袞)의 시에,

장군의 정사가 하늘이 아껴둔 곳[221] 차지하여 將軍亭舍破天慳
푸른 산과 맑은 물결이 위아래로 펼쳐 있네 碧巘晴波俯仰間
이 풍광 거두어다 기쁜 잔치에 바치니 收取風光供燕喜
이제부터 초목도 한가롭지 못하리라 從今草木未應閑

하였다.

진남루(鎭南樓) 바로 병영의 남문 초루(譙樓)이다.

봉수 烽燧

좌곡산 봉수(佐谷山烽燧) 서쪽으로 영암군의 갈두산(葛頭山)에 응한다.

221 하늘이 아껴둔 곳 : 하늘이 몰래 숨겨 둔 땅이라는 뜻으로, 범상한 인간의 눈으로는 쉽게 찾을 수 없는 길지나 명소를 가리킨다.

수인산 봉수(修因山烽燧) 동쪽으로 장흥부의 억불산(億佛山)에 응하고, 서쪽으로 병마절도사영에 응한다.

남원포 봉수(南垣浦烽燧) 동쪽으로 장흥부의 천관산(天冠山)에 응하고, 서쪽으로 좌곡산에 응한다.

우역 郵驛

진원역(鎭原驛) 옛 이름은 통곡(通谷)이다. 병영성(兵營城) 아래에 있다.

통로역(通路驛) 현 서쪽 1리에 있다.

월남원(月南院) 현 북쪽 15리에 있다. 누각이 있다.

고야현원(古也峴院) 현 북쪽 25리에 있다.

가정원(稼亭院) 현 북쪽 30리에 있다.

석교원(石橋院) 현 서쪽 17리에 있다.

금천원(錦川院) 현 동쪽 35리에 있다.

고알원(高謁院) 현 북쪽 30리에 있다.

관량 關梁

작천교(鵲川橋) 병영 남쪽 2리에 있다. 현과의 거리는 25리이다.

사묘 祠廟

사직단(社稷壇) 현 서쪽에 있다.

문묘(文廟) 향교에 있다.

성황사(城隍祠) 현 동쪽에 있다.

이후백(李後白) 사당

여단(厲壇) 현 북쪽에 있다.

능묘 陵墓

이후백(李後白) 묘 현 -원문 4, 5자 결락- 월출산 아래에 있다.

사찰 寺刹

월남사(月南寺) 월출산 남쪽에 있다. 고려의 승려 진각(眞覺)이 창건한 것이다. 이규보(李奎報)가 비문을 지은 비가 있다. 지금은 없어졌다.[222]

무위사(無爲寺) 월출산에 있다. 개운(開運) 3년(946, 정종1)에 승려 도선(道詵)이 창건하였다.[223] 세월이 오래되어 퇴락하였는데 뒤에 중건하고 인하여 수륙사(水陸社)라 하였다.

222 지금은 없어졌다 : 월남사는 없어졌지만 이규보가 비문을 지은 진각국사비(眞覺國師碑)는 현재까지 남아 있다.

223 개운(開運)……창건하였다 : 개운 3년은 도선의 생몰년(827~898)과 맞지 않으므로 오류가 있는 듯하나, 근거가 불충분하여 그대로 번역하였다. 《여유당전서(與猶堂全書)》 보유 〈대동선교고(大東禪教考)〉에는 형미 국사(逈微國師)가 천우(天祐) 2년(905)에 중수하였고 개운 3년에 비를 세웠다고 하였고, 사지(寺誌)에 의하면 신라 때 원효가 창건하여 관음사(觀音寺)라 하였고, 875년(헌강왕1) 도선이 중건하여 갈옥사(葛屋寺)라고 개칭하였으며, 905년(효공왕9) 선각(禪覺) 형미 국사가 세 번째 창건하여 모옥사(茅玉寺)라 하였다고 한다.

백련사(白蓮社) 만덕산에 있다. 신라 때 창건하고, 고려의 승려 원묘(圓妙)가 중수하였다. 우리 세종 때 승려 행호(行乎)가 또 중수하였다. 탑과 비석이 있으며 3개의 부도(浮屠)가 있고, 또 만경루(萬景樓)와 명원루(明遠樓)가 있다. 남쪽으로 큰 바다에 임하며, 골마다 모두 소나무, 잣나무, 조릿대〔篠〕, 왕대〔蕩〕, 동백나무가 가득하고 서로 어우러져서 푸른 빛을 더하는데 사시사철이 한결같으니 참으로 절경이다. ○ 승려 혜일의 시에,

백련사 이름난 절 경치도 좋고	白蓮名社勝
만덕산 빼어난 산 맑기도 하여라	萬德一山淸
문은 고요히 솔 그늘에 닫혀 있는데	門靜鎖松影
객이 와서 풍경 소리를 듣는구나	客來聞磬聲
돛배는 바다 위를 따라서 가고	帆從海上去
새는 꽃들 사이에서 지저귀네	鳥向花間鳴
오래 앉아 돌아갈 길을 잊으니	坐久忘歸路
티끌 세상 생각일랑 전혀 없네	殊無塵世情

하였다.

운제사(雲際寺) 만덕산에 있다.

수암사(秀巖寺), **백운암**(白雲菴) 모두 월출산에 있다.

고적 古蹟

청해진(淸海鎭) 완도 안에 있다. 신라 흥덕왕 때 설치하여 해로(海路)를 막고서 장보고를 대사(大使)로 삼았다. 문성왕 때 후임으로 정년(鄭年)을 대사로 삼았다가 뒤에 진을 파하고 그곳 사람들을 벽골군(碧骨郡)으로 옮겼다.

도강폐현(道康廢縣) 현 북쪽 27리에 있다. 본래 백제 도무군(道武郡)인데, 신라에서 양무(陽武)로 고쳤다. 고려에서 도강군(道康郡)으로 고쳤다가 현으로 삼아 영암군에 편입시켰다. 명종 때 다시 도강현을 설치하였다. 본조 태종 17년(1417)에 현의 치소를 병마절도사영으로 삼고 인하여 현을 없애고 병합하였다.

고강진(古康津) 송계부곡(松溪部曲)에 있다. 현과의 거리는 북쪽으로 15리이다. 본조 성종 때 지금 치소로 옮겼다.

수인산성(修因山城) 돌로 쌓았다. 둘레가 3736자이다. 고려 말에 도강(道康), 탐진(耽津), 보성(寶城), 장흥(長興), 영암(靈巖)의 백성들이 모두 이곳에서 왜구를 피하였다. ○ 본조 선조 때 체찰사 이항복(李恒福)에게 남쪽 지방의 산성을 순찰하여 편리 여부를 살피라고 명하였는데, 이항복이 이 성에 대해 기술하기를,[224]

"성은 병영의 동쪽 10리에 있습니다. 병영에서 남문까지는 험하고 좁은 길이 꼬불꼬불 나 있고, 문밖에 다다라서도 지세가 매우 협착하여 두 사람이 나란히 설 수도 없습니다. 북문은 매우 험준하고, 동문이 적의 공격을 받는 곳인데 문밖에 골짜기가 있고 산세가 매우 가파릅니다. 동남쪽으로 100여 보 되는 거리에 봉우리 하나가 병풍처럼 서 있으니 물희봉(勿喜峯)이라고 하는데, 적이 만약 여기를 먼저 점거한다면 성안의 일면(一面)은 감히 발도 떼지 못할 것이니, 이것이 큰 해가 됩니다."

하였다.

224 이항복이……기술하기를 : 〈강진의 수인산성에 대하여〔康津修因山城〕〉이다. 《白沙集 卷2》

안우(安祐) **고택** 옛터가 현성(縣城) 안에 있다.

법화암(法華菴) 완도 안에 있다. 절의 골짜기에 전석계(全石溪), 천연대(天然臺), 상왕봉(象王峯)이 있다. 고려의 정언 이영(李穎)이 완도에 유배되었을 때 그 숙부인 승려 혜일이 따라와서 이곳을 찾아보고 바로 섬에 들어와 절을 짓고 거처하였다. 일찍이 시를 짓기를,

온 산의 사면이 구름 안개에 꽉 막혔는데	一山四面鎖雲煙
솔문을 깊이 닫고 늘그막을 보내자니	深閉松門向暮年
지붕 귀퉁 불어 대는 찬 바람만 오직 있고	只有寒風鳴屋角
암자 앞에 찾아오는 유람객은 다시 없네	更無遊客到菴前
일찍 자고 늦게 일어남은 한가히 사는 낙이요	早眠晏起閑居樂
목마르면 마시고 배고프면 먹는 것이 본래 참선이라	渴飮飢飡本分禪
게으름을 이미 터득하여 남들은 고려 않으니	已得疎慵人不顧
대강 마친 수행이나 반 인연은 되는 거지	修行粗了半因緣

하였다.

사현(射峴) 완도 안에 있다. 민간에 전해지기를 예전에 섬사람으로 송징(宋徵)이라는 자가 있었는데, 무용(武勇)이 남보다 뛰어나서 활을 쏘면 6리 밖까지 미쳤고 활시위가 끊어지면 피가 나왔다고 한다. 지금도 반석에 화살 흔적이 있으며 그 지역을 이름하여 사현이라고 한다.

좌곡부곡(佐谷部曲) 현 서쪽 60리에 있다.

명환 名宦

신라

장보고(張保皐) 소자(小字)는 궁복(弓福)이다. 일찍이 당나라에 들어가 무령군 소장(武寧軍小將)이 되었는데, 말 타고 창 휘두르는 것을 당해 낼 자가 없었다. 뒤에 본국으로 돌아와 흥덕왕에게 고하여 아뢰기를 "중국 도처에서 우리나라 사람들을 노비로 삼고 있습니다. 바라건대 청해(淸海)에 진영을 설치하여 도적들이 우리나라 사람을 납치하여 서쪽으로 데려가지 못하게 하십시오." 하였다. 이에 왕이 1만 명을 거느리고 그곳을 진무하게 하니, 이후로 해상에서 고을 사람을 팔아먹는 일이 없어졌다. 신무왕의 아버지 균정(均貞)이 김명(金明)에게 살해되자, 신무왕이 처자와 함께 청해진으로 도망가서 장보고에게 의탁하였다. 김명이 왕위를 찬탈하니, 정년(鄭年), 염장(閻長), 장변(張弁) 등을 보내 군사를 거느리고 신무왕을 받들어 김명을 토벌하여 주벌하게 하였다. 신무왕이 즉위하자 장보고를 봉하여 감의 군사(感義軍使)로 삼고 식실봉(食實封) 2000호(戶)를 내려 주었다.

정년(鄭年) 정년은 능히 바닷속에 잠수하여 50리를 가도 숨이 막히지 않았다. 장보고와 함께 모두 당나라에 들어가 무령군 소장이 되었는데, 모두 전투를 잘하여 서로 뒤처지지 않았다. 장보고가 청해를 진무하고 있을 때 정년이 본국에 돌아왔는데, 실직하여 굶주리게 되자 장보고에게 가려고 하였다. 이에 어떤 이가 말하기를 "평소 사이가 좋지 않았는데 어찌 가서 죽음을 자초하는가?" 하였다. 정년이 결국 장보고에게 갔는데, 장보고는 정년을 만나 술을 마시며 지극히 즐거워하였다. 술자리가 아직 파하지 않았을 때 김명이 왕위를 찬탈하였다는 소식을 듣고는 군사 5000명을 갈라서 정년에게 주며, 그의 손을 잡고 울면서 말하기를 "자네가 아니면 이 화란을 평정할 수가 없네." 하였다. 정년이 본토로 들어가 김명을 주벌하였고, 뒤에 장보고의 후임이 되어 청해진을 진무하였다.

고려高麗

박원계(朴元桂) 도강 감무(道康監務)가 되어 은혜로운 정사를 행하였다.

김유(金儒) 도강 감무가 되어 백성들에게 은덕을 끼쳤으므로 백성들이 비를 세워 사모하였다. 박춘령(朴椿齡)의 〈태수 김유를 생각하며〔憶金太守儒〕〉라는 시에,

유하혜도 낮은 벼슬 사양하지 않았지만[225]	柳下官卑不自辭
누가 소 잡는 칼로 닭을 잡게 하였는가[226]	牛刀誰使割鷄爲
감당수는 바로 사람을 사모하는 나무이고[227]	甘棠正是思人樹

225 유하혜도……않았지만 : 유하혜(柳下惠)는 춘추 시대 노나라 현인으로, 맹자가 유하혜에 대해 "작은 벼슬도 사양하지 않았다.〔不辭小官〕"라고 칭찬하였다. 《孟子 萬章下》

226 소……하였는가 : 공자의 제자 자유(子游)가 무성(武城)의 수령으로 있을 때 공자가 가서 현가(絃歌)의 소리를 듣고 웃으며 "닭을 잡는 데에 어찌 소 잡는 칼을 쓰는고."라고 한 데서 나온 말이다. 《論語 陽貨》 큰 경륜을 가진 김유가 작은 고을의 수령으로서 다스리게 된 것을 비유한 말이다.

227 감당수는……나무이고 : 감당수(甘棠樹)는 《시경(詩經)》 〈소남(召南) 감당〉에 나오는 나무 이름이다. 시에 "무성한 저 감당나무 가지, 자르지 말고 베지도 말라. 우리 소백이 쉬시던 곳이니라.〔蔽芾甘棠, 勿翦勿伐, 召伯所茇.〕" 하였다. 이 시는 곧 남국(南國)을 순행하면서 문왕의 정사를 편 소공의 덕을 추모하여 부른 노래로, 감당나무는 곧 지방관의 선정(善政)을 의미한다.

현산 머리엔 말없이 눈물 흘릴 비이건만[228] 峴首無言墮淚碑
부로들은 은덕 남긴 감화를 괜히 전하고 父老空傳遺愛化
아이들은 옛날에 쓰인 시를 그냥 욀 뿐이지 兒童謾誦舊題詩
듣건대 도척은 오래 살고 안회는 일찍 죽었다니 曾聞跖壽顏回夭
하늘 이치는 요원하여 참 알 수가 없구나 天理茫茫未可知

하였다.

본조

허종(許琮) 세조 때 토적 장영기(張永奇)가 호남에서 난을 일으켰는데, 주군에서 통제할 수 없었다. 이에 대사헌 허종을 절도사로 삼았는데, 도적들은 허종이 이른다는 말을 듣고 해도로 숨어 들어가 틈을 타서 노략질을 하였다. 허종은 방책과 계략을 준비해 놓고 기회를 엿보다가, 도적이 장흥부로 들어오자 허종이 사로잡아 목을 베어 난을 평정하였다.

유우 流寓

이후백(李後白)

228 현산……비(碑)이건만 : 진나라 양호(羊祜)가 양양(襄陽)을 진수(鎭守)하면서 현산(峴山)에 자주 올라가 놀았으므로 그가 죽은 뒤에 양양 사람들이 그의 덕을 사모하여 현산에다 비를 세웠는데, 그 앞에 지나는 이가 모두 눈물을 떨어뜨렸으므로 그 비를 타루비(墮淚碑)라 하였다는 고사가 있다.《晉書 羊祜列傳》 타루비는 선정을 베푼 지방관을 추모하는 말로 쓰인다.

인물 人物

고려

최사전(崔思全) 처음에 내의(內醫)가 되었고 여러 번 승진하여 소부 소감(少府少監)이 되었다. 인종조에 이자겸(李資謙)이 군사를 일으켜 대궐을 침범하자 최사전이 건의하여 아뢰기를 "이자겸은 오직 척준경(拓俊京)만 의지하니, 만약 척준경을 얻는다면 이자겸은 일개 필부일 뿐입니다." 하고, 마침내 함께 방책을 결정하여 이자겸을 제거하였다. 이에 녹훈되고 병부 상서(兵部尙書)에 발탁되었으며, 관직이 개부의동삼사 수 태위주국(開府儀同三司守太尉柱國)에 이르렀다. 시호는 장경(莊敬)이다. 인종의 묘정에 배향되었다.

최렬(崔烈) 최사전의 아들이다. 최사전이 일찍이 최렬 형제에게 금뢰(金罍) 각 1구(具)씩 주었는데, 최사전이 죽자 첩이 그중 1개를 훔쳤다. 형 최변(崔弁)이 노하여 매질을 하려고 하니, 최렬이 말하기를 "이 사람은 선친께서 사랑한 사람이니, 의당 가산을 기울여서라도 보살펴야 합니다. 하물며 이러한 물건쯤이겠습니까. 제가 받은 게 아직 있으니 형님께 드리게 해 주십시오." 하였다. 왕이 듣고 칭찬하여 말하기를 "효성스럽고도 어질다고 할 만하다." 하고, 어필로 효인(孝仁)이라는 이름을 써서 하사하였다.

조정(曺精) 관직이 시중에 이르렀다. 민간에 전해지기를 "조정이 늙어 집에 거처하고 있을 때 한 백두옹(白頭翁)이 날마다 찾아와 바둑을 두었다. 그가 온 곳을 물으면 대답하지 않았는데, 그 족적을 살펴보니 바로 용이었다."라고 한다.우리 세조 때 현 사람이 밭을 갈다가 은그릇을 얻어 진상하였는데 바로 조정이 묻어 놓은 그릇이었다.

안우(安祐) 공민왕 초에 군부 판서가 되었고 여러 번 전공(戰功)을 세웠다. 홍건적이 의주(義州)를 함락하고 서경에 이르자 안우가 김득배(金得培), 이방실(李芳實) 등과 함께 군사를 거느리고 진격하였는데, 무릇 아홉 번 싸우고 개선하여 정란 공신(定亂功臣) 중서평장정사(中書平章政事)에 제배되었다. 공민왕 10년(1361)에 홍적(紅賊) 20만 무리가 또 침입하여 서울을 함락하니, 왕이 도성을 나가 복주(福州 안동)로 달아났다. 안우가 상원수(上元帥)로서 김득배, 이방실과 함께 적을 공격하여 평정하고 서울을 수복하였으니, 당시 삼원수(三元帥)라 일컬어졌다. 김용(金鏞)에게 해를 당하니, 사람들이 모두 탄식하고 애도하였다.

최표(崔彪) 원나라 조정의 제과(制科)에 합격하고 관직이 참지정사에 이르렀다.

본조

조주(趙注) 과거에 수석으로 합격하고, 관직이 지사간(知司諫)에 이르렀다. 나주(羅州) 우거(寓居 유우(流寓))에 상세하다.

김돈(金墩) 선조는 안동 출신으로, 고려 중찬(中贊) 김방경(金方慶)의 후손이다. 어려서부터 학문에 힘썼다. 장헌왕(莊憲王 세종)이 잠저에 있을 때 그 명성을 듣고 불렀는데, 김돈이 사양하였다. 과거에 급제하여 방방(放榜)하니, 상이 인견하여 위로하며 타이르기를 "내가 경을 보고자 하였으나 경이 그때마다 나를 피하였는데, 지금은 내 신하가 되었구려." 하였다. 집현전에 선발되어 들어가고 항상 경연관을 겸임하였다. 김돈은 어머니가 강진에 살았으므로 여러 번 외직에 보임되기를 구하였는데, 특별히 역마를 하사하여 어머니를 모시고 서울에 올라와 편안히 봉양하도록 하였다. 김돈은 경술(經術)에 해박하였고 의상(儀象)[229]에 조예가 더욱 깊었다. 상이 간의대(簡儀臺)와 보루각(報漏閣)을 제작할 때, 김돈이 김요(金銚)와 함께 그 일에 참여하였다. 승지가 되어 무릇 7년간 봉직하였는데, 병이 들자 특별히 올려 인수부윤(仁壽府尹)에 제수하였다. 그러나 미처 크게 쓰이지 못하였으니 조야에서 애석해하였다.

김억추(金億秋) 용력이 남보다 월등히 뛰어났다. 무과에 합격하고, 선조조에 관직이 전라 우수사에 이르렀다. 임진년(1592, 선조25)에 이순신(李舜臣)을 따라 왜구를 평정하는 데에 공을 세웠다.

고수정(高守精) 효행이 있었다. 공희왕(恭僖王 중종) 때 그 집에 정표(旌表)하였다.

229 의상(儀象) : 천문, 기상, 역법을 두루 일컫는 말이다.

해남현海南縣

동쪽으로 강진현(康津縣) 경계까지 19리이다. 서쪽으로 진도군(珍島郡) 경계인 벽파진(碧波津)까지 55리이다. 남쪽으로 해안까지 66리이다. 북쪽으로 영암군(靈巖郡) 경계까지 16리이다. 서울과의 거리는 1007리이다.

한전 旱田

수전 水田

건치연혁 建置沿革

본래 백제 색금현(塞琴縣)이다. 신라 경덕왕 때 침명(浸溟)이라 이름하고, 일명 투빈(投濱)이라 한다. 양무군(陽武郡)의 영현으로 삼았다. 고려 초에 해남현으로 고치고 곧이어 영암군에 편입시켰다. 본조 공정왕(恭定王 태종) 9년(1409)에 진도(珍島)를 병합하여 해진군(海珍郡)으로 삼았고, 12년(1412)에 옥산현(玉山縣) 지역에 옮겨 설치하였다. 세종 19년(1437)에 떼어 내 진도군을 설치하고 다시 해남현으로 삼았다. 관장하는 면은 10개이다.

관원

현감(縣監), 훈도(訓導) 각 1인이다.

군명 郡名

색금(塞琴), 침명(浸溟)

형승 形勝

해곡(海曲) 지역으로, 평탄하고 넓은 땅이 드물다.

산천 山川

금강산(金剛山) 현 동쪽 10리에 있다. 진산(鎭山)이다. 산에 옛 성이 있다.

달마산(達摩山) 현 남쪽 60리에 있다. 영암군에도 보인다.

관자산(館子山) 현 서쪽 30리에 있다.

가학산(駕鶴山) 현 북쪽 25리, 영암군과의 경계에 있다. 일명 흑석산(黑石山)이라고 한다.

두륜산(頭輪山) 현 남쪽 30리에 있다. 이 산에 오르면 제주(濟州)의 한라산(漢拏山)과 서로 마주 보인다.

고다산(高多山) 현 남쪽 40리에 있다.

관두산(館頭山) 현 남쪽 41리에 있다. 제주를 왕래하는 배가 산 아래에 정박한다.

황원산(黃原山) 현 서쪽 60리, 고황원현(古黃原縣)에 있다.

우사현(于沙峴) 현 동쪽 10리에 있다.

금쇄동(金鎖洞) 현 남쪽 25리에 있다. 산세가 꼬불꼬불하고, 험준한 고개를 넘어야 이른다. 위에 옛 성의 기지가 있다. 인조 때 현 사람 윤선도(尹善道)가 그 안에 산재(山齋)를 짓고 그곳을 금쇄(金鎖)라고 명명하였다.

바다〔海〕 현 서쪽과 남쪽이 모두 바다이다.

대진(大津) 현 서쪽 105리에 있다.

주량(周梁) 현 서쪽 75리에 있다.

별진포(別珍浦) 현 북쪽 25리에 있다.

삼촌포(三寸浦) 현 남쪽 20리, 진도군과의 경계에 있다.

우토포(于吐浦) 현 서쪽 10리에 있다.

고어란포(古於蘭浦) 현 남쪽 25리에 있다. 제주를 왕래하는 배가 여기에 정박한다.

입암포(笠巖浦) 현 남쪽 50리에 있다. 이곳 또한 제주를 왕래하는 배가 정박하는 곳이다.

종천포(淙川浦) 현 서남쪽 5리에 있다.

어성포(魚成浦) 현 남쪽 10리에 있다.

죽성포(竹成浦) 현 북쪽 30리에 있다. 포 위에 산성의 옛 기지가 있다. 세상에서 전하기를 전세(田稅)를 수납하던 곳이라고 한다.

부소도(扶蘇島), **마뢰도**(磨賴島) 모두 현 남쪽 바다 가운데에 있다.

죽도(竹島) 황원현(黃原縣)에 있다.

완도(莞島) 현 서쪽 40리에 있다. 둘레가 290리이다. 바로 신라의 청해진(淸海鎭)이다. 그 서남쪽은 본현에 속하고, 동북쪽은 강진현에 속한다. 송백

(松柏)이 극히 장대하므로 재목을 기르고 벌목을 금하여 배를 만드는 재목을 이곳에서 취한다.

토산 土産

닥나무〔楮〕, **모시**〔苧〕, **대나무**〔竹〕, **죽전**(竹箭), 현 남쪽 고해남리(古海南里) 및 고녹산리(古綠山里), 현 북쪽 비곡리(比谷里), 읍내 죽음리(竹陰里)에서 난다. **차**〔茶〕, **화반석**(華班石), 황원현의 매옥산(埋玉山)에서 난다. **자연동**(自然銅), 현 서쪽 황원리(黃原里) 망포(芒浦)에서 난다. **지치**〔紫草〕, **연복자**(燕覆子), 속명은 마응기(ケ應其)[230]이니 바로 목통(木通)[231]이다. 제주(濟州)에 자세히 보인다. **황칠**(黃漆), **천초**(川椒), 모두 완도에서 난다. **당귀**(當歸), **치자**(梔子), **석류**(石榴), **유자**〔柚〕, **탱자**〔枳實〕, **비자**(榧子), **감**〔柹〕, **표고버섯**〔香蕈〕, **소금**〔鹽〕, **숭어**〔秀魚〕, **오징어**〔烏賊魚〕, **죽합**(竹蛤), **홍합**(紅蛤), **해삼**(海參), **낙지**〔絡締〕, **전복**〔鰒〕, **굴**〔石花〕, **미역**〔藿〕, **감태**(甘苔), **김**〔海衣〕, **우무**〔牛毛〕, **참가사리**〔細毛〕, **황각**(黃角), **매산**(莓山)

230 마응기(ケ應其) : '멍기'의 음차(音借) 표기로 추정된다. 멍은 보통 말응(末應)으로 표기하는 멀꿀나무의 속칭으로, 목통과 같은 으름덩굴과에 속한다. 혹은 목통을 말응이라고도 한다.《濟州風土錄》

231 목통(木通) : 여기서는 목통 열매를 말한다.

성곽 城郭

현성(縣城) 돌로 쌓았다. 둘레가 2857자이다. 사방에 문이 있으며, 성안에 우물이 12개 있다.

공서 公署

우수군절도사영(右水軍節度使營) 현 서쪽 67리에 있다. 돌로 쌓았다. 둘레가 -원문 4, 5자 결락-[232]이다. 4개의 문을 세웠다.

어란포 만호진(於蘭浦萬戶鎭) 현 남쪽 34리에 있다. ○ 수군만호 1인이 있다.

학교 學校

향교(鄕校) 현 북쪽 3리에 있다.

궁실 宮室

객관(客館)

향사대(鄕射臺)

정원루(靖遠樓) 바로 성 남문 누각이다. 성화(成化) 기축년(1469, 예종1)에 현감 성중성(成重性)이 세웠다. 성현(成俔)의 기(記)가 있다. ○ 본조 성임

232 원문……결락 : 《만기요람(萬機要覽)》 〈군정편(軍政篇) 4 관방(關防) 전라도〉에는 둘레가 3848자라고 기록되어 있다.

(成任)의 시에,

성곽은 바다 다한 곳에 평평히 임해 있어　城郭平臨海盡頭
바람 안개 십 리 길에 객이 누각 올라 보니　風煙十里客登樓
희미한 구름이 들을 감싸 산은 마치 그림 같고　微雲捲野山如畫
큰 물결이 하늘을 적셔 땅이 위로 뜨는 듯하네　巨浪浸空地欲浮

하였다.

망운루(望雲樓) 객관 남쪽에 있다.

태평정(太平亭) 수영성(水營城) 안에 있다.

송호정(松湖亭) 남쪽 15리에 있다. 고을 사람 백진남(白振南)이 살던 곳으로, 아래로 작은 호수에 임하고 긴 내가 그 앞을 감싸고 흐른다.

봉수 烽燧

황원산 봉수(黃原山烽燧) 남쪽으로 진도군의 점찰산(占察山)에 응하고, 북쪽으로 무안현(務安縣) 유달산(鍮達山)에 응한다.

금강산 봉수(金剛山烽燧) 남쪽으로 관두산에 응하고, 북쪽으로는 관문에만 보고한다.

관두산 봉수(館頭山烽燧) 서쪽으로 진도군의 점찰산에 응하고, 남쪽으로 영암의 갈두산(葛頭山)에 응한다.

우역 郵驛

녹산역(綠山驛) 현 남쪽 5리에 있다.

남리역(南利驛) 현 서쪽 35리에 있다.

별진역(別珍驛) 현 북쪽 30리에 있다.

만희원(萬喜院) 현 서쪽 12리에 있다.

적량원(赤良院) 현 서쪽 23리에 있다.

삼기원(三岐院) 현 서쪽 60리에 있다.

관량 關梁

벽파나루〔碧波渡〕 현 서쪽 55리에 있다. 바로 바다 나루〔海津〕이다. 진도에 들어가는 이들은 이곳을 통한다.

사묘 祠廟

사직단(社稷壇) 현 서쪽에 있다.

문묘(文廟) 향교에 있다.

성황사(城隍祠) 현 북쪽 3리에 있다.

여단(厲壇) 현 북쪽에 있다.

사찰 寺刹

대둔사(大芚寺) 두륜산에 있다. 절이 매우 광대하고, 절 앞에 신암(信菴), 사은(思隱), 성유(性柔) 등 승려 3명의 부도가 있다.

석두암(石頭菴), **흑석사**(黑石寺) 모두 가학산에 있다.

금강사(金剛寺), **다보사**(多寶寺) 모두 금강산에 있다.

고적 古蹟

고해남(古海南) 두륜산 남쪽에 있다. 땅이 큰 바다에 접해 있다. 고해남현(古海南縣) 치소가 이곳인데, 본조 태종 때 지금 치소로 옮겼다. 지금 성터가 남아 있다.

죽산폐현(竹山廢縣) 현 북쪽 10리에 있다. 본래 백제의 고서이현(古西伊縣)인데, 신라에서 고안현(固安縣)으로 고치고 양무군의 영현으로 삼았는데 한편 '동안(同安)'으로도 쓴다. 고려에서 죽산(竹山)으로 고치고 영암군에 편입시켰다. 본조에 와서 본현에 병합하였다. 옛 성이 있으니, 둘레가 2640자이다.

황원폐현(黃原廢縣) 현 서쪽 60리에 있다. 본래 백제의 황술현(黃述縣)인데, 신라에서 황원(黃原)으로 고치고 양무군의 영현으로 삼았다. 고려에서 영암군에 편입시켰다가 뒤에 본현에 옮겨 편입시켰다. 목장이 있다.

옥천폐현(玉泉廢縣) 현 동쪽 15리에 있다. 본래 영암군 냉천부곡(冷泉部曲)인데, 본조 세종 때 본현에 옮겨 편입시켰다.

옥산폐현(玉山廢縣) 현 남쪽 10리에 있다. 예전의 사라향(紗羅鄕)으로, 고려에서 고쳐 옥산현(玉山縣)으로 삼고 그대로 영암군에 편입시켰다. 본조 태종 때 본현에 옮겨 편입시켰다.

흑산고성(黑山古城) 현 북쪽 30리에 있다. 돌로 쌓았다. 둘레가 580자이다. 지금은 반이 퇴락하여 무너졌다.

진산고성(珍山古城) 현 서쪽 30리에 있다. 돌로 쌓았다. 단지 기지만 남아 있다.

녹산고성(綠山古城) 현 남쪽 10리에 있다. 돌로 쌓았다. 고녹산역(古綠山驛) 터다. 지금은 없어졌다.

고다산성(高多山城) 옛 성이 있는데, 둘레가 913자이다.

북평향(北平鄕), 송지부곡(松旨部曲) 모두 현 남쪽 60리에 있다.

신갈부곡(神葛部曲) 현 동쪽 20리에 있다. 세종 29년(1447)에 영암군에서 떼어 내 편입시켰다.

마봉소(馬峯所) 현 남쪽 60리에 있다.

명환 名宦

본조

곽안방(郭安邦) 해남 현감(海南縣監)이 되었는데, 청렴결백하고 은혜로운 정사를 많이 행하였으므로 백성들이 오래도록 사모하였다.

변협(邊協) 공헌왕조(恭憲王朝 명종)에 해남 현감이 되었다. 가정(嘉靖) 을묘년(1555, 명종10)에 왜적이 들이닥쳐 장흥, 영암 등 주군(州郡)을 연이어 함락하니, 변협이 복병을 배치하였다가 적을 맞받아쳐 크게 승전하였다. 또 적의 포로가 되어 있던 중국인을 잡아서 돌려보내겠다고 상주하니, 황제가 칭찬하며 조서를 내려 유시하기를 "현감 변협은 외로운 성을 안고 홀로 온전히 지켰다." 하고, 은과 비단을 하사하였다. 뒤에 본도 병마절도사가 되었다.

이억기(李億祺) 소경왕조(昭敬王朝 선조)에 우수군절도사가 되었다. 만력 임진년(1592, 선조25)에 왜병이 대거 침입하자, 이억기는 좌수사 이순신에게 가서 회동하여 노량(露梁)에서 왜적을 크게 격파하고 뒤이은 전투에서도 모두 격파하였다.

유우 流寓

임억령(林億齡) 선산(善山) 사람이다. 본조 공희왕조(恭僖王朝 중종)에 강원도 관찰사가 되었다. 공헌왕 초에 조정이 서로 불신하여 위태로웠는데, 아우 임백령(林百齡)이 은밀히 권간과 결탁하여 사림에게 화를 일으키려 하였다.[233] 임억령이 간절하게 훈계하였으나 임백령이 따르지 않자 이에 관직을 버리고 가족을 데리고 남쪽으로 해남에 내려와 거주하였다. 임억령은 강직하고 총명하였으며 문장과 행실이 세속을 벗어났고 시를 더욱 잘하였다. 산수를 이리저리 유랑하며 스스로 즐겼고, 호를 석천자(石川子)라고 하였다. 남쪽으로 돌아갈 때 한강을 건너며 지은 시가 있으니, "잘 있거라 한강수야, 고요히 흘러 물결 일으키지 말라.〔好在漢江水 安流莫起波〕" 하였다. 금강(錦江)을 건너면서 또 시를 지어 뜻을 보였는데 말이 극히 미완(微婉)[234]하고 감개하니, 후인들이 전송하며 그 풍절(風節)을 고상

233 아우……하였다 : 임백령은 1545년(명종 즉위년)에 호조 판서로서 윤원형(尹元衡) 등의 소윤에 가담하여 윤임(尹任), 유인숙(柳仁淑), 유관(柳灌) 등 대윤을 제거한 을사사화를 일으킨 주동 인물이 되었다.

234 미완(微婉) : 은미하고 완곡하게 한다는 뜻으로, 《춘추좌씨전(春秋左氏傳)》 소공(昭公) 31년의 "《춘추》에서 칭한 것을 보면, 은미하면서도 밝게 드러나게 하고 완곡하면서도 분명히 구별되게 한다.〔春秋之稱, 微而顯, 婉而辯.〕"라는 말에서 나온 것이다.

히 여겼다.

인물 人物

본조

윤구(尹衢) 어려서부터 문장을 잘하여 최산두(崔山斗), 유성춘(柳成春)과 함께 호남의 삼걸(三傑)이라 일컬어졌다. 공희왕조에 과거에 급제하여 홍문관 교리가 되었는데, 기묘당적(己卯黨籍)에 연좌되어 배척당하였다. 뒤에 전라 도사가 되었다. 성품이 호탕하고 쾌활하였으며 경사에 널리 통달하였다. 자호가 귤정자(橘亭子)이다.

유성춘(柳成春) 학문에 힘쓰고 글을 잘 지었다. 공희왕조에 과거에 급제하고 승진하여 이조 정랑에 이르렀는데, 기묘당적에 연좌되어 배척당하여 강진에 우거하다가 죽었다.

유희춘(柳希春) 유성춘의 아우이다. 학식이 넓고 풍부하였다. 과거에 급제하고, 공헌왕 때 정언이 되었다. 윤원형(尹元衡)과 임백령이 장차 사화를 일으키려고 할 때 유희춘은 곧은 주장을 펴고 굽히지 않았다. 이로 인해 종성(鍾城)에 유배되어 20여 년을 보냈다. 소경왕이 즉위하자 소환되어 오랫동안 부제학, 대사헌을 지냈다. 품계가 올라 지중추부사에 이르자 상이 이르기를 "재주가 경연에 합당하다." 하고, 특별히 명하여 부제학을 그대로 겸하도록 하였다. 유희춘은 정직하고 온화하며 경술(經術)에 정밀하고 깊었으므로 상이 몹시 중히 여기고 반드시 미암(眉巖) 선생이라고 칭하였다. 시호는 문절(文節)이다.

윤의중(尹毅中) 윤구의 아들이다. 과거에 급제하고, 소경왕조에 관직이 형조 판서에 이르렀다. 손자가 윤선도이다.

백광훈(白光勳)

열녀 列女

석금(石今) 참봉 박성림(朴成林)의 첩이다. 젊어서 지아비에게 버림받고 다른 데 시집가지 않기로 맹세하였는데, 어떤 중이 그를 욕보이려고 하니 피할 수 없음을 알고 마침내 목매어 죽었다. 본조 공희왕조에 정려하였다.

제주목濟州牧

전라도 남쪽 바다 가운데에 있다. 둘레가 400여 리이고, 동서로 200리, 남북으로 120리이다. 해남(海南)의 관두량(館頭梁)과의 거리는 해로로 700리이다.

한전 旱田

수전 水田

건치연혁 建置沿革

옛 탁라국(乇羅國)이다. 처음에 양을나(良乙那), 고을나(高乙那), 부을나(夫乙那) 세 사람이 그 지역에 나누어 살면서 그 거주지를 도(徒)라고 한편 '도(都)'로도 쓴다. 이름하였다. 신라 때 고을나의 후손 고후(高厚)가 두 아우와 함께 바다를 건너 내조(來朝)하니, 신라의 왕이 기뻐하여 고후를 성주(星主)라 칭하고 그 가운데를 왕자(王子)라 하고 막내를 도내(徒內)라 한편 '도내(都內)'로도 쓴다. 하였으며, 국호를 탐라(耽羅)라 하였다. 고기(古記)에 이르기를 "처음에는 인물이 없었는데, 세 신인(神

人)이 땅속에서 나왔다. 지금 진산(鎭山) 북쪽 기슭에 구멍이 있어 모흥(毛興)이라 하니, 이곳이 그 땅이다. 첫째를 양을나라 하고, 둘째를 고을나라 하고, 셋째를 부을나라고 하였다. 세 사람은 궁벽한 황무지를 돌아다니며 사냥하여 가죽옷을 입고 고기를 먹으며 살았다. 하루는 목함(木函)이 떠서 동쪽 바닷가에 이른 것을 발견하고 나아가 세 여자 및 망아지, 송아지들과 오곡 씨앗을 얻었다. 이에 세 사람은 나이 순서대로 나누어 장가를 들고, 샘이 달고 토지가 비옥한 곳으로 가서 화살을 쏘아 땅을 정하였으니, 양을나의 거주지는 제일도(第一徒)라 하고 고을나의 거주지는 제이도(第二徒)라 하고 부을나의 거주지는 제삼도(第三徒)라 하였다. 비로소 오곡을 파종하고 또한 망아지와 송아지를 길러 날로 부유해지고 자손이 번성해졌다. 15대손 고후와 고청(高清) 형제 3인이 배를 만들어 바다를 건너 탐진(耽津)에 정박하였는데, 이때는 신라가 융성한 시기였다. 당시 객성(客星)이 남방에 나타났으므로 태사(太史)가 아뢰기를 '이국 사람이 내조하는 징조입니다.' 하였다. 마침내 고후 등이 이르자 왕이 가상히 여기어 고후를 성주라 칭하니 그가 성상(星象)을 움직였기 때문이다. 고청은 가랑이 아래로 지나게 하면서 사랑하기를 친자식처럼 하여 왕자라고 칭하고, 또 그 막내를 도내라고 칭하였다. 읍호는 탐라라고 하였으니, 처음 올 때 탐진에 배를 대고 신라에 조회하였기 때문이다. 각각 보개(寶蓋)와 의대(衣帶)를 하사하여 보내 주었으니, 이때부터 번성하여 신라를 공경히 섬겨 마침내 고씨(高氏)가 성주가 되고 양(良) 씨가 왕자가 되고 부(夫) 씨가 도상(徒上)이 되었다." 하였다.

그 후 백제에 복속되었다가 백제에서 성주, 왕자의 칭호를 없애고 그 도주를 좌평(佐平)으로 삼았으니, 좌평은 백제의 관직명이다. 동성왕(東城王) 21년(499)에 탐라가 공부(貢賦)를 제대로 바치지 않는다는 이유로 왕이 친히 정벌하러 가서 무진주(武珍州 지금의 광주)에 이르렀는데, 탐라국 도주가 그 소식을 듣고 사신을 보내 사죄하니 이에 정벌을 멈추었다. 백제가 망하자 신라 문무왕 2년(662)에 탐라국 도주 도동음률(徒冬音律)이 와서 항복하였다.

고려 태조 21년(938)에 탐라에서 태자 말로(末老)를 보내 내조하니, 그대로 성주와 왕자의 작위를 하사하였다. 숙종 10년(1105)에 고쳐 탐라군(耽羅郡)으로 삼고, 의종 때 강등하여 탐라현(耽羅縣)으로 삼았다. 원종 12년(1271)에 반적(叛賊) 김통정(金通精)이 삼별초를 거느리고 그 땅에 들어와 웅거하였는데, 2년이 지나 왕이 김방경(金方慶)을 보내 원나라 군사와 함께 토벌하여 평정하였다. 삼별초가 와서 점거하고 침략하니, 성주 고인단(高仁旦)과 왕자 문우(文祐) 등이 계문하여 마침내 토벌하였다. ○ 보성군(寶城郡)의 복성현(福城縣) 사람 문성(文姓)이라는 자가 와서 고씨의 사위가 되었는데, 그 자손 가운데 승계하여 왕자가 된 자가 있다. 이듬해[235]에 원나라가 탐라 초토사부(耽羅招討使府)를 설치하고, 곧이어 목장을 만들어 달로화적(達魯花赤 다루가치)을 보내 감독하게 하였다가 뒤에 고쳐 군민안무사부(軍民安撫使府)를 설치하였다.

충렬왕 20년(1294)에 도로 우리나라에 예속되어 고쳐 제주(濟州)로 삼고 목사를 두었다. 충렬왕 20년에 왕이 원나라에 조회 가서 탐라를 돌려주기를 청하니, 원나라 승상 완택(完澤) 등이 황제에게 상주하여 도로 우리나라에 예속시켰다. 26년(1300)에 원나라 기 황후(奇皇后)가 또 구마(廏馬)를 방목하였는데, 얼마 안 되어 다시 우리나라에 돌려주었다. 충숙왕

235 이듬해 : 원종 15년(1274)이다. 《高麗史 卷27 元宗世家》

5년(1318)에 토적 사용(士用) 등이 난을 일으키자, 왕자 문공제(文公濟)가 토벌하여 죽이고 원나라에 보고하니 다시 관리를 두었고, 뒤에 또 정치사(整治事), 단사관(斷事官)을 두었다.

공민왕 17년(1368)에 원나라가 망하자, 주를 다시 설치하고 우리나라에 예속시켜 제주 안무사(濟州安撫使)를 두었다. 당시 원나라 목자(牧子)들이 강포하고 사나워 나라에서 보낸 만호를 여러 차례 죽이고 모반하였다. 왕이 아뢰어 예전 사례대로 우리나라에서 관리를 임명하고 목자들이 기른 말을 가려 바치겠다고 청하니, 명나라 고황제(高皇帝)가 그대로 따랐다.[236] 원나라 목자 합적(哈赤 하치)이 관리를 살해하자 왕자 문신보(文臣輔)가 계문하니, 23년(1374)에 최영(崔瑩)을 보내어 토벌하여 없애 버리고 다시 제주 목사(濟州牧使)를 두었다. 본조에서 그대로 따랐다. 공정왕(恭定王 태종) 때 다시 안무사가 목사를 겸임하였고, 그 뒤에 안무사를 절제사로 고치고 그대로 목사를 겸임하였다.

태종 2년(1402)에 성주 고봉례(高鳳禮)와 왕자 문세충(文世忠) 등이 성주와 왕자의 호칭이 참람하다 하여 고치기를 청하였다. 이에 성주를 좌도지관(左都知管)으로 삼고, 왕자를 우도지관(右都知管)으로 삼았다. 세종 27년(1445)에 좌우 도지관을 혁파하였다. 성주와 왕자의 칭호는 신라 때 처음 봉한 이후 대대로 작위를 세습하였다. 고려 때에도 본도의 연혁이 서로 이어졌으나, 인심이 어긋나고 틈이 생겨 금방 순응했다가 금방 거스르곤

236 왕이……따랐다 : 《고려사》에는 "왕이 아뢰기를 '……청하건대 고사처럼 우리나라로 하여금 우리 스스로 목사와 만호를 파견하여, 목호(牧胡)들이 기른 말을 가려서 바치게 해 주십시오.'라고 하니, 황제가 따랐다."라고 기록되어 있다. 《高麗史 卷41 恭愍王世家 16年 2月》 이에 의하면 원나라 황제에게 청한 것인데, 근거가 불충분하여 그대로 번역하였다.

하였다. 이에 나라에서 때로 안무사, 목사 등의 관원을 파견하였고, 원나라 또한 초토사, 달로화적 등의 관원을 보내어 달래고 안정시켰다. 그러는 한편으로 성주와 왕자에게 각자의 관아문(官衙門)을 세워 관할 지역을 나누어 다스리며 풍속을 유지하고 방물을 공납하게 하였다. 본조에 들어와 스스로 호칭을 내리기를 청하였고, 그 후에 지관(知管)도 혁파하고 다만 고을 사람 가운데 직책이 있는 자를 상진무(上鎭撫), 부진무(副鎭撫)로 삼아 방어의 업무를 분장하게 하였다. 혜장왕(惠莊王 세조) 12년(1466)에 진을 설치하였다.

관장하는 면은 28개이다. 영현은 2개로, 정의현(旌義縣) 주성 동쪽 -원문 3, 4자 결락-리에 있다. 본래 제주 지역으로 본조 태종 16년(1416)에 안무사 오식(吳湜)의 계의(啓議)에 따라, 한라산(漢拏山) 남쪽의 사방 면적 90여 리의 땅을 갈라서 서쪽에 대정현(大靜縣)을 설치하고 동쪽에 정의현을 설치하였다. 관장하는 면은 5개이다. 과 대정현(大靜縣) 주성 서쪽 -원문 2, 3자 결락-리에 있다. 본래 제주 지역으로 본조 태종 16년에 처음 현을 설치하였다. 관장하는 면은 3개이다. 이다.

관원

목사(牧使), 판관(判官) 각 1인이다.

현감(縣監) 2인이다. 1인은 정의현, 1인은 대정현에 둔다.

교수(教授) 1인이다.

훈도(訓導) 3인이다. 1인은 정의현, 1인은 대정현, 1인은 왜학(倭學)에 둔다.

군명 郡名

탁라(乇羅), 별호는 동영주(東瀛洲)이다. 탐라(耽羅)

형승 形勝

북쪽으로 큰 바다에 접해 있고, 남쪽으로 높은 산을 마주하고 있다. 본조 고득종(高得宗)의 〈홍화각기(弘化閣記)〉

큰 바다가 멀리 아득하여 별도의 한 구역이 된다. 본조 정이오(鄭以吾)의 서(序)에 "본토에서 탐라를 바라보면 멀리 아득한 바다 가운데 완연히 자리하여 별도의 한 구역이 되니, 마치 부용국(附庸國)과 같다." 하였다.

전쟁이 미치지 못하는 곳이다. 고려 의종 때 안무사 조동희(趙冬曦)가 들어와 뵙고 아뢰기를 "탐라는 험하고 멀어서 전쟁이 미치지 못하는 곳입니다." 하였다.

섬을 빙 둘러 모두 석벽이다. 주기(州記)에 "섬을 빙 둘러 모두 석벽이고 험준한 바위가 늘어서 있어서 해선이 가까이에 정박하지 못한다. 오직 하천 어귀에 석보(石堡)를 설치하여 적을 방어한다." 하였다.

바다 밖의 명번(名藩 지방의 중진)이다. 본조 강혼(姜渾)의 〈정원루기(定遠樓記)〉에 "지세가 험고하고 군사력이 막강하며 방어가 엄중함이 육지와 같지 않으니, 실로 바다 밖의 명번이다." 하였다.

풍속 風俗

풍속이 순박하고 검소하며 예의와 겸양이 있다. 백성들의 풍속이 순박하고 검소하며 또한 모옥(茅屋 띳집)이 많고 남녀가 짚신 신기를 좋아한다. 디딜방아가 없고 오직 여인들이 손으로 남방아〔木臼〕를 찧는다. 등에 목통(木桶)을 짊어지고 다니지 머리에 이는 자는 없는데, 토호들은 그렇게 하지 않는다. 아이나 여자는 길에서 관리를 만나면 달아나 숨고 남자는 반드시 길가에 엎드린다.

사투리〔俚語〕가 난삽하다. 촌민들은 사투리가 난삽하며, 억양은 앞은 높고 뒤는 낮으며 말소리는 가늘고 높다.

밭머리에 무덤을 쓴다. 초상을 치른 지 100일이면 복을 벗고 밭머리를 대충 파서 무덤을 쓰는데, 간혹 삼년상을 치르는 이도 있다. 풍속이 풍수지리나 복서(卜筮)를 쓰지 않고 또 부도법(浮屠法)도 쓰지 않는다.

음사(淫祀)를 숭상한다. 풍속이 음사를 숭상하므로 산과 숲, 내와 못, 높고 낮은 언덕, 물가와 평지, 나무와 돌에 모두 신사(神祀)를 배설하였다. 매년 1월 1일부터 15일까지는 남녀 무당이 신독(神纛)을 함께 받들고 나희(儺戲)를 벌이는데, 징과 북을 앞세우고 마을 동네를 드나들면 사람들이 다투어 재물과 곡식을 내어 제사한다. 또 2월 1일 귀덕(歸德), 김녕(金寧) 등지에서는 목간(木竿) 12개를 세우고 귀신을 맞아 제사한다. 애월(涯月)에 사는 자들은 형상이 말 대가리처럼 생긴 나무 등걸을 구해서 채색 비단으로 장식하고 약마희(躍馬戲)를 벌여 귀신을 즐겁게 하다가, 보름에 이르면 마침내 파한다. 이를 연등(燃燈)이라 하는데, 이달에는 배 타는 것을 금한다. 또 봄가을로 남녀가 무리 지어 광양당(廣壤堂)에 모여 술과 고기를 갖추어 신에게 제사 지낸다. 또 이 지역에 뱀, 살무사가 많으므로 사당을 지어 제사 지내니, 이름을 차귀당(遮歸堂)이라 한다. 차귀(遮歸)는 본래 '사귀(蛇鬼)' 자가 와전된 것이다. 만약 잿빛의 뱀을 만나면 차귀신(遮歸神)이라 여기고 금기하여 죽이지 않는다. 또 남자 무당이 매우 많은데 사람들에게 재화(災禍)를 빌미로 을러대어 재물을 취한다.

오래 사는 사람이 많다. 토착민은 질병이 적어서 일찍 죽는 사람이 없고 나이 8, 9십 세에 이르는 자가 많다. 세상에서 전하기를 노인성(老人星)이 가까우므로 사람들이 대부분 장수한다고 한다. 다만 산 남쪽에 사는 사람들이 산 북쪽 사람들에 미치지 못한다.[237]

기후가 항상 따뜻하다. 봄과 여름에는 운무가 자욱하게 끼고 가을과 겨울에는 맑게 갠다. 초목과 곤충이 겨울을 나고도 죽지 않는다.

산에 사나운 짐승이 없다. 호랑이, 표범, 곰, 승냥이, 이리같이 사람을 해치는 짐승이 없고, 또 여우, 토끼, 부엉이, 까치 같은 것도 없다.

그물을 쓰지 않는다. 산과 바다가 험악하여 그물을 쓰지 못하니, 고기는 낚고 짐승은 활로 쏘아 잡는다.

조리희(照里戲)를 한다. 매년 8월 15일에 남녀가 함께 모여 노래하고 춤추며 좌우 두 패로 나누어 큰 동아줄의 양 끝을 잡아당겨 승부를 결정하는데, 동아줄이 만일 중간에 끊어져서 두 패 사람들이 땅에 자빠지면 구경꾼들이 크게 웃는다. 이것을 조리희라고 한다. 이날 또 그네뛰기와 닭 잡는 놀이를 한다.

237 다만……못한다 : 《탐라지(耽羅志)》 〈풍속〉에는 "지금 살피건대 본주는 비록 더운 남쪽 바닷가 땅이라지만 한라산의 북쪽에 있어서 남쪽 대양의 더운 습기는 한라산이 막아 준다. 비록 큰 태풍이 많으나 북쪽에서 내려온 서늘한 기운이 또한 습한 열기를 흩뜨려 없애기에 충분하니, 이 때문에 오래 사는 사람이 많은데 산의 남쪽이 산의 북쪽에 미치지 못한다."라고 되어 있다. 여기서는 생략한 내용을 참고하여 번역하였다.

풍속이 유별나며, 군졸은 사납고 백성은 어리석다. 본조 권근(權近)이 지은, 목사 이원항(李元恒)을 전송하는 시의 서문[238]에 "탐라가 바다 가운데에 있는데, 애초 신라 때부터 해마다 신하 된 직분으로 조공을 바쳐 우리나라의 부용국이 되었다. 고려 때 제주목을 두었고 우리 조정에서 그대로 따랐으니, 반드시 조정 신하 중에 문무의 재주와 지략이 있고 위엄과 은혜가 일찍이 드러난 자를 뽑아서 다스리게 하였다. 그러나 거센 바람을 타고 가는 바다는 끝도 없이 아득한 데다 높은 파도에 예측할 수 없는 험난한 물길 수백 리를 건너야 한다. 그리고 그곳에 이르면 풍속이 유별나며 군졸은 사납고 백성은 어리석어 기분 좋은 때는 사람이지만 성나면 짐승 같아서 제어하기가 어렵다." 하였다.

땅이 척박하고 백성이 가난하다. 고려 문종 때 문하성에서 아뢰기를 "탐라는 땅이 척박하고 백성이 가난하니, 오직 목도(木道)를 경영하여[239] 생활을 꾸려 나갑니다." 하였다. 또 주기(州記)에 "토질이 푸석푸석하고 메말라서 밭을 갈 때는 반드시 우마(牛馬)를 몰아서 밟아 주어야 한다. 농사를 2, 3년 연작하면 곡식의 이삭이 여물지 못하므로 부득이 또 새 밭을 갈아야 하니, 공력은 배가 들고 수확은 적다. 이 때문에 백성들이 많이 곤궁하다." 하였다.

돌을 모아서 밭을 경계 짓는다. 《동문감(東文鑑)》에 "땅에 돌맹이들이 많아 본래 논은 없고 오직 보리, 콩, 조만이 생산된다. 예전에는 밭에 경계 짓

238 권근(權近)이……서문 : 〈제주 목사 이군 원항을 전송하는 시의 서〔送濟州牧使李君元恒詩序〕〉이다. 《陽村集 卷20》

239 목도(木道)를 경영하여 : 목도는 해로(海路)라는 의미로, 《주역》 〈익괘(益卦) 단(彖)〉의 "큰물을 건너는 것이 이로움은 목도가 이에 행해진 것이다.〔利涉大川, 木道乃行.〕"라는 말에서 비롯되었다. 여기서는 해로를 이용한 사업을 경영한다는 뜻으로 쓰였다.

는 두둑이 없어서 힘 있고 포악한 집에서 날마다 잠식하므로 백성들이 괴롭게 여겼다. 김구(金坵)가 판관이 되었을 때 백성들의 고충을 알고 돌을 모아 담을 쌓아 경계를 만드니, 백성들이 대부분 편리하게 여겼다." 하였다.

여자가 많고 남자는 적다. 혼인을 구하는 자는 반드시 술과 고기를 준비한다. 납채(納采)를 하는 자도 그렇다. 혼인날 저녁에 사위가 술과 고기를 준비하여 신부의 부모를 뵙고 취한 뒤에야 방에 들어간다. 여자가 많고 남자는 적으니, 승려도 모두 절 옆에 집을 짓고 처자를 부양하며, 비록 걸식하는 자라도 모두 처첩을 거느린다. 한편 공사(公私)로 운송하고 판매하는 배들이 끊임없이 이어지는데, 해로가 험하고 멀어서 빈번히 표류하거나 침몰된다. 이 때문에 토착민들은 딸을 낳는 것을 귀하게 여긴다.

관아에서 직임을 맡는 것을 영광으로 여긴다. 주지(州志)에 "서울이 너무 멀어 관직에 나아가는 것이 어려우니, 선비들 중에 재주와 명망이 있는 자들은 모두 관아의 직임을 맡는 것을 영광으로 여기고 경직(京職)의 귀함은 알지 못한다. 그곳의 호우(豪右 토호)는 진무(鎭撫), 여수(旅帥), 서원(書員) 등의 직임을 구하여 각자 부당한 이익을 취하는 것을 일삼고 자질구레한 일에도 모두 뇌물을 주고받으니, 강자가 약자를 통제하고 사나운 이가 어진 이를 겁박한다." 하였다.

띠로 지붕을 얹되 이엉을 엮지 않는다. 김정(金淨)의 〈제주풍토록(濟州風土錄)〉에 "인가는 모두 띠로 지붕을 얹되 이엉을 엮지 않고 지붕 위에 펼쳐 쌓고서 긴 나무를 가로로 얽어매어 눌러 놓으며 기와집은 극히 적다. 품계가 있는 관리의 집을 제외하고는 온돌이 없고, 땅을 파서 구덩이를 만들고 돌로 그곳을 메우고 흙으로 바른 다음 마르면 그 위에서 잠을 자고 거처한다." 하였다.

소주(燒酒)를 많이 쓴다. 〈풍토록(風土錄)〉[240]에 "벼가 극히 적어서 토호들은 육지에서 사다가 먹고 나머지 사람들은 밭곡식을 먹으니, 이 때문에 청주(淸酒)가 아주 귀하다." 하였다.

방아 찧는 노랫소리가 애달프다. 토속에 모든 노역의 일은 모두 여인들을 시킨다. 여인들 2, 3인 혹은 4, 5인이 한 방아를 함께 찧으면서 반드시 방아 찧는 노래를 부르는데, 음조가 몹시 애달프다. 맷돌 돌리는 노래 또한 그러하다.

산천 山川

한라산(漢拏山) 주 남쪽 20리에 있다. 진산(鎭山)이다. 한라(漢拏)라고 한 것은 은하수를 끌어당길 만하다는 뜻이다. 일명 두무악(頭無嶽)이라 하니 봉우리마다 모두 평평하기 때문이요, 일명 원산(圓山)이라고 하니 불룩하게 솟아 둥그스름하기 때문이요, 일명 부악(釜嶽)이라고 하니 봉우리마다 흡사 물을 저장하는 그릇과 같은 못이 있기 때문이다. 험준하게 하늘까지 닿아 있고 웅장하게 수백 리에 걸쳐 자리하고 있다. 산꼭대기에 못이 있는데 지름이 수백 보이다. 대정현(大靜縣)에서 오면 험하고 좁은 길이 하나 있어 사람이 숲속을 따라 더위잡고 오르는데, 시끄럽게 떠들면 운무가 자욱해져서 지척도 분별할 수 없게 된다. 6월에도 빙설이 아직 남아 있고 8월이 되면 바로 가죽옷을 껴입는다. 김정의 〈풍토록〉에 "한라산의 절정에서는 남극노인성(南極老人星)을 볼 수 있다." 하였다. ○ 본조 권근의 응

240 풍토록(風土錄) : 위의 〈제주풍토록〉이다.

제시(應製詩)[241]에,

푸르디 푸른 한 점의 한라산이	蒼蒼一點漢拏山
저 멀리 아득한 큰 파도 속에 있네	遠在洪濤浩渺間
사람은 별빛과 함께 바다 나라에서 왔고[242]	人動星芒來海國
말은 준마로 자라 임금 마구간에 들어갔지[243]	馬生龍種入天閑
땅은 외져도 백성들 생업 외려 이루어지고	地偏民業猶生遂
바람 편에 장삿배 맘대로 오고 가는 터니	風便商帆任往還
성대에 직방씨[244]가 여지도 편수할 제	盛代職方修版籍
이곳 비록 작더라도 삭제할 건 아니다	此邦雖陋不須刪

하였다. ○ 본조 최부(崔溥)의 시에,

인간 세상 굽어보니 속세와 떨어져서	俯瞰人間隔世蹤
바다 가운데 별개의 영주산이 있구나	海中別有瀛洲峯
진동[245]과 한사[246]는 괜히 힘만 낭비하고	秦童漢使枉費力
삼한에 남겨 주어 부용국 되게 했네	遺與三韓作附庸

241 권근의 응제시(應製詩) : 〈탐라(耽羅)〉이다. 《陽村集 卷1》

242 사람은……왔고 : 탐라 시조 고을나(高乙那)의 15대손인 고후(高厚), 고청(高淸) 등이 신라에 조회하기 위해 바다를 건너 탐진(耽津)에 도착했을 때 객성이 남쪽에 보였다는 고사를 말한다. 《高麗史 卷57 地理志2 全羅道 珍島縣 耽羅縣》

243 말은……들어갔지 : 고려 때 원나라에서 제주도에 목장을 설치하고 좋은 종자를 보내 길러서 황실로 가져간 것을 말한다.

244 직방씨(職方氏) : 주대(周代)의 관명으로 천하의 지도와 사방의 공부(貢賦)를 맡았다.

245 진동(秦童) : 진 시황(秦始皇)이 보낸 동자들을 말한다. 진 시황이 제나라 사람 서불(徐市)에게 수천 명의 동남동녀를 데리고 해중의 삼신산(三神山)으로 가서 신선을 찾으라고 한 고사가 있다. 《史記 秦始皇本紀》

246 한사(漢使) : 한나라 무제(武帝)가 보낸 사신들을 말한다. 한 무제가 동쪽으로 가서 봉래산(蓬萊山)의 신선을 찾아 데려오게 하였다고 한다. 《史記 封禪書》

하였다. ○ 본조 김치(金緻)의 시에,

구름 속 돌 비탈 오르자니 걸음마다 위태한데	石磴穿雲步步危
비 갠 뒤 날씨가 참으로 쾌청한 때이네	雨餘天氣快晴時
높은 산에 쌓인 눈은 봄 지나도록 남아 있고	山高積雪經春在
너른 바다에 세찬 바람은 종일토록 불어 대네	海闊長風盡日吹
학수레 타고 곧장 현포[247]로 들어가	鶴駕不迷玄圃路
생황 피리 불며 적송[248]을 기다릴까나	鳳笙留待赤松期
지금부터 한번 신선술 배워 보려 하니	從今欲試飡霞術
인간 세상 더디 돌아감을 한탄 말라	歸去人間莫恨遲

하였다.

영주산(瀛洲山) 바로 한라산 동북쪽 줄기이다. 정의현(旌義縣)과의 거리는 북쪽으로 5리이다. 고기(古記)에 이르기를 "한라산은 일명 원산이라 하니 바로 바다 가운데 있다는 원교산(圓嶠山)[249]이다. 그 동쪽은 바로 동무소협(東巫小峽)으로 신선이 거처하는 곳이다. 또 그 동북쪽에는 영주산이 있으니, 세상에서 탐라를 일컬어 동영주(東瀛洲)라고 하는 것이 이 때문이다." 하였다.

표악(表嶽) 주 남쪽 20리에 있다. ○ 이하는 모두 한라산의 줄기이다. 악(嶽)

247 현포(玄圃) : 곤륜산(崑崙山)의 정상에 있다는 신선의 거처를 말한다. 전설에 그 위에는 금대(金臺), 옥루(玉樓)와 기화요초(琪花瑤草)가 만발해 있다고 한다. 《十洲記 崑崙》

248 적송(赤松) : 고대 전설상의 선인인 적송자(赤松子)를 말한다. 장량(張良)이 한 고조(漢高祖) 유방(劉邦)을 도와 천하를 평정한 뒤에 유후(留侯)의 봉작을 받고 나서 "바라건대 인간 세상의 일을 버리고 신선인 적송자를 따라 노닐고 싶습니다." 하며, 벽곡(辟穀)과 도인(導引)의 술법을 행한 고사가 있다. 《史記 留侯世家》

249 원교산(圓嶠山) : 전설 속의 선산, 즉 발해에 있다는 삼신산을 가리킨다.

은 방언으로 오름(兀音)이라 한다.

독악(禿嶽) 주 동남쪽 26리에 있다.

사미악(思美嶽) 주 동남쪽 28리에 있다.

장올악(長兀嶽) 한라산 중턱에 있다. 주와의 거리는 동쪽으로 45리이다. 모두 4개의 봉우리인데, 첫째 봉우리가 가장 높고 크며 그 꼭대기에 용못〔龍池〕이 있으니 지름이 50보이고 깊이는 헤아릴 수 없다. 사람들이 떠들면 운무가 사방에서 일어나고 비바람이 갑자기 친다. 가뭄이 들어 비를 빌면 효험이 있다. 그 주변에 바닷조개의 껍질이 쌓여 있는데 세속에서 전하기를 바닷새가 물어다 놓은 것이라고 한다. 한라산의 못에도 그러하다.

갈악(葛嶽) 주 동남쪽 20리에 있다.

대랑수악(大朗秀嶽) 주 동쪽 80리에 있다. 둘레가 34리이다.

저악(猪嶽) 주 동쪽 75리에 있다. 둘레가 85리이다.

장악(獐嶽) 주 동남쪽 66리에 있다. 둘레가 43리이다.

사라악(紗羅嶽) 주 동쪽 6리에 있다. 양 우리〔羊棧〕가 있다.

별도악(別刀嶽) 한편 화북악(禾北嶽)이라고 한다. 주 동쪽 14리에 있다. 산 북쪽의 바다에 접한 곳에는 돌 봉우리가 기이하고 가파르게 솟아 있다.

원당악(元堂嶽) 주 동쪽 20리에 있다. 봉우리 꼭대기에 못이 있으니 이름이 거북못〔龜池〕이고, 네가래와 말, 거북이, 자라가 있으며 큰 가뭄에도 마르지 않는다.

서산(西山) 주 동쪽 40리에 있다.

입산(笠山) 주 동쪽 52리에 있다. 봉우리 꼭대기에 연못이 있다.

도원악(道圓嶽) 주 서쪽 15리에 있다.

수산(水山) 주 서쪽 28리에 있다.

고내악(高內嶽) 주 서쪽 38리에 있다.

곽지악(郭支嶽) 주 서쪽 45리에 있다.

판포악(板浦嶽) 주 서쪽 80리에 있다.

기악(箕嶽) 주 동남쪽 35리에 있다. 산 모양이 키〔箕〕와 같다.

감은덕악(感恩德嶽) 주 서남쪽 34리에 있다.

효성악(曉星嶽) 주 서남쪽 50리에 있다. 둘레가 18리이다.

상시악(相時嶽) 주 서쪽 60리에 있다. 둘레가 70리이다.

어승생악(御乘生嶽) 주 남쪽 25리에 있다. 그 꼭대기에 못이 있는데, 둘레가 100보이다. 민간에 전해지기를 이 산 아래에서 어승마(御乘馬)가 나왔으므로 그렇게 이름하였다고 한다.

동산(洞山) 주 남쪽 25리에 있다. 모두 99개의 골〔洞〕이 있다.

고고산(高古山) 주 서남쪽 40리에 있다. 두 봉우리가 마주 보고 우뚝 솟아 있다.

흑악(黑嶽) 주 서쪽 50리에 있다. 봉우리 정상은 평평하고 넓으며 좌우로 골짜기가 있다. ○ 장올악 이하에는 모두 목장이 있다.

성불악(成佛嶽) 정의현 북쪽 15리에 있다. 현성(縣城) 부근에는 오직 이 산에만 샘이 있다.

감은악(感恩嶽) 정의현 북쪽 22리에 있다.

지미산(指尾山) 정의현 동쪽 35리에 있다.

두산(斗山) 정의현 동쪽 27리에 있다.

수산(首山) 정의현 동쪽 24리에 있다.

달산(達山) 현 남쪽 9리에 있다.

토산(兎山) 현 남쪽 17리에 있다.

지세원(地稅原) 원(原)은 세속에서 지(旨)라고 칭한다. 정의현 서쪽 40리에 있다. 둘레가 30리이다.

광분평(廣分坪) 정의현 서쪽 89리에 있다. 둘레가 23리이다.

포악(蒲嶽) 정의현 서쪽 40리에 있다. 둘레가 30리이다.

운지악(雲之嶽) 정의현 서쪽 30리에 있다. 둘레가 4리이다.

수정악(水頂嶽) 정의현 서쪽 30리에 있다. 그 꼭대기에 큰 못이 있는데, 끝도 없이 깊다.

안좌악(安坐嶽) 정의현 서쪽 15리에 있다. 둘레가 27리이다.

수악(水嶽) 정의현 서쪽 45리에 있다. 봉우리 정상에 용추(龍湫)가 있는데 깊이를 헤아릴 수 없고, 가뭄이 들어 비를 빌면 효험이 있다.

삼매양악(三梅陽嶽) 정의현 서쪽 30리에 있다. 산 가운데는 넓게 툭 트였고 수십 경(頃)의 논이 있는데 이름을 대지(大池)라 하고 혹 조연(藻淵)이라고 한다.

현라산(懸蘿山) 정의현 서쪽 50리에 있다.

수성악(水城嶽) 정의현 북쪽 30리에 있다. 산꼭대기에는 벼랑이 성처럼 빙 둘러 있고 가운데에 큰 못이 있다.

성판악(城板嶽) 정의현 서쪽 50리에 있다. 석벽이 마치 성판(城板 성벽에 댄 널빤지)처럼 보이므로 그렇게 이름하였다.

응암악(鷹巖嶽) 정의현 남쪽 20리에 있다.

성산(城山) 정의현 동쪽 25리에 있다. 둘레가 10리이다. 길게 뻗어 큰 바다 가운데로 들어간 것이 5리 정도는 된다. 산세가 개미허리와 같고, 가파르게 솟은 석벽이 병풍처럼 둘러 펼쳐져 있는데 높이가 1000여 장이니, 암석을 깎아 사다리를 걸쳐 놓은 뒤에야 올라갈 수 있다. 그 가운데는 평평하고 넓어 10리 정도는 된다.

한좌악(閑坐嶽) 정의현 동쪽 7리에 있다.

독달악(禿達嶽) 정의현 동쪽 20리에 있다. 둘레가 25리이다. ○ 지세지(地稅旨 지세원) 이하에는 모두 목장이 있다.

수영악(水盈嶽) 정의현 북쪽 30리에 있다. 그 꼭대기에 못이 있다.

호산(蠔山) 세속에서 굴산(屈山)이라고 칭한다. 대정현(大靜縣) 동쪽 25리에 있다. 99개의 골〔洞〕이 있다.

시목악(柹木嶽) 대정현 북쪽 25리에 있다. 산 남쪽에 샘이 있고, 또 두좌관(斗坐館)이 있다.

구악(龜嶽) 대정현 동쪽 45리에 있다.

궁산(弓山) 대정현 동쪽 40리에 있다.

감산(紺山) 대정현 동쪽 20리에 있다.

송악(松嶽) 속명은 저별리(佇別里)[250]이다. 대정현 남쪽 15리에 있다. 산의 동쪽, 서쪽, 남쪽이 바다에 닿아 있고, 석벽이 빙 둘러 늘어서 있다. 산꼭대기에는 못이 있으니 지름이 100보는 된다.

모슬악(摹瑟嶽) 대정현 서남쪽 5리에 있다.

차귀악(遮歸嶽) 일명 당산(堂山)이라고 한다. 대정현 서쪽 26리에 있다.

산방산(山房山) 대정현 동쪽 10리에 있다. 민간에서 말하기를 "한라산의 한 봉우리가 무너져 내려 여기에 오뚝 선 것이다."라고 한다. 그 남쪽 벼랑에 큰 석굴이 있는데 물이 돌 위에서 방울방울 떨어져 샘이 되었다. 어떤 승

250 저별리(佇別里) : '절울이'의 음차(音借) 표기이다. 절은 파도를 뜻하는 제주 방언으로 절울이는 파도가 부딪쳐 크게 울린다는 뜻이다.《역주 증보탐라지》

려가 굴 가운데에 집을 짓고 살면서 이름을 굴암(窟菴)이라 하였다. 김자상(金自詳)의 기문에 "돌기와가 저절로 덮여 장맛비가 새지 못하고, 돌자리가 저절로 깔려 들불이 태우지 못하며, 석벽이 저절로 서서 거센 바람이 흔들지 못하고, 돌우물이 저절로 솟아서 괸 물이 더럽히지 못한다."라고 한 것이 이곳이다. 또 그 남쪽에 석굴이 있으니 이름은 암문(暗門)이라 하며 동쪽에서 서쪽까지 50자이다. 그 북쪽에 또 큰 굴이 있는데 깊이를 헤아릴 수 없다.

병악(竝嶽) 대정현 동북쪽 25리에 있다. 둘레가 39리이다. 두 산이 나란히 서 있으므로 그렇게 이름하였다.

고근산(孤根山) 대정현 동쪽 57리, 정의현과의 경계에 있다. 산꼭대기에 큰 굴이 있는데, 곧장 아래로 뚫려 바닥까지 깊이를 헤아릴 수 없으며 둘레가 17리이다.

모동(毛洞) 대정현 동쪽 10리에 있다. 둘레가 50리이다. ○ 이상 병악 이하에는 모두 목장이 있다.

왕동(往洞) 정의현 서쪽 10리에 있다. 둘레가 20리이다.

적석파(積石波) 정의현 동남쪽 5리에 있다. 둘레가 29리이다.

장사(長沙) 주 동쪽 56리에 있다. 길이는 15리이다. 파도에 쓸려 들어온 모래가 조수가 빠지고 햇볕에 마른 뒤에 바람을 타고 날리면 가까이부터 멀리까지 미치고 낮은 곳이 높아져 점점 쌓이고 쌓여서 풀과 나무를 매몰하니, 만약 밭두렁을 만나면 그곳에 있던 것을 사라지게 한다. 별방(別防) 근처에도 있다.

재암(財巖) 명월포(明月浦) 서쪽 5리에 있다. 그 모양이 마치 지붕처럼 둥그런데, 그 위에 흰모래가 덮여 있고 그 아래에는 큰 구멍이 있다. 사람들이

횃불을 들고 들어가 보니 그 안이 넓어서 80보 정도는 되었으며, 석종유가 산출된다. 그 서북쪽에 또 2개의 바위가 있는데 이름을 소협재(小夾財)라 하고 모두 석종유가 산출되며, 그 안도 넓어서 또한 50보가 되었다.

방암(方巖) 한라산 꼭대기의 인적이 닿지 않는 곳에 있다. 그 모양은 정방형으로 마치 사람이 깎아 만든 것 같다. 그 아래에는 사초(莎草)가 오솔길을 이루었는데, 향기로운 바람이 산에 가득하고 어렴풋이 거문고 소리, 피리 소리도 들리는 듯하다. 세상에서 전하기를 신선이 항상 노닐던 곳이라 한다. ○ 본조 이원진(李元鎭)의 시에,

방암으로 옮겨 서자 맑은 풍경 새로워져	徙倚方巖霽色新
사방 두른 큰 바다가 가없이 광활하네	四環瀛海闊無津
북극성 있는 먼 곳에 임금 옥좌 우러르고	北辰遠處瞻宸坐
남쪽 땅끝 환해질 때 노인성을 볼 것이니	南極明時見老人
천 리 길에 노상 객이 된 것 시름겹지 않고	千里不愁常作客
늘그막에 이런 선계 찾아 되려 기쁘다오	百年還喜此尋眞
향기로운 바람이 멀리서 생황 퉁소 소리 보내와	香風遠送笙簫響
고개 돌려 중주[251] 바라보니 한 뭉치 먼지뿐일세	回首中州只一塵

하였다.

천석(穿石) 정의현 남쪽 10리에 있다. 입석(立石)에 구멍이 있으므로 그렇게 이름하였다.

김녕수(金寧藪) 주 동쪽 50리에 있다. 둘레가 50여 리이다. ○ 수(藪) 자는

251 중주(中州) : 중국의 구주(九州)로 중국을 지칭하기도 하는데, 보통 인간 세상을 통칭하는 뜻으로 쓰인다.

방언에서는 '화(花)'로 쓴다.[252]

암수(暗藪) 주 동쪽 95리에 있다. 둘레가 30여 리이다.

점목수(粘木藪) 주 서남쪽 62리에 있다.

개사수(蓋沙藪) 주 서쪽 75리에 있다. 둘레가 50리이다.

묘평수(貓坪藪) 주 동남쪽 23리에 있다.

목교수(木橋藪) 정의현 동쪽 17리에 있다.

대수(大藪) 정의현 남쪽 4리에 있다.

나수(螺藪) 대정현 동쪽 10리에 있다.

소근수(所近藪) 차귀악 동북쪽에 있다. 한라산에서 차귀당까지 40여 리이다.

감은덕천(感恩德川) 주 서쪽 90리에 있다.

산저천(山底川) 성 동쪽 1리에 있다. 바로 가락천(嘉樂泉) 하류이다. 2리를 흘러 바다에 들어가니, 그곳이 건입포(健入浦)가 된다.

별력천(別力川) 한편 '화북천(禾北川)'[253]으로도 쓴다. 주 동쪽 13리[254]에 있다. 원류는 한라산에서 나와 북쪽으로 흘러 바다에 들어가는데, 가물면 마르고 비 오면 넘친다. 그 포구에 후풍관(候風館)이 있다.

대천(大川) 주 서쪽 3리에 있다. 원류는 한라산에서 나와 북쪽으로 흘러 바다에 들어간다. 가물면 마르고 비 오면 넘친다. 물이 오목한 곳에 이르러 웅덩이가 되는데 그 깊이는 끝이 없다. 이름을 용추(龍湫)라 하며, 가뭄이

252 화(花)로 쓴다 : '화' 자는 차자로, 훈독하여 '곶'으로 읽는다.
253 화북천(禾北川) : 대본에는 '禾此川'으로 되어 있는데, 《탐라지》 산천 및 《대동지지(大東地志)》 〈제주〉 산수 등에 근거하여 '此'를 '北'으로 수정하여 번역하였다.
254 13리 : 《신증동국여지승람》 권38 〈전라도 제주목〉 산천에는 '8리'라고 되어 있다. 오류가 있는 듯하나 근거가 불충분하여 그대로 번역하였다.

들면 비를 빈다. 하류는 대옹포(大甕浦)가 된다.

조공천(朝貢川) 주 서쪽 20리에 있다. 일명 수정천(水精川)이라 한다. 세속에서 도근천(都近川)이라 칭하는데, 토착민들의 말이 난삽하여 조공(朝貢)을 잘못 발음해서 도근(都近)이 되었다. 원류는 한라산에서 나와 북쪽으로 흘러 바다에 들어간다. 그 상류는 폭포가 수십 자를 날아 흐르고, 그 아래는 땅속으로 스며들어 7, 8리까지 흐르다가 암석 사이로 솟아 나와 마침내 큰 하천을 이룬다. 아래에는 깊은 못이 있는데, 물개〔獺狗〕처럼 생긴 짐승이 있어 잠복하고 있다가 변화를 일으켜 사람의 보물을 보면 낚아채서 못 속으로 끌고 들어간다. 하류는 조공포(朝貢浦)라 하는데, 주의 하천 가운데 이것이 큰 하천이다.

개로천(介路川) 정의현 동쪽 성 아래에 있다. 원류는 한라산에서 나와 동쪽으로 장악(獐嶽)과 한좌악(閑坐嶽)을 경유하여 현성 동쪽을 감싸며 남쪽으로 흐른다. 2리를 내려가면 깊은 못이 있는데, 예전에는 성안에 물이 없었으므로 이 하천 및 성불천(成佛泉)에서 물을 길었다.

영천천(靈泉川) 정의현 서쪽 55리에 있다. 한라산에서 나와 남쪽으로 흘러 바다에 들어간다.

홍로천(洪爐川) 정의현 서쪽 72리에 있다. 한라산에서 나와 남쪽으로 흘러 바다에 들어간다. 하류 끝자락이 서귀포(西歸浦)가 된다.

색달천(塞達川) 대정현 동쪽 35리에 있다. 한라산에서 나와 남쪽으로 흘러 바다에 들어간다. 그 하류 끝자락을 성천포(星川浦)라고 칭한다.

가래천(加來川) 대정현 동쪽 50리에 있다. 대가래천, 소가래천이 있다. 한라산에서 나와 남쪽으로 흘러 바다에 들어간다. ○ 이상의 여러 하천은 모두 한라산에서 나오는데, 양쪽 언덕은 석벽이 가파르게 서 있고 가운데는 암석이 깔려 있어서 그 원류가 숨어들기도 하고 드러나 흐르기도 한다.

건입포(健入浦) 주 동북쪽 1리에 있다. ○ 세상에서 전하기를 고후(高厚)와 고청(高淸)이 신라에서 돌아와 정박했을 때 친족들이 이곳에 모여 맞이하였다고 한다.

명월포(明月浦) 주 서쪽 60리에 있다. 바다 어귀에 배를 정박할 수 있으므로 원나라에 조회하러 갈 때 이곳에서 순풍 불기를 기다렸다가 보통 7일 밤낮을 항해하여 마침내 대양을 건너 중국에 이르렀다. ○ 고려 최영(崔瑩)이 합적(哈赤)을 토벌할 때 목자(牧子) 질리필사(迭里必思)[255] 등이 3000여 기병을 거느리고 이 포에서 항거하였는데, 대군이 일제히 나아가 분격하여 크게 쳐부쉈다.

판포(板浦) 주 서쪽 75리에 있다.

북포(北浦) 주 동쪽 40리에 있다. 염분(鹽盆)이 있다.

도원포(道圓浦) 주 서쪽 10리에 있다.

귀일포(貴日浦) 주 서쪽 25리에 있다.

고내포(高內浦) 주 서쪽 35리에 있다.

귀덕포(歸德浦) 주 서쪽 50리에 있다.

옹포(甕浦) 한편 '독포(獨浦)'로도 쓴다. 주 서쪽 61리에 있다.

배령포(排鈴浦) 주 서쪽 63리에 있다.

함덕포(咸德浦) 주 동쪽 31리에 있다.

어등포(魚登浦) 주 동쪽 60리에 있다. 우장(牛場 목우장)이 있다.

255 질리필사(迭里必思) : 《고려사》 권113 〈최영열전(崔瑩列傳)〉 등에는 '석질리필사(石迭里必思)'로 되어 있다.

돈의서포(敦義嶼浦) 한편 '도의포(道衣浦)'로도 쓴다. 주 동쪽 72리에 있다.

조천포(朝天浦) 주 동쪽 25리에 있다.

김녕포(金寧浦) 주 동쪽 50리에 있다.

애월포(涯月浦) 주 서쪽 40리에 있다.

화북포(禾北浦) 주 동쪽 10리에 있다.

부포(釜浦) 주 서쪽 80리에 있다. ○ 이상 각 포에는 예전에 감고(監考)가 있었는데, 지금은 조천포와 화북포에만 그대로 남아 있다. 각 포에는 또 양직(梁直)[256]이 있어서 포구에 출입하는 사람들을 기찰한다.

서귀포(西歸浦) 정의현 서쪽 70리에 있다. 원나라에 조회 갈 때 풍향을 살피던 곳이다.

계포(鷄浦) 정의현 동쪽 20리에 있다.

오조포(五照浦) 정의현 동쪽 35리에 있다. 어물전이 있다. 겨울과 봄에 와서 살다가 여름에는 옮겨갔는데, 이는 지역이 우도(牛島)와 가까워서 사람이나 가축이 시끄럽게 떠들면 반드시 큰 바람이 불어 나무가 뽑히고 농작물이 손상되기 때문이다. 지금은 자체로 한 마을을 이루어서 항상 거주한다.

광포(廣浦) 정의현 서쪽 50리에 있다.

법환포(法還浦) 정의현 서쪽 85리에 있다.

차귀포(遮歸浦) 대정현 서쪽 27리, 차귀악(遮歸嶽) 남쪽에 있다.

모슬포(摹瑟浦) 모슬악 동남쪽에 있다.

256 양직(梁直) : 진량(津梁)의 수직군(守直軍)인 것으로 보인다.

서림포(西林浦) 대정현 서쪽 20리에 있다. 원나라에 조회 갈 때 풍향을 살피던 곳이다.

와포(瓦浦) 대정현 서쪽 30리에 있다.

우포(友浦) 대정현 서쪽 32리에 있다.

예래포(猊來浦) 대정현 동쪽 25리에 있다.

새포(塞浦) 대정현 동쪽 57리에 있다.

정방연(正方淵) 정의현 서쪽 68리에 있다. 위에 폭포가 있으며, 못이 깊어 관개하는 밭이 매우 많다.

대지(大池) 정의현 동쪽 15리에 있다.

가람지(迦藍池) 정의현 서쪽 15리에 있다.

배지(背池) 주 서쪽 35리에 있다. 둘레가 25리이다.

두지(頭池) 주 서쪽 21리에 있다.

추수(楸水) 주 서남쪽 60리에 있다. 둘레가 29리이다.

저지(瀦池) 세속에서 고여지(古餘池)라고 칭한다. 주 동쪽 30리에 있다.

두천(斗泉) 주성(州城) 서쪽 100보 거리에 있다. 모양이 말(斗) 같으므로 그렇게 이름하였다.[257] 가물 때는 맑다가 비가 오려고 하면 금빛이 수면에 뜬다.

가락천(嘉樂泉) 예전에는 주 동남쪽 성 밖에 있었다. 큰 바위 아래에 구멍이 있어 물이 솟아 나오는데 깊이가 1장(丈)이다. 성안에 물이 없으므로 주 사람들이 별도로 또 성을 쌓고 이곳에서 물을 길었다. 지금은 성안에 있다.

257 모양이……이름하였다 : 두천에 대한 고사에, 물이 졸졸 컵으로 하나씩 나오는데, 하룻밤을 새면 한 말 정도 나온다 해서 '말물'이라 했다고 전해진다.《제주시의 옛 지명》 여기서 모양이 말(斗)과 같다고 한 것은 분명하지 않다.

판서정(判書井) 가락천 동쪽에 있다. 샘이 돌 틈에서 나오는데, 맑고 차며 달고 신선하다. 본조 판서 김정(金淨)이 유배되어 살 때 이것을 팠으므로 그렇게 이름하였다.

추자도(楸子島) 주 북쪽 바다 가운데에 있다. 둘레가 30리이다. 수참(水站) 옛 기지가 있고, 또 분영(墳塋)이 많다. 예전에는 인가가 있었는데, 고려 충정왕 때 왜구가 연달아 침범하자 조공포(朝貢浦) 가로 이주하였다. 보통 제주에 가는 자가 나주(羅州)에서 출발할 때는 무안(務安) 대굴포(大堀浦), 영암(靈巖) 와도(瓦島), 해남(海南) 어란량(於蘭梁)을 지나 이 섬에 이르고, 해남에서 출발할 때는 삼촌포(三寸浦)로부터 아량(鵝梁), 삼내도(三內島)를 지나고, 강진(康津)에서 출발하면 군영포(軍營浦)로부터 고자도(高子島), 황이도(黃伊島), 노도(露島),[258] 삼내도(三內島)를 지나는데, 모두 사흘 밤낮이 걸려 이 섬에 이른다. 여기에서 사서도(麝鼠島) 및 대화탈도(大化奪島), 소화탈도(小化奪島)를 지나서 애월포나 조천포에 정박하는데, 만약 바람이 순조로우면 하루 안에 곧장 바다를 건넌다. ○ 고려 원종 12년[259](1271)에 삼별초가 진도(珍島)에서 탐라로 들어와 내성과 외성을 쌓고는 험준함을 믿고 더욱 창궐하였다. 김방경(金方慶)이 몽고의 흔도(忻都)와 함께 추자도에 머물러 풍향을 살펴 출발했는데, 한밤중에 바람이 거세게 불어 어디로 가는지를 몰랐다. 새벽이 되니 이미 탐라에 가까이 와 있었지만 풍랑이 사납게 일어 나아갈 수도 물러날 수도 없는 처지가 되었다. 이

258 노도(露島) : 노슬도(露瑟島) 혹은 노아도(露兒島)라고 한다.

259 12년 : 대본에는 '十一年'으로 되어 있는데, 《고려사》〈연표〉 및 〈원종세가(元宗世家)〉 12년 5월 15일에 근거하여 '一'을 '二'로 수정하여 번역하였다.

에 김방경이 하늘을 우러러 크게 탄식하며 말하기를 "사직(社稷)의 안위가 이 한 거사에 달려 있는데, 오늘의 일은 나에게 달려 있지 않겠는가?" 하자, 갑자기 풍랑이 그쳐서 드디어 진공하여 크게 격파하였다. 탐라 사람들이 그의 공을 사모하여 이름을 후풍도(候風島)라 하였다.

청로도(淸路島), **지도도**(知道島), **초란도**(草蘭島)

웅원도(雄原島) 한편 '수덕도(愁德島)'로도 쓴다. ○ 모두 추자도 남쪽에 있다.

동여서도(東餘鼠島)

사서도(麝鼠島) 한편 '사서(斜鼠)'로도 쓴다. ○ 모두 추자도 동쪽에 있다. 두 섬에는 모두 샘이 있으며, 그 남쪽에 어선이 줄지어 모여든다.

대화탈도(大化奪島) 한편 '화탈(火脫)'로도 쓴다. 추자도 서남쪽에 있다. 돌봉우리가 우뚝 서 있고 그 꼭대기에 샘이 있다. 수목은 없고 풀이 자라는데 부드러우면서도 질겨서 기구(器具)를 만들 수 있다.

소화탈도(小化奪島) 추자도 서남쪽에 있다. 석벽이 가파르게 서 있다. 두 섬 사이에 2개의 물이 만나 충돌하여 파도가 용솟음치므로 배들이 많이 떠내려가고 침몰되어 왕래하는 이들이 몹시 괴롭게 여긴다.

우도(牛島) 둘레가 50리이다. 주 동쪽 정의현 지경에 있다. 사람이나 말이 시끄럽게 하면 비바람이 분다. 섬 서남쪽에 구멍이 있는데, 작은 배 하나를 들일 만하고 좀 더 나아가면 배 수십 척을 둘 만하다. 물소[水牛]가 항상 이곳에 산다. 그 위쪽의 큰 돌은 지붕 같은데 마치 햇살이 공중에 떠서 반짝이고 별들이 찬란히 늘어선 듯하며, 공기가 몹시 차고 서늘하여 모발이 쭈뼛해진다. 세속에서는 신룡이 있는 곳이라고 일컫는다. 7, 8월 사이에는 고기잡이배가 갈 수 없으니, 가면 거센 바람이 불고 천둥 치며 비가 쏟아져서 나무가 뽑히고 곡식이 해를 입는다. 그 위에는 닥나무가 많다. 양장

(羊場 양목장)이 있다. ○ 본조 김정의 시[260]에,

바다 파도 솟구쳐서 산 중턱을 물어뜯어　溟濤崩洶噬山腹
훤히 파인 골짜기는 깊은 구름 문 닫았네　谽谺洞天深雲扃
우뚝 솟은 층층 절벽 비단 무늬 아롱지고　凌層縷壁錦纈殷
동쪽 바다 해가 비쳐 수정처럼 빛이 나네　扶桑日照光晶熒
이슬 엉긴 진주들이 비에 살짝 적셔지면　繁珠凝露[261]濺輕濕
호리병 속 푸른 옥이 별자리에 늘어선 듯　壺中瑤碧纏列星
멋진 궁궐은 물 깊어서 볼 수가 없고[262]　瓊宮淵底不可見
태음굴[263]엔 현묘한 조화 멈추었어도　太陰之窟玄機停
구지[264]와 우혈[265]같이 신비한 유적 전하는데　仇池禹穴傳神迹
아깝게도 그 절경은 도경에만 남았구나　惜許絶境遺圖經

하였다.

260 김정의 시 : 〈방생의 우도 이야기를 듣고 노래를 지어 흥을 붙이다[聞方生談牛島歌以寄興]〉이다. 《冲庵集 卷3》

261 露 : 대본에는 '霧'로 되어 있는데, 《충암집(冲庵集)》 〈방생의 우도 이야기를 듣고 노래를 지어 흥을 붙이다〉에 근거하여 수정하였다.

262 멋진……없고 : 《충암집》에는 이 구 다음의 대구가 "어느 때엔 아른아른 창틈으로 엿보이네.[有時隱隱窺窓欞.]"로 되어 있다.

263 태음굴(太陰窟) : 깊은 동굴을 말하며 월궁(月宮)을 뜻하기도 한다. 우도에는 동굴 천장에 햇빛이 반사되면 달 모습이 그려진다는 동굴이 있는데, 이 동굴을 월궁에 비유한 듯하나 분명하지 않다.

264 구지(仇池) : 중국 감숙성(甘肅省)에 있는 산으로, 정상에 못이 있어 구지라 명명했는데, 골이 깊어 서른여섯 굽이를 돌아야 정상에 오른다고 한다. 《宋書 氏胡列傳》

265 우혈(禹穴) : 우(禹) 임금의 유적지이다. 우 임금이 한수(漢水)를 소통시킬 때 거처하던 굴이다. 《史記 太史公自序》 혹은 지금의 회계산(會稽山)에 있는, 우 임금이 순수(巡狩)하다가 승하하여 묻힌 곳을 일컫기도 한다.

비양도(飛揚島) 주 서쪽 60리에 있다. 수로로 5리이며, 둘레가 10리이다. 전죽(箭竹)이 많고 양장이 있다.

초도(草島) 정의현 서쪽 바다 가운데에 있다.

지귀도(知歸島) 정의현 호촌리(狐村里)에 있다.

삼도(森島) 높고 험하여 사람이 왕래하지 않는다.

독도(禿島), **두락도**(斗落島), **호도**(虎島) 이상 네 섬이 모두 대정현 홍로촌(洪爐村)에 있다. ○ 최영이 합적을 토벌하자, 합적이 도망쳐서 이 섬에 웅거하였다. 최영이 전함을 모아 둘러싼 뒤 군사를 끌고 섬에 올라가서 토벌하여 죽였다.

죽도(竹島) 대정현 서쪽 26리에 있다. 사면이 모두 석벽인데, 동남쪽에 배를 정박할 곳이 있으므로 예전에 왜구가 여러 차례 이곳으로 들어왔다.

개파도(蓋波島) 대정현 남쪽 바다 가운데에 있다. 목장이 있다.

마라도(摩蘿島) 대정현 남쪽 바다 가운데에 있다. 둘레가 5리이다.

관도(貫島) 대정현 동남쪽 15리에 있다. 둘레가 5리이다. 바위가 있는데 남북으로 마주 보고 솟아 있다. 그 동쪽에도 큰 바위가 우뚝 서 있는데, 성문(城門)처럼 보이는 구멍이 나 있으므로 그렇게 이름하였다.

토산 土産

말〔馬〕, 원나라 지원(至元) 연간에 탐라를 방성(房星)[266]이 조응(照應)하는

266 방성(房星) : 방수(房宿)를 말한다. 이십팔수 중 하나인 창룡칠수(蒼龍七宿)의 네 번째 별로 거마(車馬)를 주관한다. 예전에 천마를 상징한다고 하여 천사(天駟) 또는 방사(房駟)로

곳으로 여겨 목장을 설치하고 대완(大宛)[267] 지방의 종자를 풀어서 축목하였다. ○ 본조 정이오(鄭以吾)의 기문에 "말이 길러지는 것이 진(晉)나라의 굴산(屈產)[268]과 같아서 다른 고을과 비교할 바가 아니다." 하였다. 목장은 본주에 무릇 7소(所)[269]가 있고, 정의현에 3소, 대정현에 1소가 있다. 소〔牛〕, 검은 소, 황소, 얼룩소 등 여러 종인데, 뿔이 매우 아름다워 뿔잔〔觥〕을 만들 만하다. 집집마다 축목하여 수백 마리까지 무리를 이룬다. **고라니**〔麂〕, **사슴**〔鹿〕, 가죽이 곱고 질겨서 매우 좋다. **노루**〔獐〕, **멧돼지**〔猪〕, **해달**(海獺), 대화탈도와 소화탈도에서 난다. **지달**(地獺 오소리), **빈주**(蠙珠 진주), 고려 충렬왕 때 원나라에서 사신을 보내 진주를 캐 오게 했는데 얻지 못하자, 이에 백성들이 소장한 100여 매(枚)를 가지고 돌아갔다. **대모**(玳瑁), **금조개**〔貝〕, **앵무조개**〔鸚鵡螺〕, 이상 세 생물은 모두 우도 및 대정현 개파도에서 난다. **향서**(香鼠), 형체는 극히 작은데 그 냄새가 사향(麝香)과 매우 흡사하다. **전복**〔鰒〕, **황합**(黃蛤), **옥두어**(玉頭魚 옥돔), **은구어**(銀口魚 은어), **오징어**〔烏賊魚〕, **교어**(鮫魚), 세속에서는 상어〔鯊魚〕라고 하며, 대·소 두 종류가 있다. 가죽은 속새〔木賊〕처럼 나무를 문지르는 데 쓰인다. **갈치**〔刀魚〕, **고등어**〔古刀魚〕, **행어**(行魚 멸치), **문어**(文魚), 품질이 가장 열

칭하였다.

267 대완(大宛) : 한(漢)나라 때 서역에 있던 나라 이름으로 이곳에서 좋은 말이 생산되었다고 한다.

268 굴산(屈產) : 춘추 시대 진(晉)나라 지명으로 양마(良馬)의 생산지로 유명한 곳이다. 《春秋公羊傳 僖公2年 注》 일설에 굴(屈)은 고을 이름이고, 산(產)은 말을 산출하는 것이라 하였다. 《春秋左傳 僖公2年 注》

269 소(所) : 관아에서 소관하는 목장의 구역 단위인 듯하다.

등하다.[270] **망어**(望魚), 다른 물고기와 다르게 난생이 아닌 태생이다. **소금**〔鹽〕, 바닷가가 모두 암초와 바윗덩이라서 염전으로 이용할 수 있는 땅이 매우 적다. 본토 또한 무쇠〔水鐵〕가 나지 않으니 솥이 있는 자도 많지 않다. 그러므로 소금이 매우 귀하다. **미역**〔藿〕, **우무**〔牛毛〕, **목이버섯**〔木衣〕, **표고버섯**〔香蕈〕, **유자**〔柚〕, **밀감**〔柑〕, 황감(黃柑), 유감(乳柑) 등 몇 가지 종류가 있다. **귤**(橘), 금귤(金橘), 산귤(山橘), 동정귤(洞庭橘), 왜귤(倭橘), 청귤(靑橘) 등 다섯 종류가 있다. 청귤은 열매가 겨울을 지나 봄이 되어야 마침내 익는데, 여름이 되면 매우 맛이 좋고 때가 지나면 도로 시어진다. **등자**(橙子), **비자**(榧子), **치자**(梔子), **밤**〔栗〕, 적률(赤栗), 가시율(加時栗) 등 몇 가지 종류가 있다. ○ 이상 유자, 감 이하의 여러 과일은 과수원에서 나는데, 과수원은 모두 담장을 쌓았다. 모두 22곳으로 정의현에 8곳, 대정현에 6곳이다. **보리실**(菩提實), 두 종류가 있는데, 하나는 크기가 연밥〔蓮子〕만 하고 가을에 열매를 맺어서 봄이 되면 익는다. **영주실**(瀛洲實), 한라산에서 난다. 열매는 작고 검은데 달다. **녹각실**(鹿角實), 나무가 자단(紫檀) 같다. 열매는 작고 붉으며 맛이 달아 먹을 만하다. **대나무**〔竹〕, **죽전**(竹箭), 비양도에서 난다. **무회목**(無灰木), 우도에서 난다. 바닷물 속에 있을 때는 부드럽고 물러서 물결 따라 오르락내리락하는데, 물에서 나오면 바로 굳어져 단단해진다. **산유자**(山柚子), **이년목**(二年木), **노목**(櫨木), 용뇌(龍腦)의 향기가 있다. **만향목**(蔓香木), 한라산에서 자란다. 모양이 자단 같다. **청양**

270 문어(文魚)……열등하다 : 《탐라지》 〈토산〉에 "문어는 영북에서 나는 것이 상품이며, 영동에서 나는 것이 다음이고, 영남에서 나는 것이 또 그다음이며, 이곳 제주에서 나는 것은 최하품이다."라고 하였다.

(靑楊), 나무는 버드나무 같고, 잎은 진송(眞松)과 같은데 가늘고 연하다. **궁간목**(弓幹木 애끼찌), **금동목**(金銅木), **점목**(粘木), 껍질이 후박(厚朴)과 비슷하다. 즙을 내어 물건에 바르면 아교처럼 달라붙게 한다.[271] **안식향**(安息香), **연근**(練根), **연실**(練實), 바로 금령자(金鈴子)이다. **해동피**(海桐皮), **팔각**(八角), **후박**(厚朴), **필징가**(蓽澄茄), 토착민들은 찾아 캐서 쓸 줄을 모르고, 또 필징가가 양지 쪽의 가지에서 후추〔胡椒〕를 맺는 것[272]을 모른다. **석곡**(石斛), **촉초**(蜀椒), **두충**(杜冲), 추자도에서 난다. **천문동**(天門冬), **맥문동**(麥門冬), 우도에서 나는 것이 살지고 크다. **무환자**(無患子), 일명 목환자(木槵子)라고 한다. **영릉향**(零陵香), **향부자**(香附子), **만형자**(蔓荊子), **반하**(半夏), **백랍**(白蠟), **석종유**(石鍾乳), 재암(財巖)의 굴 안에서 난다. **지각**(枳殼 지실(枳實)), **진피**(陳皮), 바로 산귤 껍질이다. **청피**(靑皮), 바로 청귤 껍질이다. **회향**(茴香), **오미자**(五味子), 열매는 검고 크며, 품질과 맛이 가장 좋다. **연복자**(燕覆子), 바로 목통(木通) 열매이다. 열매는 크기가 모과〔木瓜〕만 하고 껍질은 검붉다. 갈라 보면 씨가 마치 으름〔林下夫人〕 같은데 씨가 조금 크며 맛은 조금 진하니, 으름의 종류인데 조금 다를 뿐인 듯하다. **송기생**(松寄生) 한라산에서 자란다.

271 즙을……한다 : 《탐라지》 〈토산〉에 "즙을 내어 물건에 바르면 새나 쥐나 곤충이나 뱀 같은 것들이 아교를 붙인 것처럼 달라붙어서 떨어져 벗어나지 못한다."라고 하였다.

272 필징가가……것 : 《본초(本草)》에 "필징가는 북쪽 가지에서 필징가를 맺고, 남쪽 가지에서 후추를 맺는다." 하였다. 《耽羅志 土産》

성곽 城郭

주성(州城) 돌로 쌓았다. 둘레가 5489자이다. 문 3개를 세웠으니, 동문을 제중(濟衆)이라 하고 남문을 정원(定遠)이라 하고 서문을 백호(白虎)라고 한다. 또 남과 북의 수구문(水口門) 2개, 격대(擊臺) 27개, 타첩(垜堞) 404개가 있다. 성안에 예전에 물이 없고 가락천(嘉樂泉)이 성 밖에 있어서 따로 이중의 성을 쌓아 물을 길어다 썼다. 명종 때 목사 곽흘(郭屹)이 동쪽 성을 뒤로 물려 쌓아 성안에 들였다. 산저천(山底泉)도 있다.

정의현성(旌義縣城) 돌로 쌓았다. 둘레가 2980자이다. 동·남·서쪽에 문이 있다. 세종 5년(1423)에 안무사 정간(鄭幹)이 쌓았다. 성안에 예전에는 물이 없었는데, 지금은 우물 2개를 팠다.

대정현성(大靜縣城) 돌로 쌓았다. 둘레가 4890자이다. 문이 있다.[273] 태종 18년(1418)에 현감 유신(兪信)이 축성하였다.

학교 學校

향교(鄕校) 예전에는 성안 관덕정(觀德亭) 아래에 있었는데, 만력(萬曆) 임오년(1582, 선조15)에 목사 김태정(金泰廷)이 성안 동남쪽으로 옮겨 시었다. 그 명륜당(明倫堂) 동쪽 협간(夾間)을 재실로 삼고 서쪽 협간에 서책을 보관하였으며, 동재(東齋)를 경의(敬義)라 하고 서재(西齋)를 성명(誠明)이라 하였다.

정의현(旌義縣) 향교 본현 서쪽 성안에 있다.

273 문이 있다 : 《남사록(南槎錄)》에는 "네 개의 문이 있다."라고 하였다. 《南槎錄2》

대정현(大靜縣) **향교** 예전에는 현성(縣城) 안에 있었는데, 지금은 성 남쪽에 있다.

월계정사(月溪精舍) 주 서쪽 60리, 명월포 서쪽에 있다.

김녕정사(金寧精舍) 주 동쪽 50리, 김녕포 가에 있다. ○ 월계(月溪)는 서학이라 하고, 김녕(金寧)은 동학이라 하여 부근에 사는 교생을 나누어 여기서 독서하게 하고, 그 지역 사람 가운데 문장에 능한 자를 택하여 사장(師長)으로 삼았다.

궁실 宮室

영주관(瀛洲館) 성안 북쪽에 있다. 바로 객관(客館)이다. ○ 본조 이원진(李元鎭)의 시에,

땅이 큰물 안에 있는 부평초 같아서	地若浮萍積水中
영주 별천지 어디인가 청동에게 물었지	瀛洲異境問青童
높은 산 깊은 굴은 천년토록 얼어 있고	山高窟秘千年凍
너른 바다 높은 파도는 만 리 바람 머금었네	海闊濤含萬里風
누가 칠원의 오만한 관리[274] 왔음을 알랴	誰識漆園來傲吏
제 스스로 구루에 누운 선옹[275]인가 여기네	自疑句漏臥仙翁

274 칠원(漆園)의 오만한 관리 : 칠원은 중국 몽현(蒙縣)의 지명이다. 이곳의 관리를 지낸 장자를 일컫는다.

275 구루(句漏)에 누운 선옹(仙翁) : 진(晉)나라 때 신선술에 조예가 깊었던 갈홍(葛洪)을 가리킨다. 그는 단사(丹砂)가 난다는 교지(交址)의 구루 지방에 자청하여 구루 영(句漏令)으로 부임하고 구루산에서 금단(金丹)을 만들며 수도하였다고 한다.《晉書 葛洪列傳》

서울 하늘 아득하여 괜스레 고개 돌려 보니　　玉京迢遞空回首
오직 보이는 건 붉게 물든 상운 한 무더기　　唯見祥雲一朶紅

하였다.

홍화각(弘化閣) 성안에 있다. 최해산(崔海山)이 세웠다. 바로 옛 안무사영(安撫使營)으로 지금은 절제사영청(節制使營廳)이 되었다. ○ 본조 고득종(高得宗)의 기문에,

"선덕(宣德) 갑인년(1434, 세종16) 가을, 전 공조 참판인 익양(益陽) 최해산 공이 도안무사(都安撫使)가 되어 부임한 초기에 기근을 구제하는 정사를 마음에 급선무로 삼고, 가엾게 여기고 측은해하여 따뜻하게 보살피고 어루만지며, 원통하고 억울한 일을 잘 살피고 다스려 옥에 연체된 송사를 없게 하였고, 교화를 선양함으로써 백성들이 예의를 알게 하였다. 한편 말을 기르는 방법, 적의 침입을 막을 대비, 학교를 일으키고 농사를 권장하며 재해를 구제하고 환란을 구휼하며 사람을 다스리는 방도에 이르기까지 온갖 대책을 남김없이 다하였다. 또한 정성껏 신을 섬겨 마음을 재계하고 생각을 깨끗이 하였다. 이듬해에는 풍우가 제때에 알맞게 내려 곡식을 잘 수확하였으니 백성들은 배를 두드리며 즐거워하고 말은 크게 번식하였다. 우리 전하께서 어진 신하를 가려 뽑아 주신 은혜가 깊고도 지극하다.

공은 정사가 안정되고 민심이 화목해지자, 퇴락하고 허물어진 관우(館宇)를 보수하고자 폐기된 절의 재목과 기와를 가져다가 중들에게 역사를 맡겨 우선 거처하는 집을 지으니, 금당(琴堂),[276] 욕실, 부엌, 낭사

276 금당(琴堂) : 《여씨춘추(呂氏春秋)》 권21 〈찰현(察賢)〉에 "복자천(宓子賤)이 선보〔單

(廊舍)의 위치가 갖추어졌다. 조금 서쪽에는 집 세 칸을 세워서 당(堂 정당(政堂))을 만들고, 또 그 서쪽에 각(閣) 세 칸을 세우고 겹처마로 보충하니, 규모가 광대하고도 정밀하며 제도가 웅장하고도 화려하였다. 그 남쪽에 반자당(半刺堂)[277]을 세우고, 그 북쪽에는 나라에 바치는 말의 마구간을 두고, 동쪽에는 감영의 창고를 두고, 서쪽에는 온돌방[278]을 설치하였다. 또 그 남쪽에 따로 누문(樓門)을 지어 아래로는 드나들게 하고 위에는 종과 북을 달았으며, 약고(藥庫)와 둑소(纛所)를 동서에 서로 대치하도록 세웠고, 이 모두를 담장으로 둘렀다. 무릇 집이 도합 206칸인데, 집들마다 서로 연접하게 하지 않았으니 이는 화재에 대비하기 위한 것이다. 그 경영과 위치가 모두 공의 지휘와 계획에서 나왔다.

공이 하루는 각 위에 앉아서 고을의 부로(父老)들을 소집하여 낙성식(落成式)을 하고 또 이름 지을 것을 의논하였는데, 어떤 이가 말하기를 '옛날에 만경루(萬景樓)라는 이름이 있었으니 지금 회복하는 것이 마땅합니다.' 하였다. 이에 공이 말하기를 '그렇지 않소. 내가 각을 세운 것은 놀며 관람하기 위함이 아니오. 옛적 주(周)나라 문왕(文王) 때 주공(周公)은 안에서 다스리고 소공(召公)은 밖에서 다스려서 교화가 사람에게 미치는 것이 마치 바람에 따라 움직이는 것같이 점차 스며들고 널리 퍼

父)를 다스리는데, 거문고를 타기만 하고 당을 내려가지 않아도 선보가 잘 다스려졌다."라고 한 데서 나온 말로, 고을의 동헌(東軒)을 지칭하는 뜻으로 많이 쓰인다. 여기서는 휴식을 취하는 방 또는 마루의 의미로 쓰인 듯하다.

277 반자당(半刺堂) : 주군(州郡)의 보좌관이 거처하는 집을 말한다. 반자는 주군 지방관의 차석 직임, 즉 판관 등을 지칭한다.

278 온돌방 : 봉상(奉上)할 음식물을 저장하는 곳이다. 《탐라지(耽羅志)》 〈궁실(宮室)〉에 "서쪽에는 온돌방을 두어 진선 물품을 보관하였다."라고 하였다.

지고 먼 곳에까지 미쳐 당세 사람들이 덕화에 고무되지 않음이 없었소. 지금 성명한 임금이 위에 있고 원훈(元勳) 대신과 현량(賢良)한 신하들이 공경히 임금을 섬기면서 훌륭한 정사를 이루는 데 한마음으로 협력하여 급히 어진 사람을 구해서 지방에 나누어 보내 다스리게 하였소. 그런데도 혜택이 고루 미치지 못하고 교화가 충분히 행해지지 못한 것은 위임받은 자가 혹 적당한 사람이 아니어서 받들어 행하는 데 그 도리를 다하지 못하였기 때문이오. 무릇 임금의 근심을 나눈 지방관이 날마다 이 각에 올라서 편안히 놀지 않고 마음대로 욕심을 부리지 말며 맡은 바 직책을 다하기를 생각하여, 항상 임금의 교화를 넓히고 백성의 뜻을 통하게 하는 데에 전심한다면 주나라의 다스림을 오늘날 다시 볼 수 있을 것이요, 제주의 백성들이 무궁하게 복을 받을 것이오. 그러니 어찌 홍화(弘化)라는 이름으로 이 각을 명명하지 않겠소.' 하니, 이에 듣는 자들이 모두 절을 하고 사례하기를 '공께서 이름 지으신 것이 뒤를 잇는 자들로 하여금 더욱 힘쓰는 바가 있게 하니, 우리 백성들이 길이 어진 덕화를 입을 것을 더욱 보장할 수 있습니다.' 하였다. 이에 나에게 홍화각(弘化閣) 석 자를 써 주기를 청하고는 편액을 걸었다."

하였다.

향사당(鄕射堂) 주성 동남쪽에 있다. 봄가을에 온 고을 사람들이 일제히 모여 향사례(鄕射禮)를 행한다.

좌우 위랑(左右衛廊) 예전에 객관의 문 밖에 있었는데, 뒤에 관덕정(觀德亭) 동쪽으로 옮겼다. 옛날 호남의 원병(援兵)이 이곳에 와서 잠시 거주하였고, 원병 제도가 폐지된 뒤에는 심약(審藥), 검률(檢律), 출신청(出身廳), 금군청(禁軍廳), 무학청(武學廳), 기패청(旗牌廳), 정갑청(定甲廳), 진무청

(鎭撫廳), 지인방(持印房), 기병(騎兵), 보병(步兵), 궁시인(弓矢人), 공장(工匠), 나장(羅將) 등이 모두 이곳에 거주한다.

우련당(友蓮堂) 홍화각 남쪽에 있다. 목사 이수동(李壽童)이 성안에 우물이 없다 하여 못을 파서 물을 저장하고는 드디어 연을 심고 그 물가에 당(堂)을 지었다. 안에는 작은 돌섬이 있으며 꽃나무와 대나무를 심었다.

운주당(運籌堂) 동쪽 성 위에 있다. 목사 곽흘(郭屹)이 세웠다.

관덕정(觀德亭) 홍화각 남쪽에 있다. 세종 때 안무사 신숙청(辛淑晴)이 세웠다. 성종 때 목사 양찬(梁瓚)이 중건하였다. 안평대군이 편액을 썼다. 바로 사졸을 훈련시키고 고을 사람들이 활쏘기를 익히는 장소이다. 남쪽에는 판관 사후청(判官伺候廳)이 있으니 찬주헌(贊籌軒)이라 이름한다.

망경루(望京樓) 목사 관아의 동북쪽 모퉁이에 있다. 목사 김수문(金秀文)이 세웠다. 그 아래에 또 양심당(養心堂)이 있다.

제중루(濟衆樓) 바로 동문 초루(譙樓)이다.

정원루(定遠樓) 바로 남문 초루이다. 중종 때 목사 김석철(金錫哲)이 중건하였다.

백호루(白虎樓) 바로 서문 누각이다.

공진루(拱辰樓) 바로 북수구(北水口)의 문루이다. 목사 이원진(李元鎭)이 수채(水寨)[279]를 확장하면서 돌을 쌓아 한 쌍의 홍문(虹門)을 만들고 그 위에 누각을 세웠다.

종루(鍾樓) 바로 감영의 큰 문루이다. 누각 위에 종을 달아 새벽과 저녁에 종을 쳐서 성문을 열고 닫았다. 종은 본래 묘련사(妙蓮寺)의 옛 종이다.

279 수채(水寨) : 물가에 방위를 목적으로 쌓은 목책 또는 보루이다.

연무정(演武亭) 주 남쪽 3리에 있다. 군관청(軍官廳)과 판관 사후청(判官伺候廳)이 있다. 숭정(崇禎) 연간[280]에 목사 신경호(申景琥)가 세웠다. 본섬은 모두 울퉁불퉁한 돌무더기로 이루어진 구릉인데, 오직 광양(廣壤)은 돌 하나 없이 평평하기가 손바닥 같아서 시험과 사열, 습사와 조련을 할 수 있다. ○ 이원진의 시에,

이른 새벽 고각 소리 따라 성 남쪽으로 나가니	侵晨皷角出南城
잔디 푸른 연무정 앞은 손바닥처럼 평평하네	莎綠亭前掌樣平
주요한 방략은 매양 지도 위에서 시작되고	衡軸每從圖上起
웅혼한 대책은 언제나 군막 안에서 생겼지	風雲長向握中生
상호[281]의 화살 짝지어 발사되니 유성이 번뜩이듯	象弧偶發流星閃
보랄[282]의 말들 다투어 달리니 누인 비단 펼쳐진 듯	寶埒爭馳匹練橫
머리 돌려 동해 보니 파도도 이미 잠잠하여	回首桑溟波已息
돌아가는 말 잠시 멈춰 깊은 술잔 기울이네	暫停歸騎倒深觥

하였다.

조천관(朝天館) 조천성(朝天城) 안에 있다. 세 고을에서 육지로 나가는 자들은 모두 여기서 바람을 기다리고, 전라도에서 세 고을로 들어오는 자들도 모두 이곳과 애월포에 배를 정박한다. 관 동쪽 성 위에 또 쌍벽루(雙碧樓)와 연북정(戀北亭)이 있다. ○ 본조 이민성(李民宬)의 시[283]에,

280 숭정(崇禎) 연간 : 1636년(인조14)이다. 《增補耽羅志 第2 樓亭》

281 상호(象弧) : 호성(弧星) 모양의 활을 가리킨다. 호성은 호시성(弧矢星) 또는 천궁(天弓)이라고도 하는데, 총 9개의 별 중 8개의 별이 당겨진 활의 형상과 비슷하여 붙은 이름이다.

282 보랄(寶埒) : 금랄(金埒)과 같은 뜻으로, 호사하게 잘 꾸민 마사장(馬射場)을 말한다.

283 이민성(李民宬)의 시 : 이민성의 《경정집(敬亭集)》 권2에 〈연북정에서 어사 김숙도의

공관이 높다랗게 성 위 머리에 있어　公館岧嶢城上頭
올라서니 나그네 마음 홀연 가을 만나네　登臨客意怳逢秋
떠 있는 섬의 땅에는 별자리가 돌아가고　地漂島嶼星辰轉
큰 바다에 잠긴 하늘엔 일월이 떠 있네　天浴滄溟日月浮
한나라 사신은 서극마를 따라와 머물렀는데[284]　漢使定隨西極馬
바닷바람이 울림주[285]를 보내는 걸 막는구나　海風阻送鬱林舟
남쪽 마을 곳곳에 방아 노래 퍼지는데　蠻村處處杵歌起
홀로 난간에 기대니 시름이 깊어지네　獨倚闌干多少愁

하였다. ○ 본조 정립(鄭岦)의 〈연북정(戀北亭)〉 시에,

연북정이 큰 바다 머리맡에 있으니　戀北亭臨大海頭
아침 해 저녁 안개 그 얼마나 함께했나　朝暉夕靄幾春秋
붕새가 만 리를 치고 올라 바람이 아래 쌓이고[286]　鵬搏萬里風斯下

시에 차운하다(戀北亭次金御史叔度韻)〉가 실려 있는데, 운자와 제8구만 같고 글자의 이동이 많다. 《탐라지(耽羅志)》 〈방호소(防護所)〉에는 본 시와 동일한 시가 실려 있다. 이민성은 1605년(선조38) 3월에 제주 점마 어사(濟州點馬御史)로 나갔고, 숙도는 1601년 안무 어사(按撫御史)로 나간 청음(淸陰) 김상헌(金尙憲)의 자이다.

284 한(漢)나라……머물렀는데 : 서극마(西極馬)는 한 무제(漢武帝) 때 장건(張騫)이 서역(西域)으로 사신 갔다가 오손국(烏孫國)에서 얻어 온 말 이름이다. 한 무제가 처음에는 그 말을 천마(天馬)라고 불렀으나, 후에 대완국(大宛國)에서 한혈마(汗血馬)를 보내오자 오손국의 말은 서극마로 이름을 바꾸고 대완의 말을 천마라 불렀다고 한다. 《漢書 張騫傳》 이민성이 제주 점마 어사의 직무를 맡아 제주에 온 것을 비유한 말인 듯하다.

285 울림주(鬱林舟) : 중국 삼국 시대의 육적(陸績)이 울림 태수(鬱林太守)를 마치고 돌아올 적에 탄 배를 말한다. 그 배가 실은 것 없이 너무 가벼워서 물을 건널 수 없자 큰 돌을 실어 무게를 채워 건너왔다는 고사가 있다. 《新唐書 隱逸列傳 陸龜蒙》 여기서는 공무를 마치고 본토로 돌아가는 배를 일컬은 것으로 보인다.

286 붕새가……쌓이고 : 《장자(莊子)》 〈소요유(逍遙遊)〉에 "붕새가 남쪽 바다로 옮겨 갈 적에는 물결을 치는 것이 삼천 리요, 회오리바람을 타고 구만 리를 올라가 여섯 달을 가서야 쉰

자라가 삼산을 이고 있어[287] 땅이 뜨려고 하네 鼇戴三山地欲浮
예전엔 장한 마음 먹어 삼척검을 보았더니 平昔壯心看尺釖
만년엔 나그네 되어 외론 배에 몸 실었네 晩年行李寄孤舟
오래 머무르다 바쁜 일정 잠시 잊고서 淹留忘却嚴程苦
저물녘 안개 파도에 괜한 걱정 말아야지 日暮煙波莫浪愁

하였다.

정의현 객관

영천관(靈泉館) 영천천 서쪽 언덕에 있다. 절제사 이유의(李由義)가 세웠다. 세 고을이 서로 막히고 떨어져 있는데 역원이 없기 때문에 동서로 다니는 행객들이 모두 제주의 월계사(月溪寺), 수정사(水精寺), 조천관, 김녕소(金寧所), 대정현의 법화사(法華寺) 및 이 관에서 묵어간다. 또 절제사가 봄가을로 말을 점고(點考)할 때 장(場)을 설치한 곳이다. 지금은 없어졌다.

대정현 객관

다.……바람이 두텁게 쌓이지 않으면 붕새의 큰 날개를 띄울 만한 힘이 없다. 그러므로 구만리의 높이까지 올라가야만 붕새의 큰 날개를 지탱할 만한 바람이 비로소 아래에 쌓이게 된다."라고 한 데서 나온 말이다.

287 자라가……있어 : 삼산은 신선이 살고 있다는 삼신산(三神山)으로 봉래(蓬萊), 영주(瀛洲), 방장(方丈)을 말한다. 발해의 동쪽에 있는 다섯 선산이 사방으로 떠내려갈까 상제가 걱정하여 열다섯 마리의 자라로 하여금 머리를 들어 떠받치고 있게 하였는데, 용백국(龍伯國)의 거인이 여섯 마리를 잡아가는 바람에 지금은 아홉 마리가 삼신산을 머리에 이고 있다는 전설이 있다.《列子 湯問》

봉수 烽燧

사라악 봉수(紗羅嶽烽燧) 동쪽으로 원당악(元堂嶽)에 응하고, 서쪽으로 도원악(道圓嶽)에 응한다.

원당악 봉수(元堂嶽烽燧) 동쪽으로 서산(西山)에 응하고, 서쪽으로 사라악에 응한다.

서산 봉수(西山烽燧) 동쪽으로 입산(笠山)에 응하고, 서쪽으로 원당악에 응한다.

입산 봉수(笠山烽燧) 동쪽으로 왕가(往可)에 응하고, 서쪽으로 서산에 응한다.

왕가 봉수(往可烽燧) 동쪽으로 정의현의 지미산(指尾山)에 응하고, 서쪽으로 입산에 응한다.

도원악 봉수(道圓嶽烽燧) 동쪽으로 사라악에 응하고, 서쪽으로 수산(水山)에 응한다.

수산 봉수(水山烽燧) 동쪽으로 도원악에 응하고, 서쪽으로 고내악(高內嶽)에 응한다.

고내악 봉수(高內嶽烽燧) 동쪽으로 수산에 응하고, 서쪽으로 도내악(道內嶽)에 응한다.

도내 봉수(道內烽燧) 동쪽으로 도내악에 응하고, 서쪽으로 판포(板浦)에 응한다.

판포 봉수(板浦烽燧) 동쪽으로 도내에 응하고, 서쪽으로 당산(堂山)에 응한다. ○ 이상은 본주에 속한다.

남산 봉수(南山烽燧) 동쪽으로 독자산(獨子山)에 응하고, 서쪽으로 토산(兎山)에 응한다.

독자산 봉수(獨子山烽燧) 동쪽으로 소수산(小首山)에 응하고, 서쪽으로 남산에 응한다.

소수산 봉수(小首山烽燧) 현 동쪽 17리에 있다. 동쪽으로 성산(城山)에 응하고, 서쪽으로 독자산에 응한다.

성산 봉수(城山烽燧) 동쪽으로 소수산에 응하고,[288] 서쪽으로 지미산에 응한다.

지미산 봉수(指尾山烽燧) 동쪽으로 성산에 응하고, 서쪽으로 제주의 왕가에 응한다.

달산 봉수(達山烽燧) 동쪽으로 남산에 응하고, 서쪽으로 토산에 응한다.

토산 봉수(兔山烽燧) 동쪽으로 달산에 응하고, 서쪽으로 포악(蒲嶽)에 응한다.

포악 봉수(蒲嶽烽燧) 동쪽으로 토산에 응하고, 서쪽으로 호촌(狐村)에 응한다.

호촌 봉수(狐村烽燧) 동쪽으로 포악에 응하고, 서쪽으로 삼매양악(三梅陽嶽)에 응한다.

삼매양악 봉수(三梅陽嶽烽燧) 동쪽으로 호촌에 응하고, 서쪽으로 대정현의 구악(龜嶽)에 응한다. ○ 이상은 정의현에 속한다.

송악 봉수(松嶽烽燧) 동쪽으로 호산(蠔山)에 응하고, 서쪽으로 모슬악(摹瑟嶽)에 응한다.

288 동쪽으로 소수산에 응하고 : 소수산 봉수에서 "동쪽으로 성산에 응한다."라고 하였고, 지리상으로도 소수산은 성산의 서쪽 혹은 북쪽에 해당한다. 오기가 있는 듯하나 근거가 불충분하여 그대로 번역하였다.

모슬악 봉수(摹瑟嶽烽燧) 동쪽으로 송악에 응하고, 서쪽으로 차귀악(遮歸嶽)에 응한다.

차귀악 봉수(遮歸嶽烽燧) 동쪽으로 모슬악에 응하고, 서쪽으로 제주의 판포(板浦)에 응한다.

호산 봉수(蠔山烽燧) 동쪽으로 구악에 응하고, 서쪽으로 송악에 응한다.

구악 봉수(龜嶽烽燧) 동쪽으로 정의현의 삼매양악에 응하고, 서쪽으로 호산에 응한다. ○ 이상은 대정현에 속한다.

관량 關梁

조천포 방호소(朝天浦防護所) 석성(石城)이다. 둘레가 428자, 높이가 9자이다. 동쪽에 문이 1개 있다.

애월포 방호소(涯月浦防護所) 석성이다. 둘레가 549자, 높이가 8자이다. 남쪽과 서쪽에 문이 있다.

명월포 방호소(明月浦防護所) 석성이다. 둘레가 3020자, 높이가 8자이다. 동쪽, 서쪽, 남쪽에 문이 있다. 성안에 샘이 솟아 나오는데, 큰 가뭄에도 마르지 않는다. 공희왕조(恭僖王朝 중종)에 목사 장림(張琳)이 이 지역이 왜선이 정박하는 비양도(飛揚島) 근처라 하여 처음 성을 쌓았다.

별방 방호소(別防防護所) 주 동쪽 70리에 있다. 석성이다. 둘레가 2390자, 높이가 7자이다. 안에 샘이 2개 있으며, 동쪽, 남쪽, 서쪽에 문이 있다. 목사 장림이, 이 지역이 왜선이 정박하는 우도(牛島) 근처라 하여 성을 쌓고 김녕 방호소(金寧防護所)를 이곳으로 옮겨 별방(別防)이라 칭하였다. 조공포(朝貢浦)에도 예전에 방호소가 있었는데 지금은 없어졌다. ○ 이상 네 곳은 본주에 속한다.

수산 방호소(首山防護所) 석성이다. 둘레가 1164자, 높이가 16자이다. 좌우에 문이 있다.

서귀포 방호소(西歸浦防護所) 석성이다. 둘레가 825자, 높이가 12자이다. 정방연(正方淵) 상류를 끌어다가 물길을 뚫어 동쪽 성안으로 들이고 못을 만들어 물을 저장한 뒤에 서쪽 성 밖으로 방출한다. ○ 이상 두 곳은 정의현에 속한다.

차귀 방호소(遮歸防護所) 대정현 서쪽 25리에 있다. 석성이다. 둘레가 1466자이다.

동해 방호소(東海防護所) 대정현 서쪽 45리에 있다. 석성이다. 둘레가 500자이다. 성안에 샘이 있다. 공희왕조에 가래 방호소(加來防護所)를 여기에 옮겼다. 또 새포(塞浦), 모슬포(摹瑟浦), 우포(友浦) 세 곳에도 예전에는 방호소가 있었는데, 지금은 모두 없어졌다. ○ 이상 두 곳은 대정현에 속한다. ○ 이상 여러 곳에는 모두 관사(館舍), 군창(軍倉) 및 유방(留防)하는 수졸(戍卒)이 있다.

사묘 祠廟

사직단(社稷壇) 주 남쪽 3리에 있다.

문묘(文廟) 향교에 있다.

성황사(城隍祠) 주 남쪽 16리, 한라산 아래에 있다.

여단(厲壇) 주성 밖 서북쪽에 있다. ○ 사직단 이하는 정의현, 대정현에도 각각 두었으니 본주를 본떴다.

풍운뇌우단(風雲雷雨壇) 주 남쪽 3리에 있다.

둑신묘(纛神廟) 남과원(南果園) 안에 있다.

포신묘(酺神廟) 소림과원(小林果園) 안에 있다.

한라산사(漢拏山祠) 주 남쪽 3리에 있다. 세속에서 광양당(廣壤堂)이라 칭한다. 전해 오기를 고려 때 한라산의 신이 영이(靈異)하다고 하여 광양왕(廣壤王)에 봉하고[289] 매년 향축을 내려 제사 지내게 하였다고 한다. 본조에서는 본주로 하여금 제사를 지내게 하였다.

충암묘(冲庵廟) 문묘 남쪽에 있다. 중종 때 김정(金淨)이 본주에 유배되었다가 죽었다. 선조 때 판관 조인후(趙仁後)가 김정이 살던 곳에 나아가 사당을 세웠다. 충암은 김정의 호이다.

사찰 寺刹

존자암(尊者菴) 예전에 한라산 서쪽 고개의 영실(瀛室)에 있었다. 그 골짜기에 마치 중이 도를 닦는 모습을 한 암석이 수백여 개가 있어서 세속에서 수행동(修行洞)이라 칭한다. 절은 지금 서쪽 산기슭 밖 10리쯤 되는 곳으로 옮겼으니, 바로 대정현 지경이다. ○ 본조 김상헌(金尙憲)의 시[290]에,

289 고려……봉하고 : 속설에 한라산 신의 아우가 나면서부터 성덕(聖德)이 있었고 죽어서는 신이 되었는데, 고려 때 송나라 호종단(胡宗旦)이 와서 제주를 핍박하고 돌아갈 적에 신이 매로 변하여 호종단의 배 돛대 위에 앉자, 북풍이 크게 불어 호종단의 배가 파선되어 서쪽 비양도(飛揚島) 바위 사이에 침몰하였다. 조정에서는 그 영이함을 포상하여 식읍(食邑)을 주고 광양왕에 봉했다고 한다.《新增東國輿地勝覽 卷38 全羅道 濟州牧 祠廟》

290 김상헌(金尙憲)의 시 : 〈존자암(尊者庵)〉이다.《淸陰集 卷5》

원악[291]이 우뚝하여 형세 절로 웅장한데　圓嶽巉然勢自雄
작은 암자는 흰 구름 속 저 홀로 서 있네　小菴孤寄白雲中
황죽 사이로 뚫린 길은 천 굽이 굽어 돌고　路穿黃竹千盤曲
남명에 바짝 난 창은 만 리 멀리 통하누나　窓壓南溟萬里通
경영 처음 시작은 저 삼성 나던 때부터로[292]　經始遠從三姓日
흥폐 속에 몇 년이나 많은 공력 들였는가　廢興重費幾年功
중 없어서 적막하고 유람객도 얼마 없어　居僧寂寞遊人少
푸른 이끼 문에 끼고 붉은 낙엽 져 있구나　門掩蒼苔落葉紅

하였다.

수정사(水精寺) 조공천(朝貢川) 서쪽 언덕에 있다.

문수암(文殊菴) 주 서남쪽 27리에 있다.

해륜사(海輪寺) 일명 서자복(西資福)이다. 주 서쪽 대옹포(大甕浦) 어귀에 있다.

만수사(萬壽寺) 일명 동자복(東資福)이다. 건입포(健入浦) 동쪽 언덕 위에 있다.

강림사(江臨寺) 주 동쪽 함덕포(咸德浦) 어귀에 있다.

보문사(普門寺) 주 동쪽 30리에 있다.

291 원악(圓嶽) : 원교(圓嶠)로 전설 속에 나오는 신선이 사는 산인데, 여기서는 한라산을 가리킨다. 한라산의 이칭으로도 쓰인다.

292 경영……때부터로 : 제주의 시조로 일컬어지는 삼성(三姓)이 처음 나왔을 때부터 이 암자가 조성되었다는 말이다. 삼성은 양씨(梁氏), 부씨(夫氏), 고씨(高氏)의 세 성씨이다. 김정(金淨)의 〈존자암 중수기(尊者庵重修記)〉에 “무릇 존자암을 지은 것은 세 성씨가 생겨났을 때 처음으로 조성되어서 세 고을이 솥발처럼 이루어진 뒤에까지 오래도록 전해졌다.”라고 한 기록이 있다.《南槎錄1 冲庵尊者庵重修記》

서천암(逝川菴) 조공천 가에 있다. ○ 고려 승려 혜일(慧日)의 시에,

한라산이 높이가 몇 길인가	漢拏高幾仞
절정에는 신비한 못이 고였네	絶頂瀦神淵
물줄기가 북쪽으로 흘러 나가	派出北流去
하류에 모여 조공천이 되었네	下爲朝貢川
폭포는 어지러이 물방울 뿜어	懸瀑亂噴沫
둥근 구슬 구르듯이 달려가네	走若珠璣圓
놀란 여울이 뭇 돌에 부딪쳐서	驚湍激群石
간간이 물동이처럼 움푹 파 놓고는	間作甕盎穿
편안히 흘러 몇 리를 가는 동안	安流得數里
맑고 깨끗하여 푸른 하늘을 비추네	澄淨涵青天
도인 중에 종해란 이가 있어	道人有宗海
냇가 쪽에 암자 하나 세웠네	卓菴向川邊
이미 산수의 즐거움 따르고	旣從山水樂
또 향화의 인연을 부쳤네	且寄香火緣
인하여 중니의 말씀[293] 생각하고	因思仲尼語
자못 소성의 선도 기억하리[294]	頗憶小聖禪

하였다.

소림사(小林寺) 주 동남쪽 10리에 있다.

293 중니의 말씀 : 공자가 일찍이 냇가에서 흐르는 냇물을 가리켜 이르기를 "가는 것이 이와 같구나, 밤낮을 쉬지 않네.〔逝者如斯夫, 不舍晝夜.〕"라고 한 말을 가리킨다. 《論語 子罕》

294 자못……기억하리 : 아직 부처에 미치지 못한 불자를 소성(小聖)이라 지칭한 듯하다. 서천을 보며 옛 고승들이 참선 수행하는 모습을 연상하여 말한 것으로 보인다.

관음사(觀音寺) 조천포 가에 있다.

안심사(安心寺) 주 동쪽 10리에 있다.

원당사(元堂寺) 주 동쪽 20리에 있다.

돈수암(頓水菴) 주 동쪽 80리에 있다.

영천사(靈泉寺) 정의현 서쪽 55리, 영천천(靈泉川) 동쪽 언덕에 있다.

성불암(成佛庵) 정의현 북쪽 15리, 성불악(成佛嶽)에 있다.

법화사(法華寺) 대정현 동쪽 45리에 있다.

고적 古蹟

삼성혈(三姓穴) 세속에서 모흥혈(毛興穴)이라 칭한다. 주 남쪽 3리에 있다. 바로 예전에 세 성씨[三姓]가 나온 곳이다.

삼도(三徒) 세 성씨가 처음 나와서 삼도로 나누어 점유하고 거주하였다. 삼도를 합하여 대촌(大村)이라 칭하였으니 바로 지금의 주성(州城)으로, 주 사람들은 지금도 성안을 대촌이라고 일컫는다. 또 지금 주성 안에 석대(石臺)의 유지가 여러 곳에 남아 있으니, 전해 오기를 "삼성이 삼도로 나누어 점유하고는 북두성 모양을 본떠 대를 쌓고 나누어 웅거하여 칠성도(七星圖)라고 명명하였다." 한다.

서산(瑞山) 고려 목종 5년(1002) 6월에 산 하나가 바닷속에서 솟아났는데, 산에 4개의 구멍이 열리면서 붉은 물이 뿜어져 나오다가 5일 만에 그쳤고 그 물은 모두 와석(瓦石)으로 변하였다. 목종 10년(1007)에 서산이 바닷속에서 솟아 나오자, 태학박사(太學博士) 전공지(田拱之)를 보내서 살펴보게 하였는데, 사람들이 말하기를 "산이 처음 나올 때 운무가 자욱하였고 땅이 우레가 치듯 흔들렸는데, 꼬박 7일 밤낮이 지나서야 비로소 개었습니다. 산은 높이가 100여 장은 되고 사방 둘레가 40여 리나 되었으며, 초목은 없고 연기만 그 위를 덮었는데, 멀리서 보기에 마치 석유황(石硫黃) 같으므로 사람들이 놀라고 두려워서 감히 가까이 가지 못하였습니다." 하였다. 전공지가 직접 산 아래에 이르러 그 형상을 그려서 진달하였다. 지금은 대정현에 속한다.

옛 토성〔古土城〕 주 서남쪽 36리에 있다. 둘레가 15리이다. 삼별초가 쌓은 것이다. 지금은 모두 퇴락하여 무너졌다.

옛 성〔古城〕 주성 서북쪽에 옛 성의 유지가 남아 있다.

옛 장성〔古長城〕 바닷가를 따라 빙 둘러 쌓았다. 둘레가 300여 리이다. 고려 원종 때 삼별초가 모반하여 진도(珍島)를 점거하자, 왕이 시랑(侍郎) 고여림(高汝霖) 등을 탐라에 보내 군사 1000명을 거느리고 대비하게 하면서 장성(長城)을 쌓았다.

항파고성(缸坡古城) 주 서쪽 40리[295]에 있다. 성안에 샘이 있는데 큰 가뭄에도 마르지 않는다. 고려 원종 12년(1271)에 김방경(金方慶)을 보내 진도에서 삼별초를 토벌하여 격파하였다. 이에 김통정(金通精)이 삼별초를 거느리고 와서 귀일촌(貴日村) 항파리(缸坡里)에 웅거하며 이 성을 쌓아 항거하였는데, 김방경 등이 진격하여 패배시키고 천호(千戶) 윤방보(尹邦寶)로 하여금 원나라 군사 400명과 관군 1000명을 거느리고 주둔하여 지키

295 40리 : 《신증동국여지승람》 권38 〈전라도 제주목〉 고적에는 '10리'로 되어 있고, 《탐라지》에는 '25리'로 되어 있다. 《동국여지지》 권5 〈전라도 제주목〉 고적에, 항파고성이 있는 귀일현이 주 서쪽 25리에 있다고 한 것에 근거할 때 '40리'는 오기인 듯하나, 근거가 불충분하여 그대로 번역하였다.

게 하고 돌아왔다.

정의고성(旌義古城) 지금 정의현 동쪽 27리에 있다. 본조 오식(吳湜)이 두 현을 나눌 때 이곳에 정의현을 설치하였는데, 땅이 우도(牛島)와 가까워서 새벽과 저녁에 고각(鼓角) 소리가 울리고, 큰 바람이 자주 불어서 곡식의 작황이 나쁜 데다가 또 왜적이 연이어 침노하였다. 이에 세종 5년(1423)에 안무사 정간(鄭幹)이 계문을 올려 건의하여 현을 진사성(晉舍城)으로 옮겼으니, 바로 지금의 현치(縣治)이다. 고성은 바로 오식이 쌓은 것이다.

애월목성(涯月木城) 주 서쪽 42리에 있다. 바로 삼별초가 쌓은 것으로 관군을 막은 곳이다. 지금은 반이 퇴락하였다.

동제원(東濟院) 주 동쪽 9리에 있다. 유지가 남아 있으니, 바로 이문경(李文京)이 군사를 배치했던 곳이다.

장평(長坪) 주 서쪽 6리에 있다. 고려 원종 때 문행노(文幸奴)가 난을 일으켜 장평에 군사를 배치하였는데, 부사 최탁(崔托)과 성주(星主) 양호(梁浩) 등이 토벌하여 평정하였다.

달로화적부(達魯花赤府 다루가치부), **군민안무사부**(軍民安撫使府)[296] 고려 충렬왕 때 원나라 탑라적(塔羅赤 탑라치)이 소, 말, 낙타, 나귀, 양을 싣고 와서 수산평(水山坪)에서 방목하였는데, 말이 번식하였다. 이후에 원나라에서 달로화적부 및 총관부(總管府)를 설치하여 고인단(高仁旦)을 총관으로, 고적(高適)을 총관부(總管副)로, 문신(文慎)을 동지(同知)로, 고정간(高貞幹)을 지사(知事)로, 진사 정곤(鄭琨)과 양기(梁琪)를 지방(知房)으

296 군민안무사부(軍民安撫使府) : 《원사(元史)》 〈외이열전(外夷列傳)〉 등에는 '군민안무사(軍民安撫司)'로 되어 있다. 근거가 불충분하여 그대로 번역하였다.

로, 진사 부정재(夫貞才)와 고순시(高順時) 등을 영사(令史)로 삼아 관부의 정무를 행하였는데, 얼마 되지 않아 파하였다. 또 군민안무사부를 설치하고 탑라적을 달로화적으로, 고인단을 안무사로, 문창우(文昌祐)를 부사(副使)로, 강총도달(江總都達)을 동지사(同知事)로, 채유인(蔡有仁)을 첨사(簽事)로 삼아 관부의 정무를 행하였는데, 이 또한 얼마 되지 않아 파하고 도로 고려에 예속시켰다. 지금 주성 북쪽 해안에 옛 관부의 유지가 남아 있는데 아마 바로 그 지역인 듯하다.

송담천(松淡川) 주 동쪽 13리에 있다. 고려 원종 때 삼별초가 먼저 위장(僞將) 이문경(李文京)을 보내 군사 4000명을 거느리고 명월포(明月浦)에 들어가 병사들을 풀어 방화하고 약탈하니, 고여림(高汝霖) 등이 이곳에서 맞서 싸웠으나 이기지 못하였다. 이문경은 관군을 모조리 죽이고 조천포(朝天浦)에 웅거하였다.

수산평(首山坪) 수산(首山) 서남쪽에 있다. 고려 충렬왕 때 원나라 탑라적 등이 와서 말, 소, 낙타, 나귀, 양을 여기에서 방목하였다.

귀일현(貴日縣) 현은 한편 '촌(村)'으로도 쓴다. 주 서쪽 25리에 있다.

고내현(高內縣) 주 서쪽 35리에 있다.

애월현(涯月縣) 주 서쪽 40리에 있다.

곽지현(郭支縣) 주 서쪽 45리에 있다.

귀덕현(歸德縣) 주 서쪽 50리에 있다. 고려 희종(熙宗) 7년(1211)에 주의 석천촌(石淺村)을 승격하여 귀덕현으로 삼았다.

명월현(明月縣) 주 서쪽 60리에 있다.

신촌현(新村縣) 주 동쪽 20리에 있다.

함덕현(咸德縣) 주 동쪽 30리에 있다.

김녕현(金寧縣) 주 동쪽 50리에 있다.

토산현(兎山縣) 정의현 남쪽 15리에 있다.

호아현(狐兒縣) 정의현 서쪽 50리에 있다.

홍로현(洪爐縣) 정의현 서쪽 61리에 있다.

예래현(猊來縣) 대정현 동쪽 25리에 있다. ○ 이상 각 현은 모두 직촌(直村)[297]이 되었다. 토산, 호아, 홍로는 지금 정의현 지역이고, 예래는 지금 대정현 지역이다. ○ 고려 충렬왕 26년(1300)에 동도(東道)와 서도(西道)에 현, 촌을 설치하였으니, 바로 이상의 각 현이 그곳이다. 대촌(大村)은 호장(戶長) 3인에 성상(城上) 1인을 두고, 중촌(中村)은 호장 3인을, 소촌(小村)은 1인을 두었다. 구설(舊說)에 "신라에서 고후(高厚)를 봉할 때 촌을 설치하였고, 고려 의종 때 또 나누어 현을 두었고, 원종 때 삼별초를 평정한 뒤에 합하여 하나의 주로 만들었으며, 충렬왕 때 또 현, 촌으로 나누었다……" 하였다.

삼사석(三射石) 주 동쪽 11리에 암석이 있는데, 민간에 전해지기를 삼성(三姓)이 거주할 땅을 정할 때 화살을 쏜 곳으로, 지금까지 화살 자국이 고대로 남아 있다고 한다.

고령전(高齡田) 예전에 고령포(高齡浦)라고 칭하였다. 주 동쪽 1리에 있다. 민간에 전해지기를 예전 당나라 선박이 왔다가 파선된 곳이라 한다. 지금도 밭을 가는 이들이 혹 마류(瑪瑠) 등의 보물을 캐내기도 하는데, 당나라 사람이 유실한 것이라고들 여긴다. 이원진(李元鎭)의 지록(志錄)[298]에 이

297 직촌(直村) : 군현의 수령이 직접 관할하는 촌락을 말한다.

298 이원진(李元鎭)의 지록(志錄) : 《탐라지(耽羅志)》를 말한다.

르기를 "한라산 아래 바닷가 암석에는 모두 바닷물에 침식된 곳이 있는데, 아마도 상고 시대에는 모두 창해(滄海)였다가 지금 변하여 밭이 된 듯하다." 하였다.

고득종 옛집〔高得宗舊居〕 주성 안 남쪽에 있다. 지금은 과원(果園)이 되었다.

명환 名宦

고려

최척경(崔陟卿) 의종 때 그의 청렴함과 정직함을 듣고 탐라 영(耽羅令)에 제수하였다.[299] 최척경이 부임하여 이득은 일으키고 폐단은 혁파하였으므로 백성들이 모두 편안히 여겼다. 뒤에 탐라 사람들이 수령의 침탈과 포악함을 괴롭게 여겨 반란을 일으켰는데, 말하기를 "만약 최척경을 수령으로 임명해 준다면 무기를 버리겠다." 하였다. 왕이 재상에게 이르기를 "이런 어진 사람이 있다면 어찌 쓰지 않으랴." 하고, 불러서 비단을 하사하고 즉시 탐라 영에 제수하였다. 탐라 사람들이 그가 온다는 소식을 듣고는 즉시 가벼운 배를 준비하여 마중을 나갔고, 그가 지경에 들어서자 모두 창을 버리고 줄지어 절하며 말하기를 "공께서 오셨으니 우리는 살았습니다." 하고, 예전대로 안정된 생활을 하였다.

조동희(趙冬曦) 의종 12년(1158)에 안무사가 되어 부절(符節)을 가지고 가

299 그의……제수하였다 : 판이부사(判吏部事) 최윤의(崔允儀)가 최척경이 청렴하고 강직하다고 듣고는 탐라 영(耽羅令)에 임명하였다고 한다. 《高麗史 卷99 崔陟卿列傳》

서 선유(宣諭)하였다.[300]

김구(金坵) 고종 때 제주 판관(濟州判官)이 되었다. 임기가 차자 조정에 들어가 직한림원(直翰林院)에 제수되었다.

경세봉(慶世封) 탐라 부사(耽羅副使)가 되었는데, 청렴결백하다고 일컬어졌다.

김지석(金之錫) 고종 때 탐라 부사가 되었다. 주의 풍속에 남자 나이 15세 이상이면 세공(歲貢)으로 콩 1곡(斛), 관아 아전은 세공으로 말 1필을 바치고, 이를 부사와 판관이 나누어 받았다. 김지석이 주에 부임하는 날 즉시 이 전례를 없앴다. 정사가 물처럼 맑아서 백성들이 그 은덕을 사모하였으니, 주 사람들이 말하기를 "앞에는 경세봉이 있고 뒤에는 김지석이 있다." 하였다.

최서(崔瑞) 충렬왕 21년(1295)에 비로소 제주(濟州)로 고쳐 주로 삼고 판비서성사(判秘書省事) 최서를 목사로 삼았다.

이백겸(李伯謙) 제주 목사가 되었는데, 선정을 많이 행하여 백성들이 경외하며 애중하였다. 충숙왕 때 토적(土賊) 사용(使用) 등이 도당을 불러 모아 성주(星主)와 왕자(王子)를 쫓아내고 반란을 일으켰는데, 토벌하려고 해도 적당한 사람을 구하기 어려웠다. 적당들이 모두 말하기를 "만약 이백겸과 송영(宋英)이 와서 위무한다면 우리가 어찌 감히 모반하겠는가." 하

300 의종……선유(宣諭)하였다 : 《고려사》 권18 〈의종세가〉 22년 11월 기사에 "도적 양수(良守) 등이 모반하여 수령을 쫓아내는 등 제주가 혼란해지자 왕이 조동희에게 명하여 부절을 가지고 가서 선유하게 하니, 적들이 모두 투항하였다. 조동희는 양수 등 2명과 그 무리 5인을 참수하고, 나머지에게는 모두 곡식과 포백(布帛)을 내려 위무하였다."라고 되어 있다. 연도에 오기가 있는 듯하나 근거가 불충분하여 그대로 번역하였다.

였다. 이에 이백겸과 송영을 보내 회유하고 위무하니 얼마 되지 않아 적이 평정되었다.

전녹생(田祿生) 충혜왕조에 과거에 급제하여 제주 사록(濟州司錄)에 보임되었다. 재임하는 동안 정사를 잘한다는 명성이 있었다.

윤시우(尹時遇) 공민왕 5년(1356)에 찬성사(贊成事)로서 제주 도순문사(濟州都巡問使)가 되었다.

조익청(曺益淸) 공민왕조에 제주 안무사(濟州安撫使)가 되었다.

성준덕(成俊德) 공민왕 때 성주 고복수(高福壽)가 모반하여 원나라에 예속되기를 청하니, 왕이 성준덕을 제주 목사에 임명하여 진압하게 하였다.

임박(林樸) 공민왕 때 선무사(宣撫使)가 되었다. 주에 이르러 그 만호에게 이르기를 "달달목자(達達牧子)[301]가 반발하기를 좋아하니 마땅히 마음을 다하여 위무하고 회유해야 한다." 하였다. 또 성주와 왕자에게 이르기를 "그대들이 역대 조정을 신도(臣道)로써 섬겨 왔고, 역대 조정에서도 그대들을 또한 매우 후하게 대우하였으니, 마땅히 저마다 마음을 한결같이 하여 목자와 더불어 변란을 선동하지 말라." 하였다. 이에 성주와 왕자를 비롯하여 군사와 백성들이 모두 엎드려 말하기를 "감히 명을 따르지 않겠습니까." 하고, 서로 이르기를 "왕의 관원이 모두 임 선무사와 같다면 우리들이 어찌 반역하는 데에 이르겠는가." 하였다.

301 달달목자(達達牧子) : 몽고인 목자를 말한다. 달달은 달단(韃靼)과 같은 말로 북방의 유목민을 통칭한다.

본조

오식(吳湜) 공정왕조(恭靖王朝 정종)에 제주 안무사가 되었는데, 계달하여 정의현과 대정현 두 현을 설치하였다.

최해산(崔海山) 장헌왕(莊憲王 세종) 16년(1434)에 제주 안무사가 되었는데, 구황(救荒)에 힘쓰고 억울한 송사를 살펴 처리하였으며, 학교를 일으키고 농사를 권면하는 한편 말을 목축하는 방도와 왜구를 막는 대비에 이르기까지 마음을 다하지 않음이 없었다.

신숙청(辛淑晴) 장헌왕조에 제주 안무사가 되어 치적이 있었다.

기건(奇虔) 성품이 곧고 청렴 성실하였다. 제주 안무사가 되었을 때, 주에서 전복〔鰒魚〕이 생산되어 바다에서 채취하는데 이를 백성들이 몹시 고통스럽게 여기고 있었다. 기건이 말하기를 "백성들이 고통을 받는 것이 이와 같은데 내가 어찌 차마 그것을 먹겠는가." 하고 드디어 먹지 않았으니, 그가 검약하고 백성을 사랑함이 이와 같았다. 주의 풍속은 장사 지내지 않고 부모가 죽으면 바로 골짜기에 버렸다. 기건은 부임하기 전에 먼저 주 아전에게 명하여 관곽(棺槨)을 갖추어 염장(斂葬)하는 것을 가르치게 하였으니, 주 사람들이 부모를 장사 지내는 것이 기건으로부터 시작되었다.

이약동(李約東) 장헌왕 때 제주 목사가 되었다. 성품이 청렴하고 성실하였고 맑고 강직한 지조를 스스로 지켰으며, 다스림은 대체(大體)를 힘써서 옛 양리(良吏)의 풍도가 있었다.

이종윤(李從允) 제주 목사가 되었는데, 정사하는 데 맑고 간명함을 중시하니 아전이 사랑하고 백성이 기뻐하였다. 임기가 차자 글을 올려 유임하기를 청하여 마침내 관아에서 죽으니, 사람들이 매우 애석하게 여겼다.

민휘(閔暉) 제주 목사가 되었는데, 성품이 청렴하고 강개하며 은혜로운 정사를 많이 행하여 백성들이 추모하였다.

방유령(方有寧) 제주 목사가 되었는데, 청렴하며 대범하다고 일컬어졌다.

성수재(成秀才) 제주 목사가 되었는데, 청렴하고 정직하며 엄중하고 과묵하여 아전들이 감히 간교를 부리지 못하였다.

심연원(沈連源) 공희왕(恭僖王 중종) 때 제주 목사가 되었는데, 학교를 정비하여 다스리고 사서(四書)와 《고문진보(古文眞寶)》를 간행하여 학생들을 학습시키며 덕행과 기예를 기르도록 교도하니, 이에 백성들 가운데 학문에 나아가는 이들이 많았다.

조사수(趙士秀) 제주 목사가 되었는데, 청렴하고 공평하며 정사를 잘한다는 명성이 있었다.

남치근(南致勤) 제주 목사가 되었는데, 병기를 정비하고 사졸을 훈련시켰으며, 경계를 지나는 왜의 선박을 포획하였다.

김수문(金秀文) 명종 때 제주 목사가 되었는데, 당시 왜구가 전라도 변방 고을을 함락하고 뒤이어 본주를 범하여 성을 포위하였다. 김수문이 고군(孤軍)으로 힘껏 막아 내고 저들이 물러가기를 기다렸다가 추격하여 크게 패배시키고 왜선을 많이 포획하였다.

곽흘(郭屹) 공헌왕(恭憲王 명종) 때 제주 목사가 되었는데, 기계를 정비하고 사졸들을 격려하였으며 성지(城池)를 수축하였다.

김응남(金應南) 소경왕(昭敬王 선조) 때 제주 목사가 되었는데, 청렴하고 백성들을 사랑하여 덕정(德政)이 매우 많았다.

김치(金緻) 판관이 되었는데, 군역(軍役)의 입번(立番)을 느슨하게 하고 많은 폐단을 혁파하여 군민(軍民)들이 편안히 여겼다.

이원진(李元鎭) 효종조에 목사가 되었다. 섬 안은 토질이 척박하므로 관부에서는 으레 무역으로 물품을 조달해 쓰는데, -원문 3, 4자 결락- 모조리 혁파하였다. 청렴하고 정직하며 백성을 어지럽히지 않았다. 《탐라지(耽羅志)》를 지어 그곳의 풍토를 기록하였다.

유우 流寓

김정(金淨) 보은(報恩) 사람이다. 본조 공희왕 때 유신(儒臣)으로서 관직이 형조 판서에 이르렀다. 조광조(趙光祖)와 더불어 협력하여 치도(治道)를 도왔는데, 사화에 걸려 제주에 유배되어 1년을 살다가 마침내 사사(賜死)되었다. 뒤에 문간(文簡)의 시호를 받았다. 세상에서 충암선생(冲庵先生)이라 칭한다. 주 풍속이 음사(淫祀)를 숭상하고 예제(禮制)에 어두우므로 김정이 초상과 제사에 대한 의식을 기술하여 교도하였다. 또 〈제주풍토록(濟州風土錄)〉을 저술하였다.

정온(鄭蘊) 안음(安陰) 사람이다. 본조 광해군 때 시강원 필선이 되어 상소를 올려 폐모(廢母)의 부당함을 간하였는데, 언사가 심히 간절하고 솔직해서 이로 인해 대정현에 유배되었다. 인조가 즉위하자 방환되고 뒤에 관직이 대사헌에 이르렀다. 정온은 유배 생활을 한 10년 동안 마음을 힘쓰고 행실을 면려하였다. 당시 송상인(宋象仁)과 이익(李瀷)이 함께 유배당하였는데, 바둑을 두기도 하고 거문고를 배우기도 하면서 울울한 심정을 풀었다. 그러나 정온은 항상 글을 읽으며, 곤액과 우환 속에서 바름을 잃지 않은 옛 성현의 고사를 널리 모아 《덕변록(德辨錄)》을 편집하고 이로써 스스로 반성하였다.

인물 人物

신라

고후(高厚), 고청(高淸) 연혁(沿革)에 보인다.

고려

고유(高維) 정종 때 빈공(賓貢)으로 과거에 급제하고, 관직이 우복야(右僕射)에 이르렀다. 고씨(高氏)가 처음 왕국에 벼슬한 것은 고유로부터 시작되었다.

고조기(高兆基) 고유의 아들로, 초명은 고당유(高唐愈)이다. 성품이 강개하고 서사(書史)를 섭렵하였다. 예종조에 과거에 급제하고 외직으로 나가 남쪽 고을의 수령이 되었는데, 청백하게 공무를 봉행하였다. 관직은 정당문학 참지정사(政堂文學參知政事)에 이르고 중서시랑평장사(中書侍郎平章事)에 올랐다.

고적(高適) 고조기의 손자로, 본주 유총관(留摠管)이 되었다.

본조

고득종(高得宗) 고적의 10대손이다. 시문을 잘하고 해서와 예서를 잘 썼다. 과거에 급제하고 장헌왕을 섬기며 여러 관직을 거쳐 한성 부윤에 이르렀다. ○ 정이오(鄭以吾)가 지은 〈성주고씨가전(星主高氏家傳)〉에 "태조가 삼국을 통일한 처음에 성주(星主) 고자견(高自堅), 왕자(王子) 양구미(梁具美)가 당세에 한 번 조회하러 와서 알현하였는데, 왕국의 관직에 부임하여 크게 현달한 자는 아직 없었다. 고유가 처음으로 빈공으로 정왕(靖王) 을 유년(1045, 정종11)에 남성시(南省試)에 수석으로 합격하였고, 이듬해인 병술년(1046)에 이작정(李作挺)의 방(榜)에 제3인으로 급제하여[302] 관직이 우복야에 이르렀다. 아들 고조기의 옛 이름은 고당유이고, 예왕(睿王) 정해년(1107, 예종2)에 한즉유(韓卽由)의 방에 급제하여 관직이 평장 이부사(平章吏部事)에 이르렀다. 아들은 고정익(高廷益)이고, 고정익의 아들 고적(高適)이 고조기의 시집에 서술하여 말하기를 '아들 고정호(高廷琥)는 관직이 3품에 이르렀는데 그 아우 고성명(高誠明)과 함께 모두 일찍 죽었고, 오직 고정익만이 원왕(元王 원종) 계사년에 물러가기를 청하여 고향으로 돌아왔다.[303]' 하였다. 고적은 원왕 신유년(1261, 원종2)에 급제하고 즉시 금규(金閨)[304]에 들어갔다가 근친(覲親)하기 위해 고향에 돌아왔는데, 지원(至元) 8년(1271, 원종12)에 신의군(神義軍) 삼별초[305]가 반란을 일으켜 탐라에 들

302 이듬해인……급제하여 : 《고려사》 권73 〈선거지(選擧志) 1〉에 "정종 12년(1046) 3월 문하시랑 최융이 지공거가 되어 진사를 뽑았는데, 을과 이인정(李仁挺) 등 4명, 병과 6명, 동진사 7명, 명경업 1명에게 급제를 내려 주었다." 하였고, 《고려사》 권6 〈정종세가(靖宗世家)〉 12년 3월 조에도 "이인정 등에게 급제를 하사하였다.〔賜李仁挺等及第.〕"라고 기록되어 있다. 이에 근거하면 이작정(李作挺)은 이인정(李仁挺)의 오기이고, 고유(高維)는 이인정이 수석으로 합격한 과시에 3등으로 급제한 것으로 보인다.

303 고정익만이……돌아왔다 : 원종조(1260~1274)에는 계사년이 없다. 《탐라성주유사(耽羅星主遺事)》 〈탐라시대의 인물〉에 고정익의 몰년이 1204년이고, 고정익이 1173년(명종3) 3월에 벼슬을 그만두고 제주로 돌아갈 때 삼성군(三城君)의 봉작을 더해 주었다는 기록이 있다. 이에 근거하면 원종은 명종의 오기로 보인다.

304 금규(金閨) : 금마문(金馬門)의 이칭으로, 한(漢)나라 때 미앙궁(未央宮)에 있던 문이다. 본디 조칙(詔勅)을 작성하는 일을 맡은 학사들이 대조(待詔)하던 곳인데, 전하여 한림원을 지칭하는 말로 쓰였다.

305 신의군(神義軍) 삼별초(三別抄) : 고려 무인정권 시대에 최우(崔瑀)가 도둑을 막기 위해 야별초를 설치하였는데, 소속 군대가 늘어나므로 둘로 나누어 좌별초, 우별초라 불렀고, 당시 몽고군에게 포로가 되었다가 돌아온 군사를 신의군이라 칭하였다. 삼별초는 좌·우별초

어오니, 나라에서 군사를 바다 건너에 보내 토벌하고 고적을 유총관으로 삼아서 특별히 명하여 남은 백성들을 안집하게 하였다. 무인년(1278, 충렬왕4)에 조정에 들어가니 왕이 친히 금패(金牌)를 주었고 대대로 마침내 현달하게 되었다. 5세손 고인단(高仁旦)이 작위를 이어받았고, 아들 고석(高碩)은 서도 부천호(西道副千戶)가 되었으며, 고석의 아들 고순량(高順良)이 성주의 자리를 전습하고 아우 고순원(高順元)이 계승하였으며, 아들인 호조 전서(戶曹典書) 고신걸(高臣傑)이 뒤를 이었다. 고신걸의 아들은 넷이니, 고봉인(高鳳仁), 고봉의(高鳳義), 고봉례(高鳳禮), 고봉지(高鳳智)이다. 고봉지는 바로 고득종의 아버지이다." 하였다.

고태필(高台弼) 고득종의 아들이다. 과거에 급제하고, 관직이 개성부 유수(開城府留守)에 이르렀다. 아우 고태정(高台鼎)은 과거에 장원 급제하고, 관직이 봉상시 정에 이르렀다.

열녀 列女

정씨(鄭氏) 직원(職員) 석나리보개(石那里甫介)의 처이다. 합적(哈赤)의 난리 때 지아비가 죽었는데, 정씨는 젊고 자식이 없었으며 자색(姿色)이 있었다. 안무사 군관이 강제로 아내로 삼으려고 하였는데, 정씨가 죽음으로써 스스로 맹세하고 칼을 빼어 자결하고자 하므로 결국 범하지 못하였다. 늙도록 재가하지 않았다. 고려 말에 정려(旌閭)하였다.

천덕(天德) 본주의 천민이다. 일찍이 지아비를 잃고 슬픔과 정성을 모두 극

와 신의군을 합친 칭호이다. 여기서는 신의군이 주축이 된 삼별초라는 의미로 쓴 듯하다.

진히 하면서 3년이 지나도 여전히 상복을 벗지 않았다. 그의 미색을 좋아하는 이들이 많아 위세로 겁박하고, 혹 그 아버지를 설득하여 이익을 가지고 유인하려고 했으나, 죽음으로써 스스로 맹세하여 머리를 자르고 목을 매어 거의 죽을 뻔하다가 회생하였고 종신토록 수절하였다. 본조 소경왕(昭敬王 선조) 때 정려하였다.

장성현長城縣[306]

동쪽으로 담양부(潭陽府) 경계까지 28리이다. 서쪽으로 고창현(高敞縣) 경계까지 15리이다. 남쪽으로 진원현(珍原縣) 경계까지 17리이다. 북쪽으로 정읍현(井邑縣) 경계까지 26리이다. 서울과의 거리는 644리이다.

한전 旱田

수전 水田

건치연혁 建置沿革

본래 백제의 고시이현(古尸伊縣)이다. 신라 경덕왕 때 고쳐 갑성군(岬城郡)으로 삼았다. 고려에서 장성으로 고치고 영광군(靈光郡)에 편입시

306 장성현(長城縣) : 선조 34년(1601)에 진원현(珍原縣)을 편입시키고, 효종 때 장성도호부로 승격하였다. 《동국여지지》에서는 〈장성도호부〉를 별도로 기술하였는데, 〈장성현〉과 〈진원현〉은 일부 수정한 《신증동국여지승람》의 체재를 그대로 빌려 오면서 편집상의 오류로 인해 첨부된 것으로 보인다. 다만 《신증동국여지승람》의 두 현에 대한 기록과 다소 이동이 있고 증보된 내용이 있으므로 그대로 번역하였다.

켰으며, 명종 초에 장성 감무(長城監務)를 설치하였다. 본조에서 현감으로 삼았다.

관원

현감(縣監), 훈도(訓導) 각 1인이다.

금증今增

군명 郡名

갑성(岬城)

형승 形勝

산이 빙 둘러 있고 물이 굽이져 흐른다. 조종생(趙從生)의 시

산천 山川

금오산(金鼇山) 현 북쪽 1리에 있다. 진산(鎭山)이다.

취령산(鷲嶺山) 현 서쪽 20리에 있다.

백암산(白巖山) 현 동쪽 30리에 있다.

입암산(笠巖山) 현 북쪽 20리에 있다. 정읍현에도 보인다.

반등산(半登山) 현 북쪽 18리에 있다. ○ 신라 말에 도적들이 크게 일어나 이 산에 웅거하여 양갓집 여자들이 많이 붙잡혀갔다. 장일현(長日縣)의 여

자도 그 가운데 있었는데 노래를 지어 그 지아비가 즉시 구하러 오지 않음을 풍자하였다. 이에 곡명(曲名)을 〈방등산(方等山)〉이라 하였고, 방등이란 말이 변하여 반등(半登)이 되었다. 장일현은 바로 장성(長城)인 듯하다.

송현(松峴) 현 서쪽 15리에 있다. 반등산 남쪽 줄기이다. 고창현에도 보인다.

위령(葦嶺) 일명 노령(蘆嶺)이라고 한다. 현 북쪽 25리에 있다. 큰 고개와 작은 고개가 있는데 모두 입암산과 반등산 사이에 있으니, 바로 산등성이가 서로 연이은 곳으로 요해지이다. 정읍현과 흥덕현(興德縣)에도 보인다.

처용암(處容巖) 입암산 남쪽에 바위가 있는데, 그 형상이 완연히 처용의 얼굴 같으므로 그렇게 이름하였다.

선연(船淵) 현 남쪽 25리에 있다. 문필천(文筆川), 가천(可川), 봉덕연(鳳德淵) 세 물이 합쳐지는 곳이다. 남쪽으로 흘러 광산(光山 지금의 광주) 생압나루〔生鴨渡〕에 들어간다.

토산 土産

생강〔薑〕, 모시〔苧〕, 대나무〔竹〕, 비자(榧子), 백암산에서 난다. 감〔柹〕, 석류(石榴), 산무애뱀〔白花蛇〕, 차〔茶〕, 꿀〔蜂蜜〕, 석회(石灰), 현 남쪽 7리에 있는 율퇴(栗堆) 등처에서 난다. 철(鐵), 위령 남쪽에서 난다. 황랍(黃蠟)

성곽 城郭

입암산성(笠巖山城) 현 북쪽 40리, 정읍현과의 경계에 있다. 돌로 쌓았다. 둘레가 1만 2028자이다. 사면은 높고 가운데가 움푹 들어가 있으며, 안에 시내가 1개 있다. 예전에 없어졌다가 만력(萬曆) 계사년(1593, 선조26) 소경왕(昭敬王) 말기에 현감 이귀(李貴)가 수축하였고,[307] 금상(今上 효종) 4년(1653)에 관찰사 심택(沈澤)이 증축하여 높였다.[308]

학교 學校

향교(鄕校) 현 북쪽 2리에 있다.

하서서원(河西書院)

절효서원(節孝書院)

궁실 宮室

객관(客館) 관 동쪽에 누각이 있으니, 동루(東樓)라고 한다.

우역 郵驛

단엄역(丹嚴驛) 현 동쪽 13리에 있다.

307 만력(萬曆)……수축하였고 : 본책 〈장성도호부〉 성곽에는 "선조 말년에 수축하였다."라고만 되어 있다. 《선조실록》 26년과 27년 조의 비변사 계사에 "장성 현감 이귀가 산성의 수축을 거의 완성하였다."라는 기록이 있는 것을 보면, 선조 26년에 당시 현감 이귀에 의해 수축이 진행되었고 선조 말기에 이르러 완성된 것으로 추정된다. 《宣祖實錄 26年 12月 3日, 27年 2月 27日》

308 심택(沈澤)이 증축하여 높였다 : 본책 〈장성도호부〉 성곽에 "심택이 고쳐 쌓으면서 영사와 포루를 더 설치하고, 둑을 쌓아 물을 저장하였다."라고 하였다.

득량원(得良院) 현 남쪽 15리에 있다.

가정원(可亭院) 현 동쪽 18리에 있다.

미륵원(彌勒院) 현 북쪽 21리에 있다. 원 북쪽에 돌미륵이 있는데, 높이가 4, 5장은 되므로 그렇게 이름하였다.

보등원(寶燈院) 현 남쪽 4리에 있다.

관량 關梁

위령보(葦嶺堡) 위령 위에 있다. 고갯길이 으슥하고 좁다. 종종 때 도적들이 떼로 모여 행인들을 겁략하므로 보(堡)를 설치하고 군사를 두어 지켰다. 지금 유지가 남아 있다.

사묘 祠廟

사직단(社稷壇) 현 서쪽에 있다.

문묘(文廟) 향교에 있다.

성황사(城隍祠) 현 서쪽 2리에 있다.

여단(厲壇) 현 북쪽에 있다.

능묘 陵墓

사찰 寺刹

취서사(鷲棲寺) 취령산에 있다. 석탑과 석종이 있다. 송나라 때 승려 운묵(雲默)이 있었는데, 중국에 외유하였고 글씨를 잘 써서 세상에 이름이 있었다. 그가 죽자 제자가 탑과 종을 세워서 유해를 안치하였다.

정토사(淨土寺) 백암산에 있다. 절에 쌍계루(雙溪樓)가 있다.

미타사(彌陀寺) 일명 운문사(雲門寺)라고 한다. 백암산에 있다.

영천굴(靈泉窟) 정토사 북쪽에 있다. 암벽 중턱에 암자를 지었다. 샘이 굴 북쪽의 작은 틈새에서 솟아 나오는데 비 올 때나 가물 때나 한결같다. ○ 본조 정철(鄭澈)의 시[309]에,

만고토록 신비로운 이 영천굴은	萬古靈泉窟
삼천[310]으로 들어가는 작은 동문인데	三天小洞門
창 앞에는 비취새가 둥지 틀었고	窓前巢翠鳥
처마 끝엔 가던 구름 머물러 있네	簷際宿歸雲

하였다.

약사암(藥師菴) 백암산 중턱에 있다. 암자 북쪽에 약사대(藥師臺)가 있는데, 높이 자리하여 전망이 훤히 트여 있다. ○ 정철의 시[311]에,

남쪽 시내에서 내 머리 감고	南溪沐余髮
다시 약사대에 올라가서는	更上藥師臺

309 정철(鄭澈)의 시 : 〈영천굴(靈泉窟)〉이다. 《松江集 松江原集 卷1》

310 삼천(三天) : 불가에서 말하는 욕계 육천(欲界六天) 가운데 제이천(第二天)인 삼십삼천(三十三天)의 약칭이다. 268쪽 주163 참조.

311 정철의 시 : 〈만사대(萬師臺)〉이다. 《松江集 松江原集 卷1》 만사대는 약사대의 오기로 보인다.

저들 따라 머무르며 수양하면서 服食從渠住

때때로 신선도 만나 본다네 時看羽客來

하였다. 그 북쪽에 또 물외암(物外菴)이 있으니 모두 승경(勝景)이라 일컬어진다.

고적 古蹟

망점산성(望岾山城) 현 동쪽 10리에 있다. 돌로 쌓았다. 둘레가 2600자, 높이가 5자이다. 안에 작은 못이 있다.

고장성(古長城) 지금의 부 서북쪽 15리에 있다.[312]

인물 人物

고려

서릉(徐稜) 고종 때 사람이다. 관직에 나아가지 않고 어머니를 지극히 효성스럽게 봉양하였다. 어머니가 목에 종기가 나서 의원을 불러 진찰하게 하였더니, 의원이 말하기를 "만약 산 개구리를 얻지 못하면 고치기 어렵다." 하였다. 서릉이 말하기를 "지금 추위가 극심한데 산 개구리를 구할 수 있겠는가. 어머니의 병은 필시 나을 수 없겠다." 하고, 울부짖기를 그치지 않았다. 이에 의원이 말하기를 "비록 산 개구리는 없더라도 약을 만들어 시

312 고장성……있다 : 장성도호부로 승격한 이후의 사실을 증보한 것이다.

험해 보겠다." 하고, 나무 아래에서 약을 달이는데 갑자기 어떤 물체가 나무 위에서 솥 안으로 떨어졌다. 살펴보니 바로 산 개구리였다. 의원이 놀라서 말하기를 "당신의 효성이 하늘을 감동시켜 내려 준 것이니, 어머니의 병이 반드시 나을 것이다." 하였다. 약을 조제하여 붙였더니 과연 병이 나았다. ○ 지금 살피건대 절효비(節孝碑)[313]에 "서릉은 자(字)가 대방(大方)이다. 과거에 뽑히고 고종조에 벼슬하여 관직이 시중에 이르렀다. 천성이 지극히 효성스러워 관직에서 물러나 어머니를 봉양하였다.……"라고 하였으니, 《고려사》에 전해진 것[314]과 같지 않은데 비문의 내용이 의심스럽다.

본조

차순년(車舜年) 역리(驛吏)이다. 효자로서 복호(復戶)되었다.

김인후(金麟厚) 10세도 되기 전에 행동거지가 단아하고 비상하였으며, 말을 하면 사람들을 놀라게 하여 명성이 온 도에 자자하였다. 관찰사 조원기(趙元紀)가 만나 보고 기특하게 여기며 칭찬하여 말하기를 "장성의 기동(奇童)이요, 천하의 문장(文章)이다." 하였다. 자라서는 학문을 함에 성리학을 힘써 궁구하였다. 중종조에 과거에 급제하여 홍문관에 들어가고 세자시강원 설서를 겸하였다. 당시 인종이 동궁으로 있었는데, 오랫동안 서연에서 모시며 비익함이 많았다. ○ 명종 초에 교리로 부름을 받았으나 병

313 절효비(節孝碑) : 박순(朴淳)이 지은 〈고려 시중 절효 서공 정려비명(高麗侍中節孝徐公旌閭碑銘)〉이다. 《思菴集 卷4》

314 고려사에 전해진 것 : 《고려사》 권121 〈효우열전(孝友列傳) 서릉(徐稜)〉을 말한다.

을 핑계하며 나아가지 않았다. 사망하자 소식을 들은 자들이 모두 탄식하고 애석하게 여겼다. 김인후는 어버이를 효성으로 섬겼고, 충직하고 청렴하고 강개하였으며, 널리 배우고 잘 기억하였다. 문사(文詞)는 거침이 없이 성대하였고 필법은 단정하며 엄숙하였다. 의약, 복서(卜筮), 산수(算數), 율려(律呂)에도 모두 통달하여 밝았다. 《하서집(河西集)》이 남아 세상에 전해진다.

열녀 列女

본조

즉지(則只) 학생 김계창(金繼昌)의 처이다. 지아비가 죽자 3년간 곡하며 전(奠) 올리기를 그치지 않았다. 아버지가 뜻을 꺾으려고 하니 죽음을 맹세하여 따르지 않았으며, 영정을 벽에 걸어두고 종신토록 조석으로 제사 지냈다. 중종조에 정려하였다.

진원현珍原縣[315]

동쪽으로 창평현(昌平縣) 경계까지 14리이다. 남쪽으로 광주(光州) 경계까지 17리이다. 서쪽으로 영광군(靈光郡) 경계까지 23리이다. 북쪽으로 장성현(長城縣) 경계까지 23리이다. 서울과의 거리는 687리이다.

한전旱田

수전水田

건치연혁建置沿革

본래 백세 구사진혜현(丘斯珍兮縣)이다. 신라 경덕왕 때 진원(珍原)으로 고치고 갑성군(岬城郡)의 영현으로 삼았다. 고려에서 나주(羅州)에 편입시켰고, 명종 초에 진원 감무(珍原監務)를 두었다. 본조에서 그대로

315 진원현(珍原縣) : 정유왜란을 거치면서 잔폐되었으므로 선조 34년(1601)에 장성현에 편입시키고 치소도 두 현의 중간으로 옮겼다. 본책 〈장성도호부〉 고적에 진원폐현(珍原廢縣) 항목을 두어 기술하였다.

따랐다가 뒤에 현감으로 삼았다. 관장하는 면은 □개이다.

관원

현감(縣監), 훈도(訓導) 각 1인이다.

금증今增

정유년(1597, 선조30) 난리 뒤에 너무 심하게 잔폐되어 신축년(1601, 선조34)에 장성(長城)에 병합하였다.

군명 郡名

구사진혜(丘斯珍兮)

산천 山川

불대산(佛臺山) 현 북쪽 5리에 있다. 진산(鎭山)이다. 세속에서 진원산(珍原山)이라고 칭한다. 술자(術者)가 "산에 달리는 용의 기세가 있다."라고 하여, 절을 짓고 상하연(上下淵)이라 칭하여 기세를 눌렀다. 또 산 동북쪽에 큰골〔大洞〕과 작은골〔小洞〕이 있는데, 신라 때 3개의 절을 세워 안룡사(安龍寺), 정룡사(定龍寺), 청룡사(靑龍寺)라고 하였으나, 지금은 모두 상고할 수 없다.

동산(桐山) 현 남쪽 20리에 있다.

죽림산(竹林山) 현 서쪽 20리에 있다.

삼성산(三聖山) 현 북쪽 4리에 있다. 불대산과 서로 이어져 있다.

가리산(加利山) 현 동쪽 8리에 있다.

성산(筬山) 현 북쪽 8리에 있다.

황룡천(黃龍川) 현 서쪽 23리에 있다. 남쪽으로 흘러 광산(光山 지금의 광주) 생압나루〔生鴨渡〕에 들어간다. 하천의 서쪽에 석벽이 있는데, 높이가 10여 자이다.

구등천(九燈川) 현 동쪽 1리에 있다. 원류는 삼성산에서 나온다.

봉황지(鳳凰池) 황룡천 서쪽에 있다. 못 좌우의 벼랑 높이가 10여 자이다.

율곡지(栗谷池) 현 서쪽 5리에 있다.

토산 土産

매실(梅實), 죽전(竹箭), 현 동쪽 가리산 및 상림산(上林山)에서 난다. 차〔茶〕, 모시〔苧〕, 꿀〔蜂蜜〕, 황랍(黃蠟)

학교 學校

향교(鄕校) 현 북쪽 2리에 있다.

우역 郵驛

영신역(永申驛) 현 서쪽 10리에 있다.

목호원(木虎院) 현 서쪽 15리에 있다.

행인원(行人院) 현 서쪽 10리에 있다.

선원(禪院) 현 남쪽 3리에 있다.

사묘 祠廟

사직단(社稷壇) 현 서쪽에 있다.

문묘(文廟) 향교에 있다.

성황사(城隍祠) 삼성산에 있다.

성산신사(箴山神祠) 현 북쪽 8리에 있다.

여단(厲壇) 현 북쪽에 있다.

사찰 寺刹

취봉사(鷲峯寺), 상청사(上淸寺), 하청사(下淸寺), 연화암(蓮花菴) 모두 불대산에 있다.

죽림사(竹林寺) 죽림산에 있다.

상림사(上林寺) 가리산에 있다.

인월사(印月寺) 불대산에 있다.

고적 古蹟

삼성산성(三聖山城) 돌로 쌓았다. 둘레가 550자, 높이가 7자이다. 안에 우물이 3개 있다.

구진성(丘珍城) 불대산 동쪽 기슭에 있다. 돌로 쌓았다. 둘레가 400자, 높이가 2자이다. 안에 우물 3개와 시내 2개가 있다. 지금은 퇴락하였다.

이척성(利尺城) 불대산 서쪽 기슭에 있다. 돌로 쌓았다. 둘레가 520자, 높이가 3자이다. 안에 우물 4개와 시내 6개가 있다. 지금은 허물어졌다.

지은이

유형원(柳馨遠)

1622(광해군14)~1673(현종14). 조선 후기의 실학자이다. 본관은 문화(文化), 자는 덕부(德夫), 호는 반계(磻溪)·둔암(遁庵)이다. 부친인 예문관 검열 유흠(柳歆)이 유몽인(柳夢寅)의 옥사에 연루되어 죽은 뒤 5세 때부터 외삼촌 이원진(李元鎭)과 고모부 김세렴(金世濂)에게 수학하였다. 두 차례 과거에 응시했으나 낙방하고, 32세 때 전라도 부안군 보안면 우반동에 은거하였다. 이곳에서 학문과 저술에 전념하며 여생을 보냈다. 저술로는 그의 실학사상을 집대성한《반계수록(磻溪隨錄)》외에《주자찬요(朱子纂要)》,《이기총론(理氣總論)》,《동국여지지(東國輿地志)》,《무경사서초(武經四書抄)》,《기효신서절요(紀效新書節要)》,《정음지남(正音指南)》,《동국문초(東國文抄)》등 수십 권이 있으나《반계수록》과《동국여지지》외에 시문 몇 편만 전하고 나머지는 유실되었다. 그의 저작과 사상은 생전에는 인정받지 못하였으나 100여 년이 지난 뒤《반계수록》의 개혁 사상이 널리 알려지면서 영조의 관심을 받아 높은 평가를 받고 책이 간행되어 세상에 전해졌다. 1770년(영조46) 통정대부 호조참의 겸 세자시강원찬선에 증직되었다. 그의 개혁안은 이후에도 실행되지 못하였으나 이익, 안정복, 정약용으로 이어지는 실학자들에게 큰 영향을 주었다.

옮긴이

오세옥(吳世玉)

전 한국고전번역원 수석연구위원.《한국문집총간》수록 문집 해제를 집필하였고,《승정원일기》,《명재유고》,《사직서의궤》,《경모궁의궤》,《천의소감》등의 번역에 참여하였다.

동국여지지 5

유형원 지음 | 오세옥 옮김

2024년 12월 31일 초판 1쇄 발행

발행인 김언종 | **발행처** 한국고전번역원
등록 2008. 3. 12. 제25100-2018-000049호
주소 (03310) 서울시 은평구 진관1로 85
전화 02-350-4886 | **팩스** 02-350-4899 | **홈페이지** www.itkc.or.kr

연구총괄 정동화 | **연구책임** 장희성 | **연구기획** 강지원

책임편집 이선주 | **편집진행·제작** 조은지
교정 노성완 이미진 임유경 | **디자인** 은희주
인쇄 대유기획인쇄

값 20,000원
ISBN 978-89-284-1122-1(94910)
978-89-284-0621-0(세트)